编委会

主　编　张杭丽
副主编　李亚坤　程　兵　张世瑕
参　编　周　昀　吴霄翔　刘霏霏　刘　珊　张晔楠

前　言

目前,我国建筑业改革发展主要包括3条主线:第一条是建筑业深化改革主线;第二条是建筑业转型升级主线,以绿色发展为核心,全面深入推动绿色建筑、装配式建筑、超低能耗被动式建筑等的发展,以及推广绿色施工、海绵城市、综合管廊等实践;第三条是建筑业科技跨越主线,核心是数字技术对建筑业发展的深刻且广泛的影响。在全国装配化建筑已取得突破性进展的同时,BIM(Building Information Modeling,建筑信息建模)技术,特别是建筑业的BIM技术应用已成为建筑产业信息化的重要抓手,是建筑业转型升级最重要的技术支撑。随着建筑行业的信息化建设,BIM技术被越来越多地应用到设计、施工、运维等项目建设各阶段中。BIM模型作为信息的载体,可贯穿于项目建设全生命周期,集成项目建设各阶段数据。本教材以Revit版本为基础,结合实际机电项目案例工程,全面介绍Revit MEP建模基础功能及项目实际应用。

本教材与数字化资源、数字课程开发应用相结合,具有以下特点:

(1)选取典型实习项目,采用任务驱动法,以任务为导向,以读者为中心的课程设计理念编写,符合现代职业能力的迁移理念。给读者提供一个BIM机电建模样例,将整体项目根据工作流程分解为一连串的任务。

(2)提供简明易懂的操作步骤,采用"做中学"的模式,使读者在完成项目的过程中自然而然地掌握相关知识点、具体操作、注意事项、拓展知识等,使读者在学习时更有代入感。读者可扫描各章节中相关的二维码观看教学视频。

(3)本教材基于"互联网+",配套省级精品在线课程。其教学资源有:教学视频、资源素材、题库、实习项目练习资料等,方便教师备课及教学,并且使读者的学习不再枯燥。除此之外,本书的使用者还可以参加线上数字课程,参加视频学习、提问、记笔记、做作业、测验和考试等学习活动,互动性强。

综上所述，本教材紧跟目前建筑行业技术的发展趋势，满足建筑领域实现技术创新、转型升级的要求，贴合建筑工程领域 BIM 技术人才培养的需要。

教材提供配套的电子资料包，读者可扫描下方的二维码获取。读者还可以登录"浙江省高等学校在线开放课程共享平台 https://www.zjooc.cn"搜索"BIM 安装建模"在线学习相关课程内容，或直接输入网址"https://www.zjooc.cn/course/2c91808376e1036c0176e60a4672089b"在线学习相关课程内容。该平台除了提供与本教材配套的教学视频、任务单和题库之外，还提供了笔记、发帖等互动平台，欢迎各位读者登录使用。

由于编者水平有限，书中难免有不足之处，恳请广大读者批评指正，以便及时修订与完善。同时为了大家能够更好地使用本教材，相关应用问题可反馈至邮箱 sxjh@live.cn，以期再版时不断提高。

编　者
2021 年 4 月

目　录

第1单元　BIM安装建模概述 ·· 1
1.1　机电安装工程的特点 ·· 1
1.2　现阶段机电安装行业面临的主要问题 ·· 2
1.3　BIM技术在建筑机电安装工程中的应用 ······································ 3
1.4　BIM安装建模的内容和注意事项 ·· 9

第2单元　建模前置工作 ·· 11
2.1　分割图纸 ··· 12
2.2　Revit工作界面介绍 ·· 18
2.3　协同工作-新建和管理项目中心模型 ·· 18
2.4　协同工作-链接模型 ·· 27
2.5　协同工作-绘制标高 ·· 31
　　2.5.1　协作复制标高 ·· 31
　　2.5.2　隐藏土建模型中的标高 ·· 34
2.6　新建和管理平面视图 ··· 37
　　2.6.1　新建视图样板 ·· 37
　　2.6.2　分专业分楼层新建楼层平面视图 ···································· 43
2.7　协同工作-绘制轴网 ·· 45
2.8　视图范围设置 ·· 48

第3单元　给排水专业建模 ··· 52
3.1　给排水专业基础 ··· 52
　　3.1.1　建筑内部给水系统概述 ·· 52
　　3.1.2　建筑内部排水系统概述 ·· 54
　　3.1.3　给排水专业图纸解析 ··· 54
3.2　Revit给排水基础操作 ··· 55
　　3.2.1　Revit给排水功能面板介绍 ·· 55
　　3.2.2　管道选项栏设置 ··· 56

    3.2.3 管道放置工具 ……………………………………………………… 56
    3.2.4 载入族 …………………………………………………………… 57
3.3 建模前准备工作 …………………………………………………………… 60
    3.3.1 统计管材和接口类型 …………………………………………… 60
    3.3.2 新建管道材质 …………………………………………………… 62
    3.3.3 新建管段和尺寸 ………………………………………………… 67
    3.3.4 链接CAD图纸 …………………………………………………… 70
3.4 绘制卫生器具 ……………………………………………………………… 73
    3.4.1 给排水卫生器具图例识读 ……………………………………… 73
    3.4.2 布置坐便器 ……………………………………………………… 75
    3.4.3 布置洗脸盆 ……………………………………………………… 77
    3.4.4 布置台式双洗脸盆 ……………………………………………… 82
    3.4.5 布置蹲式大便器 ………………………………………………… 84
    3.4.6 布置小便器 ……………………………………………………… 85
    3.4.7 布置污水池 ……………………………………………………… 87
3.5 绘制生活给水系统模型 …………………………………………………… 89
    3.5.1 生活给水系统的组成 …………………………………………… 89
    3.5.2 生活给水系统图纸识读 ………………………………………… 90
    3.5.3 设置生活给水管道类型 ………………………………………… 92
    3.5.4 设置生活给水系统类型 ………………………………………… 97
    3.5.5 绘制水平管 ……………………………………………………… 100
    3.5.6 在水平管道上添加附件 ………………………………………… 104
    3.5.7 绘制立管 ………………………………………………………… 106
    3.5.8 在立管上添加管道附件 ………………………………………… 111
    3.5.9 连续绘制水平管和立管 ………………………………………… 112
3.6 绘制排水系统 ……………………………………………………………… 114
    3.6.1 排水系统的组成 ………………………………………………… 114
    3.6.2 排水系统图纸识读 ……………………………………………… 117
    3.6.3 设置排水系统管道类型 ………………………………………… 117
    3.6.4 设置排水系统系统类型 ………………………………………… 120
    3.6.5 设置坡度 ………………………………………………………… 124
    3.6.6 绘制废水系统模型 ……………………………………………… 126
    3.6.7 绘制污水系统模型 ……………………………………………… 132
3.7 绘制室内消火栓给水系统 ………………………………………………… 144
    3.7.1 消火栓给水系统的组成 ………………………………………… 144
    3.7.2 消火栓给水系统图纸识读 ……………………………………… 146

3.7.3　设置消火栓系统管道类型 ·· 148
　　3.7.4　设置消火栓系统类型 ·· 150
　　3.7.5　绘制消火栓系统干管 ·· 152
　　3.7.6　绘制消火栓系统立管 ·· 153
　　3.7.7　绘制消火栓箱并与消火栓管道相连 ···························· 161
　　3.7.8　水泵接合器的绘制和连接 ··· 164
　　3.7.9　绘制消火栓系统管道附件 ··· 166
　3.8　绘制自动喷水灭火系统模型 ·· 167
　　3.8.1　自动喷水灭火系统的组成 ··· 167
　　3.8.2　自动喷水灭火系统图纸识读 ······································ 169
　　3.8.3　处理自动喷水灭火系统平面图图纸 ···························· 171
　　3.8.4　设置自动喷水灭火系统管道类型 ································ 173
　　3.8.5　设置自动喷水灭火系统类型 ······································ 174
　　3.8.6　设置给排水系统过滤器 ··· 176
　　3.8.7　绘制自动喷水灭火系统管道 ······································ 181
　　3.8.8　绘制喷头 ·· 184
　　3.8.9　绘制水泵接合器 ·· 187
　　3.8.10　绘制自动喷水灭火系统管道附件 ······························ 188

第4单元　暖通专业建模 ·· 194

　4.1　暖通专业基础 ··· 194
　　4.1.1　暖通专业的作用 ·· 194
　　4.1.2　通风系统的分类和组成 ··· 195
　　4.1.3　空调系统的分类和组成 ··· 197
　　4.1.4　暖通专业图纸识读 ··· 201
　4.2　Revit暖通专业基础操作 ·· 202
　　4.2.1　HVAC功能面板介绍 ·· 202
　　4.2.2　风管选项栏设置 ·· 202
　　4.2.3　放置风管工具 ·· 203
　4.3　暖通风系统前期准备工作 ·· 203
　　4.3.1　暖通风系统施工图详读 ··· 203
　　4.3.2　链接CAD图纸 ·· 206
　　4.3.3　风管尺寸设置 ·· 207
　　4.3.4　设置风管管道类型 ··· 209
　　4.3.5　设置风管系统类型 ··· 214
　　4.3.6　暖通风系统过滤器设置 ··· 218
　4.4　绘制暖通风系统模型 ··· 222

4.4.1　绘制暖通风系统风管和管件模型——新风系统 …………………… 222
　　4.4.2　绘制新风机组 …………………………………………………………… 230
　　4.4.3　绘制暖通风系统附件——新风系统 …………………………………… 233
　　4.4.4　绘制暖通风系统末端——新风系统 …………………………………… 236
　　4.4.5　绘制排风系统 …………………………………………………………… 242
4.5　空调水系统 ………………………………………………………………………… 246
　　4.5.1　空调水系统施工图识读 …………………………………………………… 246
　　4.5.2　建模流程讲解 ……………………………………………………………… 247
　　4.5.3　绘制空调室内外机 ………………………………………………………… 247
　　4.5.4　设置空调水系统管道类型 ………………………………………………… 253
　　4.5.5　设置空调水系统类型 ……………………………………………………… 256
　　4.5.6　新建空调水系统过滤器 …………………………………………………… 257
　　4.5.7　绘制空调冷媒管 …………………………………………………………… 261
　　4.5.8　绘制空调冷凝水管 ………………………………………………………… 274

第5单元　电气专业建模 …………………………………………………………………… 280

5.1　电气专业基础 ……………………………………………………………………… 280
　　5.1.1　建筑电气系统的作用 ……………………………………………………… 280
　　5.1.2　建筑电气系统的分类 ……………………………………………………… 280
　　5.1.3　建筑照明的种类 …………………………………………………………… 281
　　5.1.4　电缆和导线铺设装置 ……………………………………………………… 282
　　5.1.5　电气专业图纸解析 ………………………………………………………… 283
5.2　Revit电气专业基础操作 …………………………………………………………… 286
　　5.2.1　电气功能面板介绍 ………………………………………………………… 286
　　5.2.2　Revit自带桥架形式 ………………………………………………………… 286
　　5.2.3　"电缆桥架"选项栏 ………………………………………………………… 287
　　5.2.4　电缆桥架放置选项 ………………………………………………………… 288
5.3　绘制电缆桥架模型 ………………………………………………………………… 288
　　5.3.1　电缆桥架尺寸设置 ………………………………………………………… 288
　　5.3.2　创建电缆桥架类型 ………………………………………………………… 289
　　5.3.3　设置电缆桥架过滤器 ……………………………………………………… 296
　　5.3.4　绘制电缆桥架 ……………………………………………………………… 302
5.4　绘制照明系统 ……………………………………………………………………… 308
　　5.4.1　载入照明设备构件族 ……………………………………………………… 309
　　5.4.2　新建电气天花板平面 ……………………………………………………… 313
　　5.4.3　新建天花板 ………………………………………………………………… 314
　　5.4.4　布置普通照明设备 ………………………………………………………… 315

5.4.5　布置应急照明设备 ································ 318
　　5.4.6　布置开关和箱柜 ·································· 320

第6单元　BIM模型综合应用 ···························· 324
6.1　碰撞检查 ··· 324
　　6.1.1　机电专业与建筑结构模型碰撞检查 ················ 324
　　6.1.2　机电专业与机电专业模型碰撞检查 ················ 329
　　6.1.3　重要节点碰撞检查 ································ 330
　　6.1.4　软碰撞 ·· 330
6.2　管综优化 ··· 331
　　6.2.1　管综优化基本原则 ································ 331
　　6.2.2　分组要求 ·· 332
　　6.2.3　重点优化部位 ···································· 333
　　6.2.4　管综初步优化实操 ································ 333
6.3　材料统计 ··· 341
6.4　施工图标注 ······································· 347
　　6.4.1　创建出图样板和出图视图 ·························· 348
　　6.4.2　标注族 ·· 349
　　6.4.3　平面图标注 ······································ 350
　　6.4.4　剖面图标注 ······································ 351
6.5　施工图出图 ······································· 352
　　6.5.1　新建图纸 ·· 352
　　6.5.2　导　图 ·· 354

参考文献 ·· 359

第 1 单元

BIM 安装建模概述

1.1 机电安装工程的特点

机电安装工程包括：一般工业和公共、民用建设项目的设备、线路和管道的安装，及其以下变配电站工程，非标准钢构件的制作、安装。工程内容包括：锅炉、通风空调、管道、制冷、电气、仪表、电机、压缩机机组和广播电影、电视播控等设备。机电安装工程作为建筑工程的一个重要分支，具有以下特点：

(1) 覆盖的范围宽

随着社会的发展、工业化程度的加深，对机电安装工程的要求越来越高，已经涉及社会生产生活的各个方面。

(2) 涉及的专业多

即使不考虑如石化、电力、通信等行业的机电安装工程的特殊性，仅仅分析一般民用、公用建设项目中的机电安装工程设计、施工过程，都会发现，随着人们对建筑物的功能性要求越来越高，电气、暖通、空调、给排水、安防、通信、建筑智能化等专业集成于机电安装工程范畴，各专业之间的沟通与协作对工程设计、施工和后期的运维有极大的影响。

(3) 劳动力与技术密集

不论涉及多少专业系统，机电安装工程的目的都是将这些系统科学合理地集成在同一座建筑物中，并保证它们能够可靠、有效地运行。因为受施工空间的限制，安装过程通常无法使用大型施工设备，难以实现自动化生产，所以施工过程存在大量的体力劳动。

(4) 施工局限多，工程变更多

机电安装工程不像土建工程那样专业单一、施工空间宽裕，而是专业繁杂，各专业系统共用同一个建筑空间,各专业之间、专业与土建之间相互关联、相互影响。设计院提供的设计资料很难做到完善和详尽,很多情况下需要施工企业根据现场情况协调处理。"错、漏、碰、缺"等问题难以避免,设计、施工方案多易其稿,工程变更、返工等现象频繁。

(5) 施工管理及协调难度大

上述 4 个特点决定了在机电安装工程设计与施工过程中,各专业之间、项目相关方如业主、设计方、施工方之间的沟通与协调对工程的顺利进行有着重要影响。很多工程延误工期、成本超支,最终效果不尽如人意的主要原因不是施工企业技术能力差、物资、人员投入不足,而是管理不力,各相关方沟通协调效率低所致。

综上所述,机电安装工程的特征是"空间上分道""时间上有序",属于典型的并行工程。

1.2 现阶段机电安装行业面临的主要问题

随着我国经济发展,大规模基础设施建设与城市化进程的不断加快,建筑物的功能性要求也越来越高。建筑工程施工技术从传统的粗放型逐步向严谨、精密型过渡,而实现其功能性的主要部分——机电系统安装施工,更是面临严峻的挑战。

① 电气、暖通、空调、给排水、安防、通信等专业集成度、复杂性越来越高,在设计和施工阶段各专业之间的协调与配合越来越重要,也越来越困难。随着建筑空间中的设备、管线密度的增加,二维图纸很难解决各专业的"错、漏、碰、缺"等问题。

② 同专业内设备品种、品牌、型号越来越复杂,面对种类繁多、更新频繁的各种设备,设计施工资料难以做到准确完备。

③ 如何实时地与土建、装修专业进行配合,合理地利用安装空间,一直是困扰行业的一个难点。在施工顺序上,机电安装工程在土建工程之后,装饰装修工程之前。但是,建筑物作为一个整体,最终效果取决于各参与方的配合。土建的预留预埋是机电设备安装的基础,机电系统的管线综合及设备排布对后期的装饰装修又有很大的影响。

④ 在制订施工方案、优化安装工艺、工程量统计方面缺乏有效的手段,过于依赖经验,施工效率难以提高。

⑤ 技术人员与现场施工管理人员的技术交底越来越困难。对于一些复杂节点,设计人员利用专业软件和手段给出了设计方案,但有的节点对施工工艺要求非常严格,稍有违反,就会影响施工效果。

综上所述,随着机电安装工程的复杂性、精密性的逐步提高,各专业、参与方基于二维图的沟通与协调方式越来越不能满足工程需要。"工欲善其事,必先利其器",BIM 技术作为一个新的平台,从技术到管理对建筑业的传统模式进行逐步变革。由于机电安装工程本身的特点,在这场建筑业的变革中其走在了前列。

1.3 BIM技术在建筑机电安装工程中的应用

随着BIM技术在国内理论与实践的不断推进,在项目实施中越来越频繁的应用,其能有效降低施工成本和提高施工效率,解决了企业在施工管控中的各种难题,具有巨大的应用价值。

1. BIM技术在招投标中的应用

目前,对于很多项目,甲方在招标阶段就明确提出该项目须符合BIM技术的要求,虽然侧重点不尽相同,但是总结下来主要有以下几个方面:展示投标方BIM建模能力,方案深化设计能力,工程量统计及成本控制能力,利用BIM进行项目进度管理的能力,以及安装工序的模拟等。

在投标应用阶段,因为投标时间的限制,BIM模型很难做到详尽和完善。通常情况下,可以针对投标要求,利用有限的时间把项目的核心点展示出来。例如,项目重点区域(如泵房、机房、管廊等位置的管线排布,如图1.3.1所示),关键节点的工序模拟,不同方案的对比分析等。在投标中,通常在技术标的分项中,BIM技术的应用分值占相当大的比例。BIM在投标应用时的难点是时间紧、任务重,如图1.3.2所示。

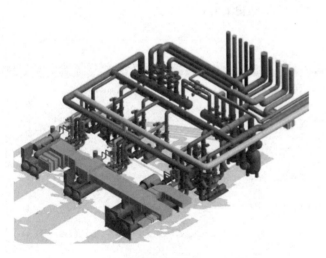

图1.3.1　　　　　　　　　　　图1.3.2

2. BIM管线综合优化

(1) 碰撞检查

机电工程施工中,水、暖、电等管线错综复杂,走向密集交错,如在施工中发现各专业管路发生碰撞,则会出现大面积拆除返工,甚至会导致整个方案重新修改,不但会浪费材料还会大大延误工期。在常用的 BIM 软件中,碰撞检查是必备的功能。通过碰撞检查发现原设计中实体之间的“硬碰撞”(机电各专业系统与土建模型之间,机电系统汇总后各专业系统之间),形成碰撞报告,如图 1.3.3 和图 1.3.4 所示,及时调整问题管线并进行合理排布,保证设计的可靠性,这是 BIM 模型最基础的应用。

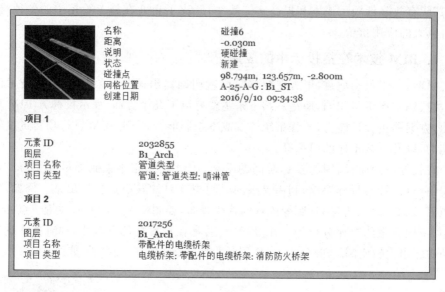

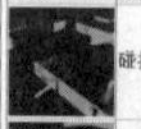

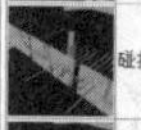

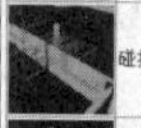

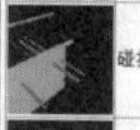

名称	碰撞6
距离	-0.030m
说明	硬碰撞
状态	新建
碰撞点	98.794m, 123.657m, -2.800m
网格位置	A-25-A-G : B1_ST
创建日期	2016/9/10 09:34:38

项目 1

元素 ID	2032855
图层	B1_Arch
项目 名称	管道类型
项目 类型	管道: 管道类型: 喷淋管

项目 2

元素 ID	2017256
图层	B1_Arch
项目 名称	带配件的电缆桥架
项目 类型	电缆桥架: 带配件的电缆桥架: 消防防火桥架

图 1.3.3

建筑与设备	公差	碰撞	新建	活动的	已审阅	已核准	已解决	类型	状态
	0.001m	203	203	0	0	0	0	硬碰撞	确定

								项目 1				项目 2			
图像	碰撞名称	状态	距离	网格位置	说明	找到日期	碰撞点	项目 ID	图层	项目 名称	项目 类型	项目 ID	图层	项目 名称	项目 类型
	碰撞1	新建	-0.194	A-4-A-D : B1_ST	硬碰撞	2016/9/10 08:18.18	x:27.955、 y:112.203、 z:-0.575	元素 ID: 2133249	B1_Arch	管道类型	管道: 管道类型: 污水管	元素 ID: 447050	BR_ST	C30-结构框架	实体
	碰撞2	新建	-0.189	A-7-A-D : B1_ST	硬碰撞	2016/9/10 08:18.18	x:39.507、 y:112.453、 z:-0.636	元素 ID: 2110341	1F_Arch	管道类型	管道: 管道类型: 废水管	元素 ID: 447171	BR_ST	C30-结构框架	实体
	碰撞3	新建	-0.189	A-7-A-D : B1_ST	硬碰撞	2016/9/10 08:18.18	x:41.957、 y:112.453、 z:-0.636	元素 ID: 2110891	1F_Arch	管道类型	管道: 管道类型: 废水管	元素 ID: 447184	BR_ST	C30-结构框架	实体
	碰撞4	新建	-0.178	A-2-A-E : B1_ST	硬碰撞	2016/9/10 08:18.18	x:19.142、 y:113.377、 z:-0.568	元素 ID: 2102886	1F_Arch	管道类型	管道: 管道类型: 废水管	元素 ID: 480738	BR_ST	C30-结构框架	实体
	碰撞5	新建	-0.176	A-11-A-D : B1_ST	硬碰撞	2016/9/10 08:18.18	x:53.666、 y:112.453、 z:-0.581	元素 ID: 2133346	B1_Arch	管道类型	管道: 管道类型: 污水管	元素 ID: 447197	BR_ST	C30-结构框架	实体
	碰撞6	新建	-0.172	A-29-A-H : B1_ST	硬碰撞	2016/9/10 08:18.18	x:108.992、 y:127.503、 z:-0.629	元素 ID: 2109315	1F_Arch	管道类型	管道: 管道类型: 污水管	元素 ID: 452953	BR_ST	C30-结构框架	实体
	碰撞7	新建	-0.172	A-29-A-H : B1_ST	硬碰撞	2016/9/10 08:18.18	x:108.292、 y:127.503、 z:-0.629	元素 ID: 2141815	1F_Arch	管道类型	管道: 管道类型: 污水管	元素 ID: 452953	BR_ST	C30-结构框架	实体

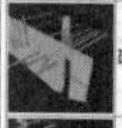

图 1.3.4

此外,还要逐一检查各设备管线之间的“软碰撞”,使每个系统都符合规范与施工要求,实现 BIM 落地的目标。图 1.3.5 所示为软碰撞问题清单。

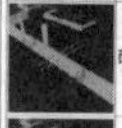

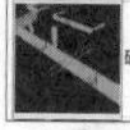

第1单元　BIM安装建模概述

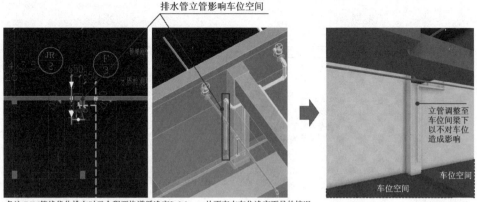

备注:BIM管线优化排布时已全程严格遵循净高≥2.2 m,故不存在车位净高不足的情况。

检查共3处

问题描述	车位空间受地下室排水管立管影响,有验收风险	问题严重性	较轻　　中等　　较严重
问题原因	给排水专业独立设计,未考虑车位情况	造成影响	车位空间不满足规范,具有相当的验收风险
无BIM的预判	后期须寻找其他位置弥补车位,若无法满足则须对受影响的部位进行返工,给项目成本、工期、开发流程均造成一定影响		
BIM优化方式	三维模型中通过碰撞检查发现问题,返提施工图修改	BIM应用价值体现	通过信息技术对问题实现"事前控制"

图1.3.5

(2) 管线综合优化

通过 BIM 技术,将各专业管线的位置、标高、连接方式及施工工艺先后进行三维模拟,按照现场可能发生的工作面和碰撞点进行方案的调整,优化后如图1.3.6和图1.3.7所示。BIM管线综合优化(简称"管综优化")将原来需要实际改拆的工作运用计算机实现,不仅省时省力还节约成本,避免了材料的浪费,同时将完成后的方案通过三维剖面图及动态漫游等方式展示给施工工人,使工人更好地理解施工方案,在保证施工质量的同时还能极大地缩短工期。

图1.3.6

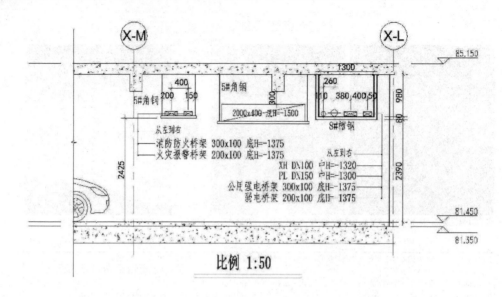

图 1.3.7

3. 基于 BIM 的净高分析

通过土建一二次结构和安装多专业模型合成,进行管线综合优化排布,对项目各空间进行净高控制,满足不同功能区域的净高要求,有效地避免后期施工完成后再遇到净高不足的问题。以某医院医技楼一层为例,科室类型多且同时具有接待、挂号等重要功能,各功能区的标高均不同,净高分析如图 1.3.8 所示。

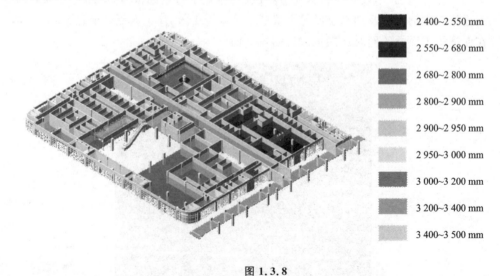

图 1.3.8

图 1.3.9 所示为某门诊楼医务人员使用的内走道，走道狭窄造成安装空间不足，且其为管井到各化验室的必经之路，管线多且复杂，经过合理的优化与管线排布后，走道净高达到了 2 800 mm。

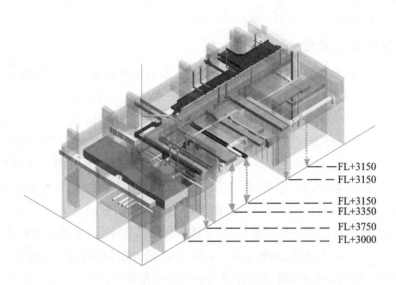

图 1.3.9

4. 基于 BIM 的工程量计算

BIM 信息模型的价值核心在于信息本身，所见即所得，模型中所有的内容都附有准确的属性信息，可以立即形成统计清单。利用 Revit 可以生成各种管线、管件和设备的明细清单(见图 1.3.10)，为施工材料管理提供数据。目前，为打通 BIM 机电设计模型到 BIM 安装算量的模型应用，引用市场使用比较多的且技术相对比较成熟的是 BIM 贯通应用案例。机电模型可以利用 Revit 建模软件，在 Revit 建模软件和广联达 BIM 安装算量软件中通过模型搭建规则，顺利实现机电设计模型向安装算量模型的百分百承接，能够使同一模型在 3 种软件中(Revit MEP、广联达 BIM 安装算

<机电设备明细表>

A	B	C
族	类型	合计
卫生间吊顶排风扇	350m³/h	3
多联机 - 室内机 - 天花板内藏直吹	FXDP32PMP	18
多联机 - 室内机 - 环绕气流 - 天花	FXFP56LVC	6
多联机 - 室内机 - 环绕气流 - 天花	FXFP80LVC	3
多联机—室外机—商用73—90KW	85.0（RHXY	4
多联机—室外机—商用95.4—118KW	118kW（RH	1
新风机组	FXMFP224A	1
空调室外机	RHXYQ8PA	1
空调室外机	RHXYQ10PA	2
轴流式风机 - 壁装式	1000m³/h	2
总计：41		41

<给水管道明细表>

A	B	C	D	E
类型	尺寸	长度	系统类型	系统分类
埋地管（内外涂塑钢管）	65 mm	16 m	生活给排水系统	家用冷水
埋地管（内外涂塑钢管）	80 mm	5 m	生活给排水系统	家用冷水
室内给水支管（PP-R）	15 mm	10 m	生活给排水系统	家用冷水
室内给水支管（PP-R）	20 mm	2 m	生活给排水系统	家用冷水
室内给水支管（PP-R）	32 mm	4 m	生活给排水系统	家用冷水
室内给水支管（PP-R）	40 mm	36 m	生活给排水系统	家用冷水
生活给水干管及立管（钢塑复合管）	15 mm	5 m	生活给排水系统	家用冷水
生活给水干管及立管（钢塑复合管）	20 mm	8 m	生活给排水系统	家用冷水
生活给水干管及立管（钢塑复合管）	25 mm	2 m	生活给排水系统	家用冷水
生活给水干管及立管（钢塑复合管）	32 mm	95 m	生活给排水系统	家用冷水
生活给水干管及立管（钢塑复合管）	40 mm	48 m	生活给排水系统	家用冷水
生活给水干管及立管（钢塑复合管）	50 mm	46 m	生活给排水系统	家用冷水
生活给水干管及立管（钢塑复合管）	65 mm	37 m	生活给排水系统	家用冷水
总计：151		314 m		

图 1.3.10

量及BIM5D)保持一致,准确传递模型信息,实现机电工程国标算量及施工精细化综合管理。另外,斯维尔安装算量for Revit也可以直接利用Revit三维模型生成国标的工程量清单,这样可以节约80%的工程量清单计算和编制时间,并可以直接导入BIM计价软件进行计价,实现一模多用。

5. BIM 施工管理

随着BIM技术的快速发展和基于BIM技术的工具软件的不断完善,BIM技术正逐渐被中国工程界人士认识与应用。BIM技术的应用也正给建筑行业带来新的机遇和挑战,基于BIM技术的工程量计算及后续的基于BIM模型的施工管理也正在业内悄然兴起。目前,可以实现BIM施工管理的软件和平台有品茗BIM5D、广联达BIM5D等。品茗BIM5D是以BIM三维模型和数据为载体,关联施工过程中的进度、合同、成本、质量、安全、图纸、物料等信息,为项目提供数据支撑,实现有效决策和精细管理,从而达到减少施工变更、缩短工期、控制成本、提升质量的目的。广联达BIM5D为工程项目提供一个可视化、可量化的协同管理平台,通过轻量化的BIM应用方案,达到减少施工变更、缩短工期、控制成本、提升质量的目的,同时为项目和企业提供数据支撑,实现项目精细化管理和企业集约化经营。

6. 预制加工

预制加工就是利用BIM模型得到管线等元件的生产加工图、工厂化预制,然后进行现场组装,减少或避免现场加工环节。这样不仅生产效率高、安装简便,更有利于提高安装质量,而且也符合绿色施工的要求,是今后机电安装工程发展的必然趋势。

7. BIM 运维管理

BIM运维管理系统以BIM模型为核心,融合GIS、IoT、AI等技术,对智慧建筑设施进行运维管理,实现建筑可视化、数字化、智慧化、集约化管理。施工方在竣工交付时,不仅交付实体建筑,更应将富含大量运维所需的BIM(建筑信息模型)一并交付。当然,施工方也应在整个过程中给予配合或自行整理录入所需的运维信息,使BIM竣工模型(虚拟建筑)的信息与实际建筑物的信息一致。

1.4　BIM 安装建模的内容和注意事项

BIM 安装建模的内容和注意事项如表 1.4.1 所列。

表 1.4.1

内　容		注意事项
暖通	风管	风管系统包括：排风/排烟系统、送风系统
		风管的数量、位置、规格尺寸、类型名称、系统名称、字母缩写等应与施工图一致，不应错画、漏画
		各风管之间的连接应清楚准确，不同系统的风管不应连接
		施工图中若有未明确的风管尺寸，应记录，不宜自行定制
		风管建模应选择正确的参考标高、工作集，宜贴梁下建模
		空调冷媒管应外加保护层
	风管管件	风管连接应底边对齐
		风管连接件的样式应与施工图一致
	风管附件	防火阀等附件的位置、数量、规格应与施工图一致
	风道末端	百叶风口的位置、数量、规格应与施工图一致
	机械设备	静音箱等设备的位置、数量、规格应与施工图一致
给排水	管道	给排水系统包括：消防给水系统、生活给水系统、排水系统（雨水、污水、废水）
		水管的数量、位置、规格尺寸、类型名称、系统名称、字母缩写等应与施工图一致，不应错画、漏画
		各水管之间的连接应清楚准确，不同系统的水管不应连接
		施工图中若有未明确的水管尺寸，应记录，不宜自行定制
		地下室夹层的管线（重力排水管、雨水管等），若与梁有碰撞，应调整偏移量或管线翻弯
		水管建模应选择正确的参考标高、工作集，宜按优化建议值建模
		带坡度的给排水管，宜按施工图设计说明的最小设计坡度值建模
		给排水管的材质（如 DN、PVC、铸铁等）应与施工图设计说明一致
	管件	给排水管的连接方式（如丝扣、沟槽等）应与施工图设计说明一致
	管路附件	水管阀门、水流指示器等的数量、位置应与施工图一致
	消火栓	消火栓门开启范围内不应有车位等模型图元

续表 1.4.1

内容		注意事项
电气	电缆桥架	10 kV 强电桥架
		~380/220 V 公变强电电缆桥架(住宅)
		~380/220 V 专变强电电缆桥架
		弱电/智能化桥架
		火灾自动报警桥架
		充电桩桥架
		桥架的数量、位置、规格尺寸、类型名称、系统名称、字母缩写等应与施工图一致,不应错画、漏画
		各桥架之间的连接应清楚准确,不同系统的桥架不应连接
		施工图中若有未明确的桥架尺寸,应记录,不宜自行定制
		桥架建模应选择正确的参考标高、工作集,宜按优化建议值建模
	电缆桥架配件	桥架翻弯的角度应按照设计说明要求

第 2 单元
建模前置工作

现有一个医院门诊楼项目,需要结构、建筑、给排水、暖通和电气等多专业工程师共同完成。对于传统的 2D 平面设计,各专业间以定期、端点性提资的方式进行"配合",这种点对点的配合方式存在着数据交换不充分、理解不完整的问题,不同专业设计成果之间是相互独立的,无法进行真正意义上的协同调整,而 BIM 的其中一个重要优点就是协同工作。那么 Revit 软件到底是如何实现协同工作的呢?

Revit 软件提供了几种不同方法,与同样使用该软件的团队成员进行协作,如下:

① 可以将多个 Revit 模型链接在一起,允许团队成员在关联环境中工作;

② 通过工作共享,同一局域网(LAN)的用户可以在同一个 Revit 模型中协同工作;

③ 不在同一地理位置的用户需要协作时,可使用 Revit Server 或 Collaboration for Revit 来实现。

【职业能力目标】

Revit 协同工作主要通过工作集、链接、复制监视和协同查阅等功能来实现,具体如下:

① 新建、分离项目中心模型;

② 根据项目设置工作集;

③ 链接土建模型;

④ 协同复制标高;

⑤ 协同复制轴网;

⑥ 新建和管理平面视图。

【项目概况】

本工程为某医院门诊楼,本项目地上5层,第1层层高5.2 m,第2～5层层高均为3.8 m,室内外差0.45 m,建筑高度21.050 m,建筑面积5 143.86 m²,某医院门诊楼三维模型如图2.0.1所示。

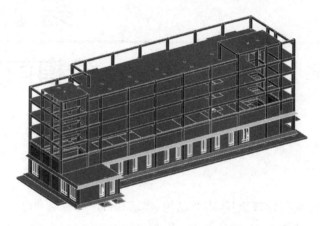

图 2.0.1

2.1 分割图纸

【任务说明】

打开CAD软件,根据提供的医院门诊楼图纸,完成CAD底图的分割。

【任务目标】

① 学习使用CAD软件中的"写块"命令分割图纸;
② 学习使用CAD软件中的"图形清理"命令,清楚没使用的图层和图块定义;
③ 学习使用PMCAD插件快速分割图纸。

【任务分析】

在原始医院门诊楼图纸中,每个给排水、暖通和电气专业图纸文件都包含了多层平面图,而根据施工图纸利用Revit软件绘制机电模型时需要分层分专业建模,所以在建模前需要分专业、分层分割和管理CAD施工图纸。

【任务实施】

步骤1 在计算机中的任意盘符路径下(本教材演示在E盘)新建项目文件夹

"门诊楼项目 BIM 应用_学号+姓名"(本项目所有文件都保存在该文件夹中),在该文件夹下新建文件夹"BIM 模型""原始 CAD 图纸""处理后 CAD 图纸""成果输出",如图 2.1.1 所示。

步骤 2 将门诊楼原始图纸保存到文件夹"原始 CAD 图纸"中。

步骤 3 在文件夹"处理后 CAD 图纸"中新建文件"给排水专业图纸""暖通专业图纸""电气专业图纸",如图 2.1.2 所示。

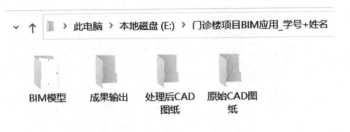

图 2.1.1

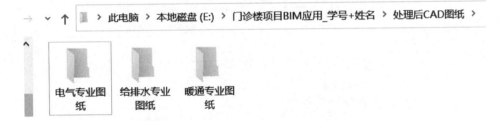

图 2.1.2

步骤 4 找到"门诊楼-给排水.dwg"图纸,双击打开,对图纸中对应的垃圾图层、线型进行清理。图形清理快捷键为"PU",如图 2.1.3 所示。

在 CAD 下方命令行中输入"PU",按 Enter 键确认后弹出"清理"对话框,选中"确认要清理的每个项目"和"清理嵌套项目"复选框,然后单击"全部清理"按钮,如图 2.1.4 所示。在单击"全部清理"按钮清理完成后,"全部清理"按钮应显示为灰色,如图 2.1.5 所示。如果"全部清理"按钮为亮显,则表示图形未完全清理,需要继续单击该按钮直到图形完全清理。然后,单击"保存"按钮。

图 2.1.3

步骤 5 在图纸中找到并选中"一层给排水平面图",如图 2.1.6 所示;在 CAD 下方命令行中输入"W",如图 2.1.7 所示;按 Enter 键确认后弹出"写块"对话框,如图 2.1.8 所示。

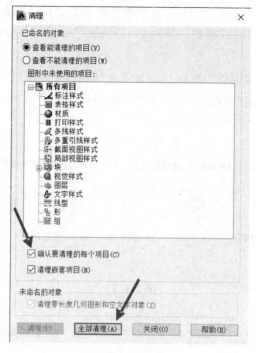

图 2.1.4

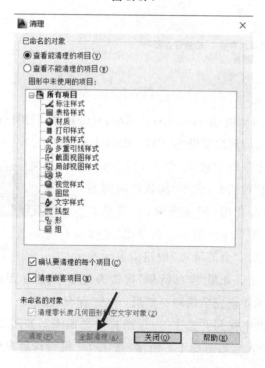

图 2.1.5

注意:"W"为CAD写块快捷键命令,全拼为"WBLOCK"。

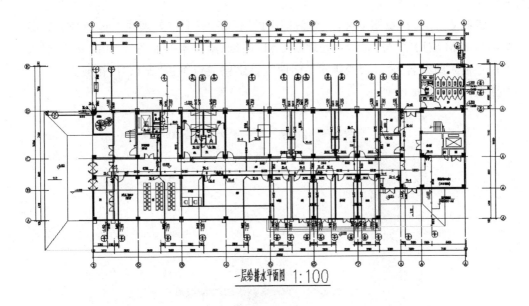

图 2.1.6

图 2.1.7

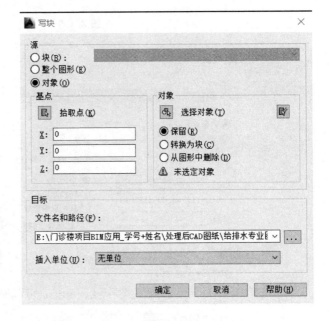

图 2.1.8

步骤6 在"写块"对话框中单击"文件名和路径"下拉列表框右侧的按钮(见

图 2.1.8),弹出"浏览图形文件"对话框,在该对话框中设置文件名和路径,如图 2.1.9 所示。

步骤7 在"浏览图形文件"对话框中的"保存于"下拉列表框中选择"E:\门诊楼项目 BIM 应用_学号+姓名\处理后 CAD 图纸\给排水专业图纸",在"文件名"文本框中输入图纸名为"一层给排水平面图",设定完成后单击"保存"按钮回到"写块"对话框,如图 2.1.10 所示。

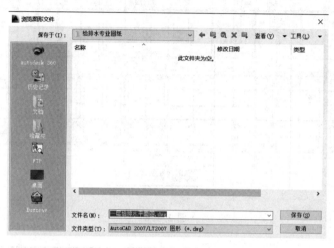

图 2.1.9

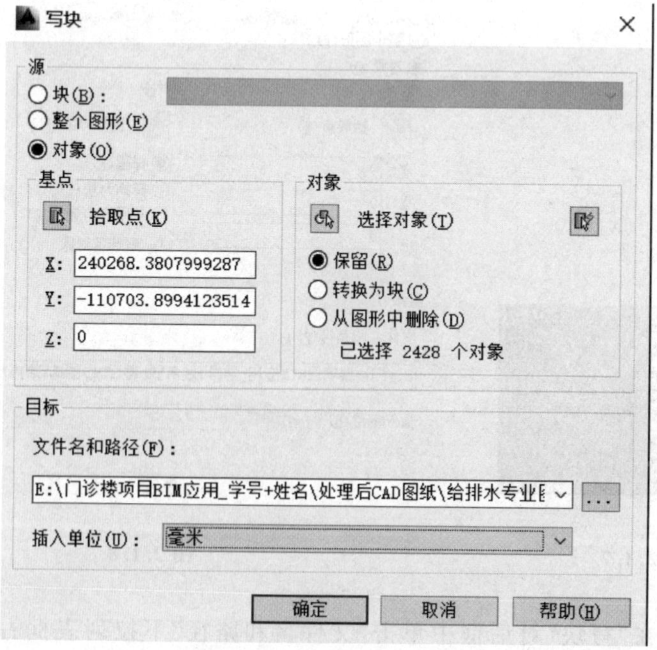

图 2.1.10

步骤8 在"写块"对话框中的"目标"选项组中的"插入单位"下拉列表框中选择"毫米",设置完成后单击"确定"按钮,完成"一层给排水平面图"图纸的拆分。打开路径"E:\门诊楼项目BIM应用_学号+姓名\处理后CAD图纸\给排水专业图纸",可以看到分割好的"一层给排水平面图"图纸,如图2.1.11所示。

图 2.1.11

步骤9 其他门诊楼图纸分割的方法可参考上述操作,最终结果如图2.1.12~图2.1.14所示。

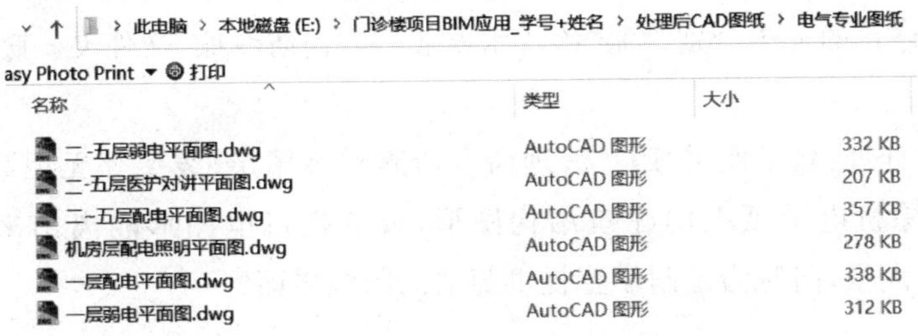

图 2.1.12

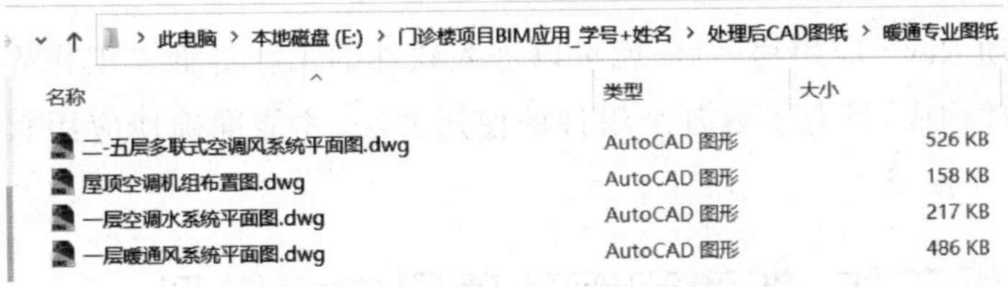

图 2.1.13

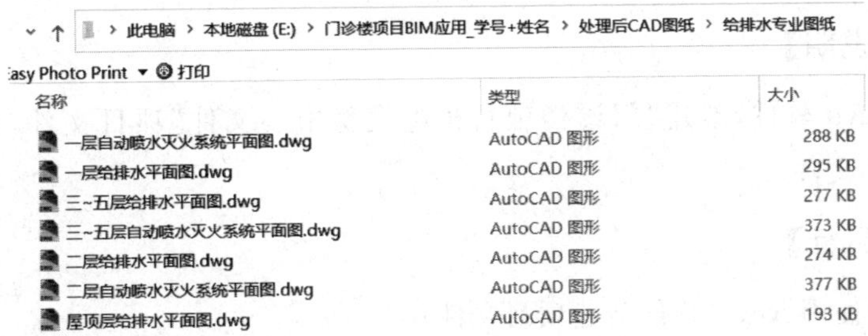

图 2.1.14

【步骤总结】

上述CAD软件拆分图纸的操作步骤主要分为两步:第一步,使用"写块"命令将图形保存到指定路径下(包含保存路径的设置和图形保存单位的设置);第二步,清理图形中未使用的命名项目(如块定义和图层)。按照本操作流程,读者可以完成专用宿舍楼项目给排水、暖通、电气专业的CAD图纸拆分。

【业务扩展】

① 图纸管理:"业务扩展"在绘制项目管理文件夹体系中的各专业文件夹中时,具体文件夹数量和专业划分可根据机电项目的体量大小、楼层数量和复杂程度决定。本项目为两层宿舍楼项目,涉及的机电专业和楼层数较少,因此将给排水图纸和消防喷洒图纸放到了同一个专业文件夹"给排水专业图纸"下。读者在做其他项目时,需要根据项目体量的大小分别绘制"给排水专业"和"消防专业"文件夹。暖通专业和电气专业同理。

② 图纸处理:除了使用"PU"清理命令清除垃圾图层、线型等无用数据之外,还可以通过删除机电图纸上的建筑结构图形,或者把机电图形隔离出来,从而减少CAD文件的大小,同时为绘制模型提供简洁的图纸界面。

2.2 Revit工作界面介绍

成功启动Revit应用程序后,就可以进入软件的工作界面。工作界面由各种不同功能的组件构成,只有了解各个组件的使用方法,才能准确地应用软件来开展工作,如图2.2.1所示。

2.3 协同工作-新建和管理项目中心模型

【任务说明】

打开Revit软件,新建"门诊楼项目机电模型中心文件"项目文件,并设置工作集,形成中心文件。

【任务目标】

① 学习使用Revit软件新建项目文件;
② 学习使用Revit软件创建工作集;
③ 学习使用Revit软件创建中心文件;

第 2 单元 建模前置工作

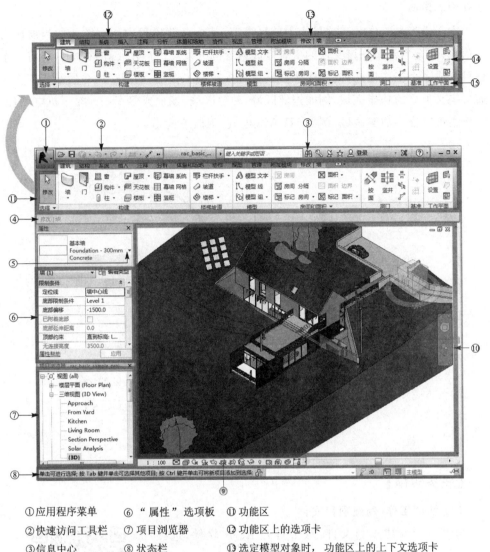

① 应用程序菜单　　⑥ "属性"选项板　　⑪ 功能区
② 快速访问工具栏　⑦ 项目浏览器　　　⑫ 功能区上的选项卡
③ 信息中心　　　　⑧ 状态栏　　　　　⑬ 选定模型对象时，功能区上的上下文选项卡
④ 选项栏　　　　　⑨ 视图控制栏　　　⑭ 功能区当前选项卡上的工具
⑤ 类型选择器　　　⑩ 绘图区域　　　　⑮ 功能区上的面板

图 2.2.1

④ 学习 BIM 中心模型的建立、访问和分离。

【任务分析】

某医院门诊楼机电 BIM 模型需要给排水、暖通和电气等多专业工程师在一个模型上协同完成。Revit 多专业协同的最好方式就是绘制工作集、生成中心模型，项目的所有参与者都可以访问中心模型，绘制本地副本，在自己的工作集中编辑模型并更新到中心模型。

中心模型是工作共享项目的主项目模型,其将存储项目中所有图元的当前所有权信息,并充当发布到该文件的所有修改内容的分发点。启用工作共享时,可将一个项目分成多个工作集,不同的团队成员负责各自的工作集,如图 2.3.1 所示。工作集通常定义独立的功能区域,例如内部区域、外部区域、场地或停车场。对于机电工程,工作集可以描绘功能区域,例如 HVAC、电气、卫浴或管道。

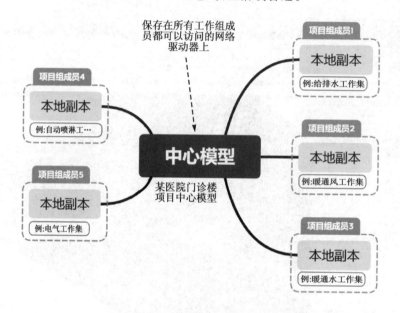

图 2.3.1

【任务实施】

（1）协同工作-新建项目文件

步骤 1　新建项目文件:双击打开 Revit 软件,选择"新建"→"项目"→"浏览"菜单项,选择对的样板文件(机械样板),如图 2.3.2 所示。

步骤 2　项目文件命名为"门诊楼项目机电模型中心文件_学号＋姓名",保存路径为"E:\门诊楼项目BIM应用_学号＋姓名\BIM 模型",单击"保存"按钮,如图 2.3.3 所示。

协同工作-新建项目文件

步骤 3　修改项目默认保存路径为文件夹所在位置:选择 R→"选项"→"浏览"文件位置,如图 2.3.4 所示。

第 2 单元 建模前置工作

图 2.3.2

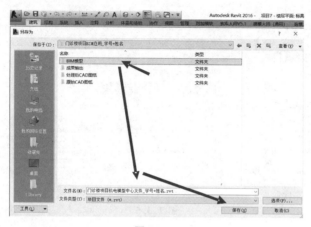

图 2.3.3

图 2.3.4

(2) 创建工作集,形成中心文件

步骤1 单击"协作"→"管理协作"→"工作集" ,弹出"工作共享"对话框,单击"确定"按钮,如图 2.3.5 所示。

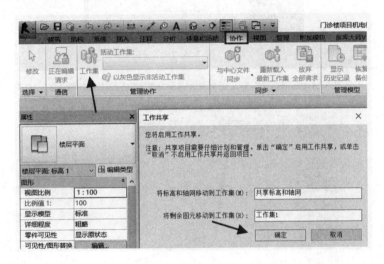

图 2.3.5

步骤2 在"工作集"对话框中单击"新建"按钮,如图 2.3.6 所示。

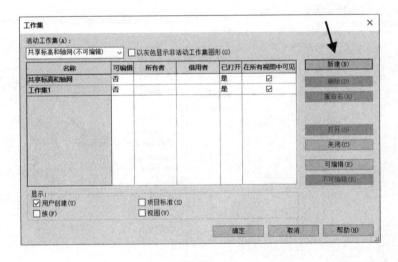

图 2.3.6

步骤3 在"新建工作集"对话框中的"输入新工作集名称"文本框中输入新工作集的名称,如图 2.3.7 所示。

要在所有项目视图中显示该工作集,须选中"在所有视图中可见"复选框;如果希望工作集仅在特意打开可见性的视图中显示,须取消选中该复选框中。为提高性能,须在本地模型隐藏当前工作所不需要的工作集。

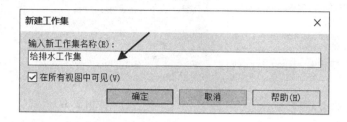

图 2.3.7

单击"确定"按钮,新工作集将显示在工作集列表中。它是可编辑的,并且"所有者"将显示您的用户名。

步骤 4 根据项目实际情况新建如图 2.3.8 所示的工作集。单击"工作集"对话框中的"删除""重命名"按钮可执行相关命令。

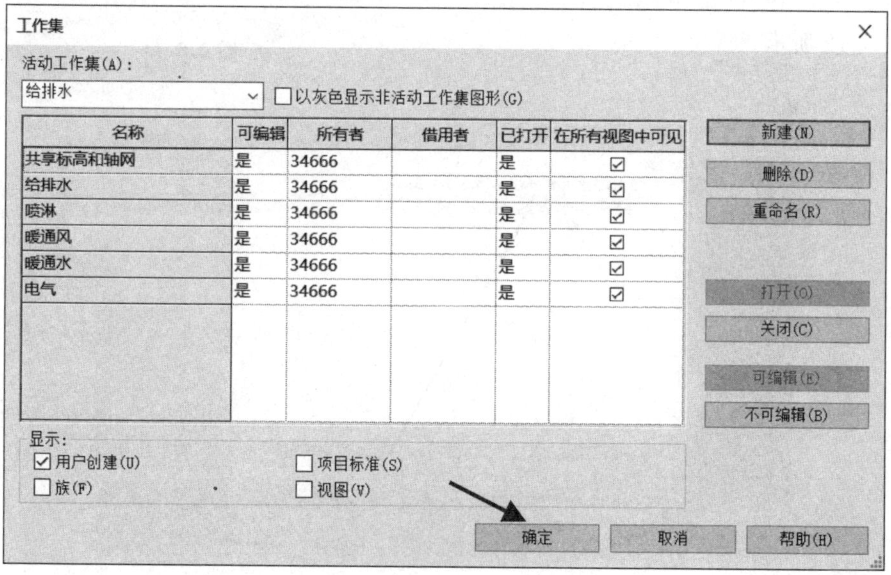

图 2.3.8

步骤 5 完成绘制工作集后,单击"确定"按钮关闭"工作集"对话框,如图 2.3.8 所示。

步骤 6 单击"保存"按钮 保存文件,弹出如图 2.3.9 所示的对话框。

步骤 7 单击"是"按钮,文件将另存为中心模型。模型转化为中心模型后,"保存"按钮灰显,"更新"按钮 则变为绿色,如图 2.3.10 所示。

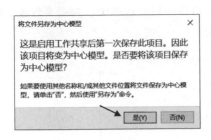

图 2.3.9

图 2.3.10

(3) 新建中心文件本地文件

步骤 1 关闭中心模型,选择 → "打开"→ "项目",如图 2.3.11 所示。

步骤 2 弹出"打开"对话框,选择中心文件"门诊楼项目机电模型中心文件_学号+姓名",并选中"新建本地文件"复选框,如图 2.3.12 所示。

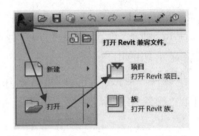

图 2.3.11

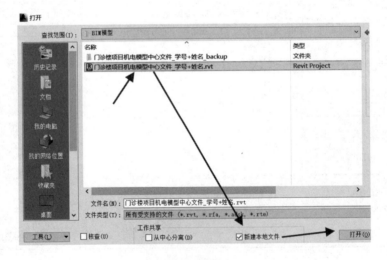

图 2.3.12

步骤 3 单击"保存"按钮 ,可在计算机上形成模型副本,如图 2.3.13 所示,文件名后缀为计算机名。

注意:单击"保存"按钮可将文件保存到本地计算机上;单击"更新"按钮可将文件更新到中心模型,如图 2.3.14 所示。中心模型只有一个,本地文件可以保存在不同的计算机上,可多人同步建模,同步更新到中心模型。

第 2 单元　建模前置工作

图 2.3.13

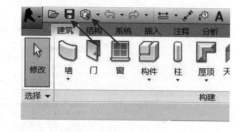

图 2.3.14

（4）分离中心模型文件

当方案有变化，比如修改模型文件的名称或者修改中心模型保存的位置时，不能直接利用"重命名"命令，也不能利用"另存为"命令，不能利用"复制"命令，不能利用"移动"命令，否则会造成"找不到中心模型"而无法进一步绘制模型；只有分离中心模型才能做以上更改。

步骤 1　分离并新建中心模型：

① 关闭中心模型，选择 → "打开" → "项目"，如图 2.3.11 所示。

② 弹出"打开"对话框，选择中心文件"门诊楼项目机电模型中心文件_学号＋姓名"，并选中"从中心分离"复选框，如图 2.3.15 所示。

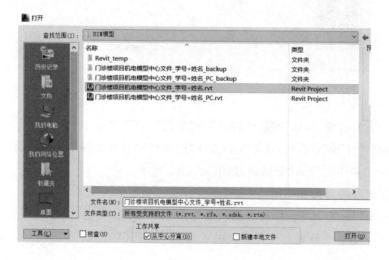

图 2.3.15

③ 在弹出的对话框中，单击"分离并保留工作集"，如图 2.3.16 所示。

④ 单击"保存"按钮 ，保存为新的中心模型，项目名为：门诊楼项目机电模型中心文件 2_学号＋姓名，如图 2.3.17 所示。

步骤 2　分离并新建项目文件（无工作集）：

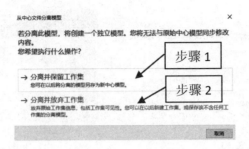

图 2.3.16

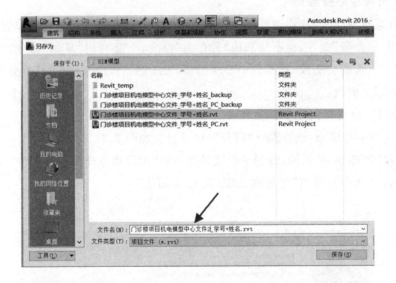

图 2.3.17

① 关闭中心模型,选择 →"打开"→"项目",如图 2.3.11 所示。

② 弹出"打开"对话框,选择中心文件"门诊楼项目机电模型中心文件_学号＋姓名",并选中"从中心分离"对话框,如图 2.3.15 所示。

③ 在弹出的对话框中单击"分离并放弃工作集",如图 2.3.16 所示。

④ 单击"保存"按钮,保存为新的非中心模型,项目名为:门诊楼项目机电模型(无工作集)_学号＋姓名。保存后,"BIM 模型"文件夹如图 2.3.18 所示。

【业务扩展】

项目样板主要是为新建项目提供一个预设的工作环境,里面会设置好一些已载入的族构件,以及其他一些设置,如项目的度量单位、标高、轴网、线型、可见性等。在选择时,需根据所要绘制的项目选择不同的项目样板。Revit 软件默认的是"构造样板",它包括通用的项目设置;"建筑样板"针对建筑专业;"结构样板"针对结构专业;

"机械样板"针对水、暖、电全机电专业;"卫浴样板"针对给排水专业;"电气样板"针对电气专业。

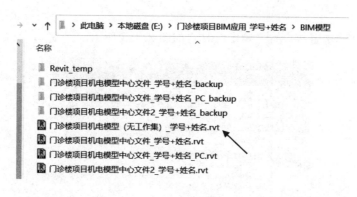

图 2.3.18

2.4 协同工作-链接模型

协同工作-链接模型

【任务说明】

打开 Revit 软件,打开"门诊楼项目机电模型中心文件"项目文件,链接门诊楼土建模型。

【任务目标】

① 学习利用 Revit 软件链接并锁定土建模型;
② 学习在 Revit 软件中选择链接模型中的图元;
③ 学习在 Revit 软件中卸载和重新载入链接模型;
④ 学习在 Revit 软件中半色调显示链接模型。

【任务分析】

链接模型主要用于在一个模型中链接另一个独立的模型。例如某医院门诊楼划分为独立的土建和机电两个项目,当需要在机电模型中进行碰撞检查、净高分析和管综优化等多专业协调时,需要链接土建模型才能进行。

【任务实施】

(1) 链接并锁定土建模型

步骤1 选择"插入"选项卡→"链接"面板→"链接 Revit",如图 2.4.1 所示。

步骤2 在"导入/链接 RVT"对话框中,选择要链接的模型"门诊楼-土建.rvt",

如图 2.4.2 所示。

步骤 3 在"定位"下拉列表框中选择"自动-原点到原点",单击"打开"按钮,如图 2.4.2 所示。

步骤 4 选中链接,单击"锁定"图标,如图 2.4.3 所示。

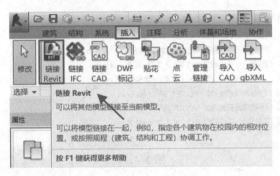

图 2.4.1

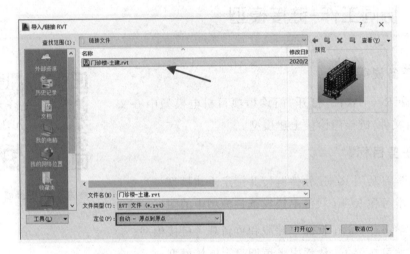

图 2.4.2

(2) 选择链接模型中的图元

步骤 1 通过界面右下角的命令,单击"选择链接"图标,如图 2.4.4 所示。

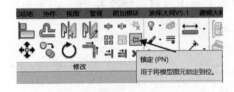

图 2.4.3

图 2.4.4

步骤2　在主体模型视图的绘图区域中,将光标移动到链接模型中的图元上。

步骤3　按 Tab 键直到所需图元高亮显示,然后选中该图元。此时只能浏览图元信息,不能对图元进行编辑修改。

(3) 卸载和重新载入链接模型

步骤1　选择"管理"→"管理链接",如图 2.4.5 所示。

步骤2　在弹出的"管理链接"对话框中,单击 Revit 标签,切换到 Revit 选项卡。

步骤3　选择门诊楼-土建链接模型。

步骤4　单击"重新载入"按钮,可重新载入相同保存路径的模型。

步骤5　单击"重新载入来自"按钮,可重新载入其他保存路径的模型。

步骤6　要卸载选定的模型,需单击"卸载"按钮,然后单击"是"按钮进行确认,如图 2.4.6 所示。

图 2.4.5

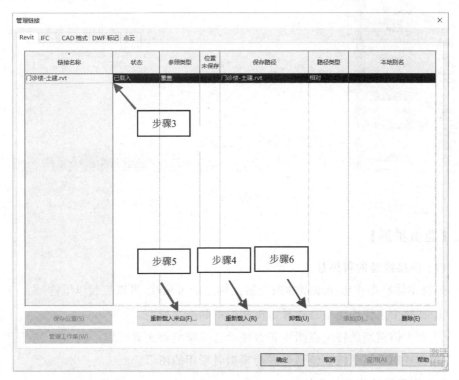

图 2.4.6

(4) 半色调显示链接模型(见图 2.4.7)

步骤 1 打开要修改链接模型显示的视图。

步骤 2 选择"属性"→"可见性/图形替换"→"编辑"。

步骤 3 在弹出的"楼层平面：一层给排水的可见性/图形替换"对话框中，单击"Revit 链接"标签，切换到"Revit 链接"选项卡。

步骤 4 在"半色调"列中，选中链接模型对应的复选框。

步骤 5 单击"确定"按钮。

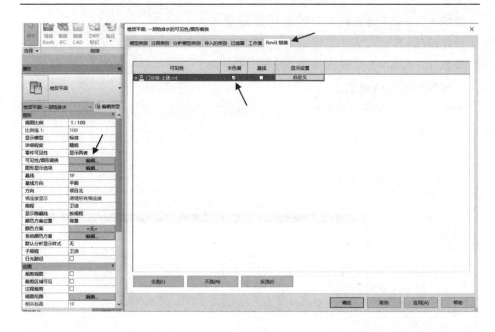

图 2.4.7

【业务扩展】

(1) 链接模型的可见性

控制主体模型中链接模型和嵌套链接模型的可见性，可以控制以下选项：

① 在整个主体模型中是否显示链接模型和嵌套模型；

② 在主体模型的特定视图中是否显示链接模型和嵌套模型；

③ 在视图中显示链接模型和嵌套模型时所用的图形。

(2) 查看链接模型的属性

若要查看链接模型中图元的属性，需将光标移动到链接模型中的图元上，然后按 Tab 键高亮显示该图元。其属性将显示在"属性"选项板中。链接模型中图元的属性

第 2 单元　建模前置工作

是只读的。

(3) 管理链接

如果项目中链接的源文件发生了变化,则打开项目时 Revit 将自动更新该链接。若要在不关闭当前项目的情况下更新链接,则可以先卸载链接然后再重新载入。若要访问链接管理的工具,则需单击"管理"选项卡→"管理项目"面板→"管理链接"。

2.5　协同工作-绘制标高

2.5.1　协作复制标高

【任务说明】

打开 Revit 软件,打开"门诊楼项目机电模型中心文件"项目文件,把链接模型中(土建模型)的标高复制到当前项目中(门诊楼机电模型)。

协同工作-绘制标高

【任务目标】

学习使用"复制/监视"命令复制建筑模型中的标高来绘制标高。

【任务分析】

Revit 中标高用于反映模型构件在高度方向上的定位情况,在机电项目建模中不仅要保证机电各专业模型参照标高一致,还需要保证和建筑、结构专业标高体系一致。因此,在机电专业建模前需要先在项目中新建一套统一的标高体系,然后在绘制标高时应参照建筑、结构专业图纸或项目已有模型中的标高。

【任务实施】

步骤 1　工作集设置:标高的工作集应设置为"共享标高和轴网" ;

步骤 2　准备视图:在"项目浏览器"中打开任意一个立面视图,如图 2.5.1 所示。

步骤 3　在视图属性中,选择"协调"作为"规程"。该设置将确保视图显示所有规程(建筑、结构、机械和电气)的图元,如图 2.5.2 所示。

步骤 4　(可选)按半色调显示链接模型,可以将链接模型中的图元与当前模型中的图元进行区分(请参见 2.4 节中的"半色调显示链接模型"的相关内容)。

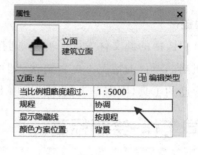

图 2.5.1　　　　　　　　　　图 2.5.2

步骤 5　启动"复制/监视"工具(见图 2.5.3)。

图 2.5.3

① 选择"协作"选项卡→"协调"面板→"复制/监视"下拉列表框→"选择链接"。

② 在绘图区域中选择链接模型。

步骤 6　单击"复制/监视"中的"选项"图标,如图 2.5.4 所示。

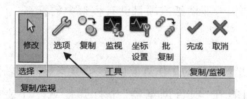

图 2.5.4

步骤 7　在弹出的"复制/监视选项"对话框中的选项卡包含针对不同图元类型的选项。可以为标高指定偏移,或者为标高名称添加前缀或后缀,如图 2.5.5 所示。

步骤 8　复制要进行监视的标高,如图 2.5.6 所示。

① 选择"复制/监视"选项卡→"工具"面板→"复制"。

② 若要选择多个标高,需在选项栏上选中"多个"复选框。

第 2 单元　建模前置工作

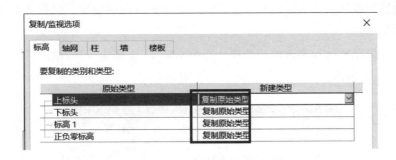

图 2.5.5

③ 在链接模型中选择要复制的标高。
④ 使用选择框和过滤器来选择链接模型中的所有标高。
⑤ 在选项栏上单击"完成"按钮。
⑥ 选择"复制/监视"→"复制/监视"→"完成"✓。

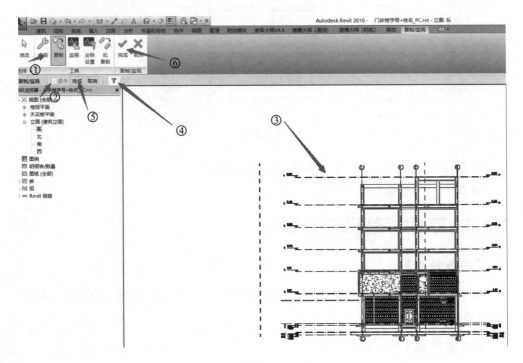

图 2.5.6

步骤 9　此时复制的标高显示在当前模型中。

如果选择某一复制的标高,则在该标高旁边将显示"监视"图标,以指示该标高与链接模型中的原始标高有关系。如果在链接模型中移动、修改或删除标高,则在打开当前模型或重新载入链接项目时系统将提示您所做的修改。这些警告也会在协调查阅中显示。

根据协作需要选择是否停止监视。如果不需要,则选中标高,单击"停止监视"图标,如图2.5.7所示。

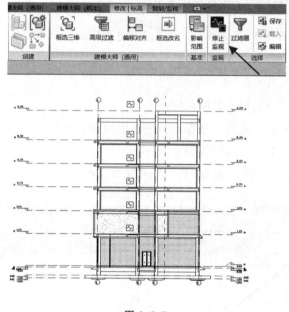

图 2.5.7

步骤10　删除 Revit 自带标高(标高1和标高2)。

步骤11　锁定新绘制的标高。

2.5.2　隐藏土建模型中的标高

【任务说明】

打开 Revit 软件,打开"门诊楼项目机电模型中心文件"项目文件,隐藏链接模型"门诊楼-土建"模型中的标高图元。

【任务目标】

学习自定义链接模型中的图元可见性。

【任务分析】

完成2.5.1小节中的任务之后,"门诊楼项目机电模型中心文件"项目文件中已经有标高图元,因此需要隐藏链接模型"门诊楼-土建"模型中的标高图元。

【任务实施】

步骤1 打开需要设置的视图，在"属性"对话框中单击"可见性/图形替换"，如图2.5.8所示。

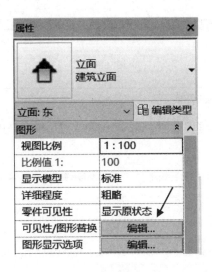

图 2.5.8

步骤2 单击"Revit 链接"标签，切换到"Revit 链接"选项卡，如图2.5.9所示。

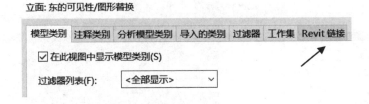

图 2.5.9

步骤3 对链接模型执行下列操作，如图2.5.10所示。

① 在"可见性"列中，选中"门诊楼-土建"复选框。

② 在"显示设置"列中单击"按主体视图"按钮。

步骤4 在弹出的"RVT 链接显示设置"对话框中的"基本"选项卡中选中"自定义"单选按钮，如图2.5.11所示。

步骤5 单击"注释类别"标签，切换到"注释类别"选项卡，并从"注释类别"下拉列表中选择"自定义"；在"可见性"列中取消选中"标高"复选框，然后单击"确定"按钮，如图2.5.12所示。

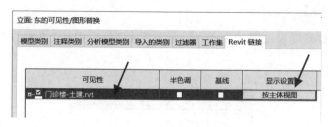

图 2.5.10

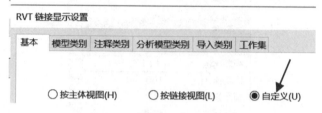

图 2.5.11

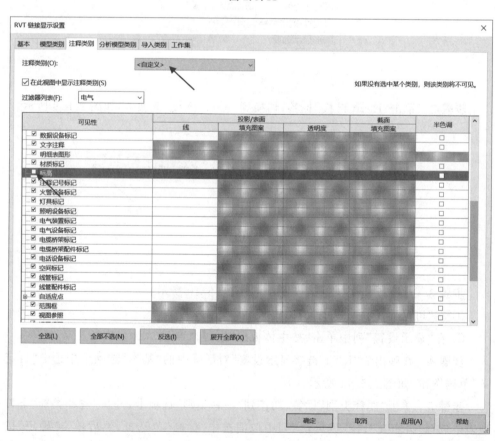

图 2.5.12

2.6　新建和管理平面视图

2.6.1　新建视图样板

【任务说明】

在 Revit 软件中打开"门诊楼项目机电模型中心文件中心模型"项目文件,设置本项目常用样板:给排水样板、暖通风系统样板、电气系统样板、空调水系统样板。

新建和管理平面视图

【任务目标】

① 学习使用"管理视图样板"命令新建视图样板;
② 学习使用"V/G 替换模型"命令设置当前视图样板的模型类别可见性。

【任务分析】

视图样板是一个带有一系列视图属性(例如视图比例、规程、详细程度以及可见性设置)的样板,通过应用设定好的视图样板,可以保证创建项目的规范性。本项目涉及暖通、给排水、电气三大专业,需要在不同视图中绘制模型,因此需要设置四个视图样板,分别是给排水平面视图样板、暖通风系统平面视图样板、电气平面视图样板、空调水系统平面视图样板。

【任务实施】

(1) 给排水平面视图样板

步骤 1　选择"视图"选项卡→"图形"面板→"视图样板"下拉列表框→"管理视图样板",如图 2.6.1 所示。

图 2.6.1

步骤2 选择"卫浴平面"视图样板，单击"复制"目标 新建一个视图样板，如图2.6.2所示，命名为"给排水平面"，如图2.6.3所示。

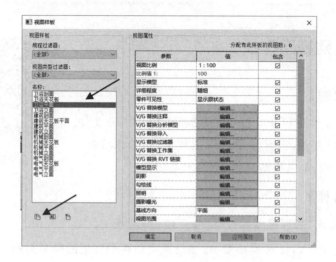

图 2.6.2

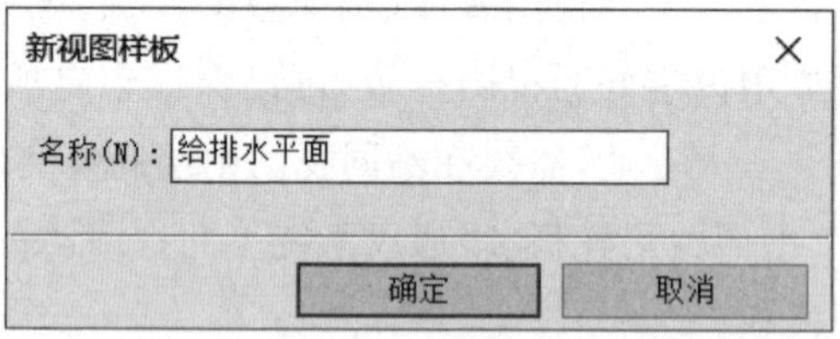

图 2.6.3

步骤3 根据需要修改视图样板的属性值。如果选中"包含"复选框，则可以选择包含在视图样板中的属性；取消选中"包含"复选框，则可以删除这些属性。对于未包含在视图样板中的属性，不需要指定它们的值，在应用视图样板时不会替换这些视图属性。具体操作如下：

① 在"给排水平面"的"视图属性"窗口中，将视图比例设置为"1∶100"，将"详细程度"设置为"精细"，如图2.6.4所示；

② 在"给排水平面"的"视图属性"窗口中，将"规程"设置为"卫浴"，"子规程"设置为"卫浴"，如图2.6.5所示；

③ 在"给排水平面"的"视图属性"窗口中，取消选中"模型显示"和"视图范围"右侧的"包含"复选框，如图2.6.5所示；

④ 在"给排水平面"的"视图属性"窗口中单击"V/G 替换模型"，弹出"给排水平面的可见性/图形替换"对话框；

第 2 单元　建模前置工作

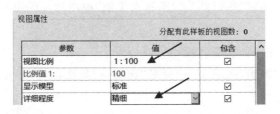

图 2.6.4

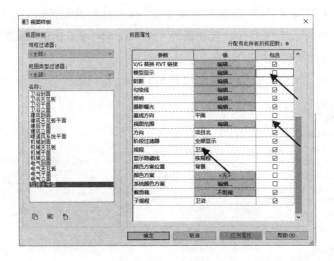

图 2.6.5

⑤ 设置模型类别:不显示天花板和楼板,不显示电缆桥架等电气模型(见图 2.6.6),不显示风管等暖通风系统模型(见图 2.6.7)。

图 2.6.6　　　　图 2.6.7

步骤 4 单击"确定"按钮,完成"给排水平面"视图样板的设置,其他属性可在后期建模中灵活设置。

(2) 暖通风系统平面视图样板

步骤 1 选择"视图"选项卡→"图形"面板→"视图样板"下拉列表框→"管理视图样板",见图 2.6.1。

步骤 2 选择"机械平面"视图样板,单击"复制"图标 新建一个视图样板,命名为"暖通风系统平面"。

步骤 3 根据需要修改"暖通风系统平面"视图样板的属性值,具体操作如下:

① 在"暖通风系统平面"的"视图属性"窗口中,将"视图比例"设置为"1:100",将"详细程度"设置为"精细",见图 2.6.4;

② 在"暖通风系统平面"的"视图属性"窗口中,将"规程"设置为"机械",将"子规程"设置为"暖通",如图 2.6.8 所示;

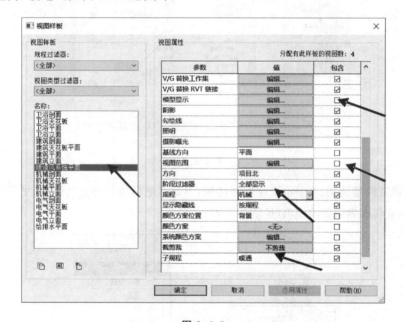

图 2.6.8

③ 在"暖通风系统平面"的"视图属性"窗口中,取消选中"模型显示"和"视图范围"右侧的"包含"复选框,见图 2.6.8;

④ 在"暖通风系统平面"的"视图属性"窗口中单击"V/G 替换模型",弹出"暖通风系统平面的可见性/图形替换"窗口;

⑤ 设置模型类别:不显示天花板和楼板,不显示管道等给排水模型类别,不显示桥架、桥架配件等电气专业模型类别,如图 2.6.9 和图 2.6.10 所示。

第 2 单元　建模前置工作

图 2.6.9　　　　　　　　图 2.6.10

步骤 4　单击"确定"按钮,完成"暖通风系统平面"视图样板的设置,其他属性可在后期建模中灵活设置。

(3) 电气平面视图样板

步骤 1　选择"视图"选项卡→"图形"面板→"视图样板"下拉列表框→"管理视图样板",见图 2.6.1。

步骤 2　选择"电气平面"视图样板。

步骤 3　根据需要修改"电气平面"视图样板的属性值,具体操作如下:

① 在"电气平面"的"视图属性"窗口中,将"视图比例"设置为"1∶100";将"详细程度"设置为"精细",见图 2.6.4;

② 在"电气平面"的"视图属性"窗口中,将"规程"设置为"电气",将"子规程"设置为"电力";

③ 在"电气平面"的"视图属性"窗口中,取消选中"模型显示"和"视图范围"右侧的"包含"复选框,如图 2.6.11 所示;

④ 在"电气平面"的"视图属性"窗口中单击"V/G 替换模型",弹出"电气平面的可见性/图形替换"窗口;

⑤ 设置模型类别:不显示天花板和楼板,不显示管道等给排水专业模型类别,不显示风管等暖通专业模型类别,如图 2.6.12 和图 2.6.13 所示。

步骤 4　单击"确定"按钮,完成"电气平面"视图样板的设置,其他属性可在后期建模中灵活设置。

(4) 空调水系统平面视图样板

步骤 1　选择"视图"选项卡→"图形"面板→"视图样板"下拉列表框→"管理视

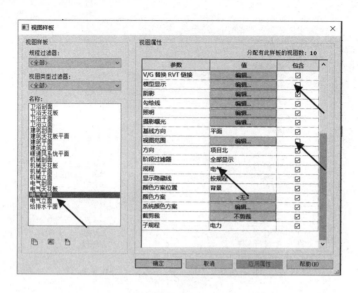

图 2.6.11

图样板",如图 2.6.1 所示;

图 2.6.12

图 2.6.13

步骤 2 选择"给排水平面"视图样板,单击"复制"图标新建一个视图样板,命名为"空调水系统平面"。

步骤 3 根据需要修改视图样板的属性值,现阶段与"给排水平面"视图样板属性一致。单击"确定"按钮,完成样板设置。

2.6.2 分专业分楼层新建楼层平面视图

【任务说明】

在 Revit 软件中打开"门诊楼项目机电模型中心文件中心模型"项目文件,新建本项目绘制模型需要的楼层平面。

【任务目标】

① 学习分楼层分专业新建楼层平面;
② 学习命名楼层平面。

【任务分析】

CAD 施工图是根据专业和楼层来进行划分的,同样的,在 Revit 软件中,为了建模、后期优化、出图的方便,在模型创建开始,就需要分专业分楼层新建楼层平面。当用 Revit 的"标高"命令绘制标高时,每建立一个标高就对应生成一个楼层平面视图,但当用复制方法创建标高时,就不会自动生成平面视图,需要手动创建楼层平面。

【任务实施】

新建给排水平面视图

步骤 1 选择"视图"选项卡→"绘制"面板→"平面视图"下拉列表框→"楼层平面",如图 2.6.14 所示。

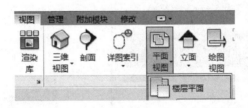

图 2.6.14

步骤 2 在弹出的"新建楼层平面"对话框中,单击"编辑类型"按钮,如图 2.6.15 所示。

步骤 3 在"类型属性"对话框中,设置"查看应用到新视图的样板"为"给排水平面",单击"确定"按钮,如图 2.6.16 所示。

步骤 4 在弹出的"新建楼层平面"对话框中,取消选中"不复制现有视图"复选框(见图 2.6.17),按住 Ctrl 键,依次选中"1F""2F""3F""4F""5F""屋顶",如图 2.6.18 所示。

　　　　图 2.6.15

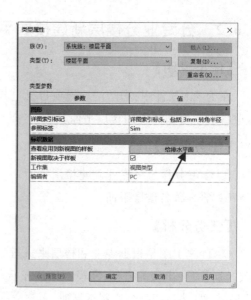
　　　　图 2.6.16

步骤 5　单击"确定"按钮,完成各层楼空调水系统平面的绘制,如图 2.6.18 所示。

　　　　图 2.6.17

　　　　图 2.6.18

步骤 6　右击"1F",在弹出的快捷菜单中选择"重命名",将其重命名为"一层给排水",如图 2.6.19 所示。

步骤 7　按照步骤 6 的方法修改其他楼层平面名称,结果如图 2.6.20 所示。

第 2 单元　建模前置工作

图 2.6.19

图 2.6.20

2.7　协同工作-绘制轴网

【任务说明】

打开 Revit 软件,打开"门诊楼项目机电模型中心文件"项目文件,把链接模型中(土建模型)的标高复制到当前项目中(门诊楼机电模型),确保土建模型和门诊楼机电模型轴网一致。

协同工作-绘制轴网

【任务目标】

学习使用"复制/监视"命令将土建模型中的轴网复制到机电模型中。

【任务分析】

用 Revit 软件绘制标高后,可以进行轴网的绘制。Revit 中轴网用于反映建筑构件在平面布局上的位置情况,通过轴网定位可以保证模型各楼层之间、各专业之间位置的统一。在绘制机电专业轴网时,可以直接使用 Revit 软件提供的"轴网"工具绘制轴网对象,也可以使用"复制/监视"工具复制建筑或结构模型中的轴网对象来绘制。下面以医院门诊楼项目为例,讲解协作绘制轴网的操作步骤。

【任务实施】

步骤 1　工作集设置:轴网的工作集应设置为"共享标高和轴网" ;

步骤 2　打开视图:双击"一层给排水"平面视图,如图 2.7.1 所示。

· 45 ·

步骤3 启动"复制/监视"工具,如图 2.7.2 所示。

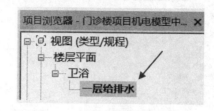

图 2.7.1

图 2.7.2

① 选择"协作"选项卡→"协调"面板→"复制/监视"下拉列表框→"选择链接"。

② 在绘图区域中选择链接模型。

步骤4 单击"复制/监视"面板上的"选项"图标,指定轴网的选项,如图 2.7.3 所示。

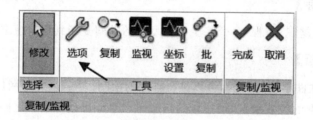

图 2.7.3

步骤5 "复制/监视选项"对话框中的选项卡包含针对不同图元类型的选项,可以为轴网指定偏移,或者为轴网名称添加前缀或后缀,如图 2.7.4 所示。

步骤6 复制要进行监视的轴网:如图 2.7.5 所示。

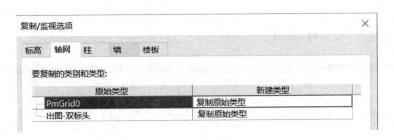

图 2.7.4

① 选择"复制/监视"选项卡→"工具"面板→"复制"。
② 若选择多个轴网,则选中选项栏中的"多个"复选框。
③ 在链接模型中选择要复制的轴网。
④ 使用选择框和过滤器来选择链接模型中的所有轴网。
⑤ 单击选项栏中的"完成"按钮。
⑥ 选择"复制/监视"→"复制/监视"面板→"完成"。

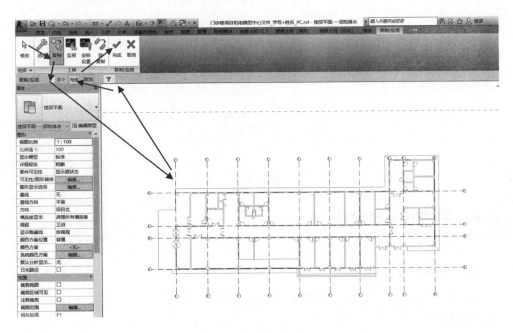

图 2.7.5

步骤 7 此时复制的轴网显示在当前模型中。

如果选择某一复制的轴网,则将在该轴网旁边显示"监视"图标,以指示该轴网与链接模型中的原始轴网有关系;如果在链接模型中移动、修改或删除轴网,则在打开当前模型或重新载入链接项目时系统将提示您所做的修改。这些警告也在协调查阅中显示。根据协作需要选择是否停止监视。如果不需要,则选中轴网,单击面板上的"停止监视"图标,如图2.7.6所示。

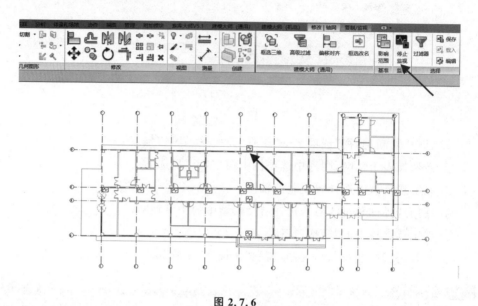

图2.7.6

步骤8 选中并锁定新绘制的轴网,如图2.7.7所示。

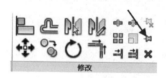

图2.7.7

2.8 视图范围设置

【任务说明】

打开Revit软件,打开"门诊楼项目机电模型中心文件"项目文件,设置各平面视图的视图范围。

【任务分析】

每个平面视图都具有"视图范围"属性,该属性也称为可见范围。注意,只有平面视图才有视图范围的选项。一个视图的视图范围都是独立设置的,如图2.8.1所示。

【任务目标】

学习设置Revit软件的视图范围属性。

第 2 单元 建模前置工作

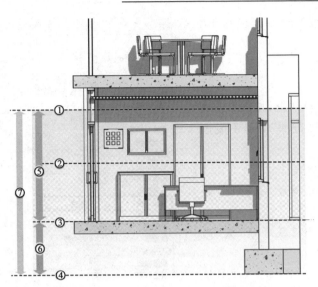

① 顶剪裁平面：视图范围的最顶部。
② 剖切面：是一个平面，用于确定特定图元在视图中显示为剖面时的高度。
③ 底剪裁平面：视图范围的最顶部。
④ 偏移（从底部）：是主要范围之外的附加平面。
⑤ 视图范围的主要范围=①顶剪裁平面-③底剪裁平面。
⑥ 视图深度=③底剪裁平面-④偏移（从底部），更改视图深度，以显示底裁剪平面下的图元。默认情况下，视图深度与底剪裁平面重合。
⑦ 视图范围=①顶剪裁平面-④偏移（从底部）。

图 2.8.1

【任务实施】

下面以"一层给排水"楼层平面为例，讲解"视图范围"属性的设置步骤。

步骤 1 要设置"视图范围"，首先要知道本楼层的层高，层高信息可以从立面中读取。定位到立面视图中，可得知一层层高 5.2 m，二~五层层高 3.8 m，如图 2.8.2 所示。

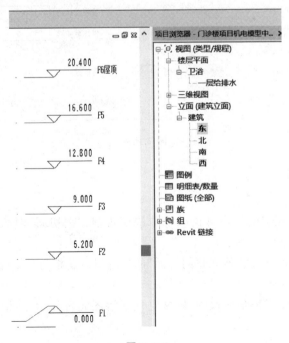

图 2.8.2

步骤2 选择"项目浏览器"→"一层给排水"楼层平面。

步骤3 在楼层平面"属性"面板中单击"视图范围",如图2.8.3所示。

步骤4 弹出"视图范围"对话框,按图2.8.4所示设置"视图范围"。若"视图范围"灰显不能选中,则设置"视图样板"为"无"。

注意:视图范围设置规则如下:

① "顶"的数值必须大于或等于"剖切面"的数值。

② "视图深度"的数值必小于或等于"底"的数值。

③ 由于规则容易混乱,建议将"顶"和"剖切面"设置成一样的高度。同时,"底"到"视图深度"

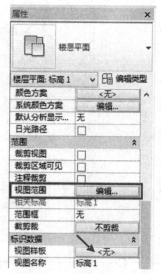

图 2.8.3

只可以设置线的区别,若没有这方面的需求则同样可以设置成一样的数值。

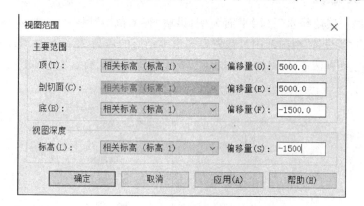

图 2.8.4

【业务扩展】

特定范围内的可视性:

① 从"顶"至"剖切面":具体的效果取决于规程;"剖切面"剖切到的对象会显示内部的构造,如图2.8.5所示。

第一,建筑规程下,从"顶"到"剖切面"的区域只有橱柜与常规模型可见。在该区域结构与建筑一致。

第二,机械电气卫浴是一致的,机械电气卫浴图元可显示,橱柜和常规模型半色调显示。

第 2 单元 建模前置工作

第三,协调在该区域内,显示机械电气卫浴图元以及橱柜和常规模型,建筑墙柱子和结构墙不显示。

② "视图深度"是"超出"的范围,只要有一部分在内也能看,如图 2.8.6 所示。

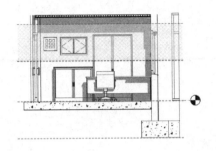

图 2.8.5

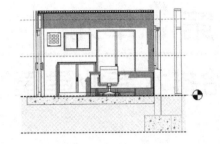

图 2.8.6

# 第 3 单元

给排水专业建模

【职业能力目标】

（1）掌握 Revit 软件给排水专业基础操作

① 设置给排水管道类型和系统类型；

② 设置管道坡度；

③ 绘制水平管道和立管；

④ 绘制阀门、水表等管道附件。

（2）能够绘制建筑给排水模型

① 读懂给排水图纸；

② 绘制生活给水系统模型；

③ 绘制消火栓系统模型；

④ 绘制自动喷水灭火系统模型；

⑤ 绘制污废水系统模型。

建筑给排水系统分类如图 3.0.1 所示。

3.1 给排水专业基础

3.1.1 建筑内部给水系统概述

建筑内部的给水系统是将城镇给水管网或自备水源给水管网的水引入室内，经配水管送至生活、生产和消防用水设备，并满足各用水点对水量、水压和水质要求的

第 3 单元　给排水专业建模

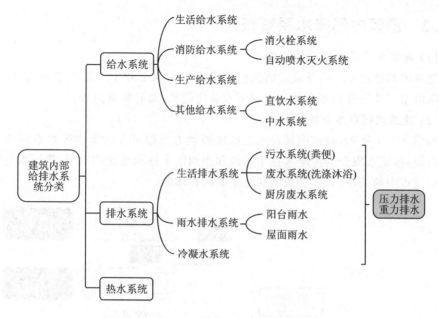

图 3.0.1

冷水供应系统,给水系统按用途可分为以下几类:

(1) 生活给水系统

供给人们饮用、盥洗、洗涤、沐浴、烹饪等生活用水,其水质必须符合《生活饮用水卫生标准》(GB 5749—2006)。

(2) 生产给水系统

供给生产设备冷却、原料和产品的洗涤,以及各类产品制造过程中所需的生产用水。生产用水应根据工艺要求,提供所需的水质、水量和水压。

(3) 消防给水系统

供给各类消防设备灭火用水。消防用水对水质要求不高,但必须按照建筑防火规范保证供给足够的水量和水压。按灭火剂的种类和灭火方式分为消火栓系统、自动喷水灭火系统和其他使用非水灭火剂的固定灭火系统。

(4) 其他给水系统

其他给水系统有饮用水给水系统、杂用水给水系统(中水系统)等。

上述几类给水系统可独立设置,也可根据实际条件和需要加以组合,可同时供应不同用途的生活、消防,生产、消防,生活、生产,以及生活、生产、消防等共用给水系统。

3.1.2 建筑内部排水系统概述

(1) 建筑内部排水系统的功能

建筑内部排水系统的功能是将人们在日常生活和工业生产过程中使用过的、受到污染的水以及降落到屋面的雨水和雪水收集起来,及时排到室外。

(2) 建筑内部排水系统的分类

如图 3.1.1 所示,建筑内部排水系统按照动力类型可分为重力排水系统和压力排水系统;按照水质分为污废水排水系统和屋面雨水排水系统两大类;按污水与废水在排放过程中的关系,分为合流制和分流制两种体制。

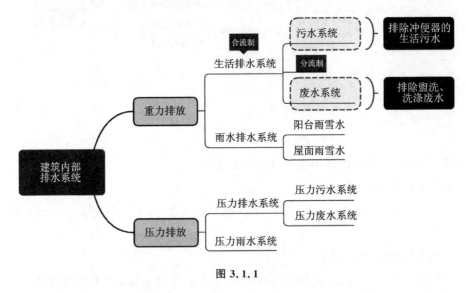

图 3.1.1

3.1.3 给排水专业图纸解析

门诊楼-给排水图纸从水施-01 到水施-12 共计 12 张图纸,对应图纸详见图纸目录,如表 3.1.1 所列。在给水专业建模时,需要关注图纸信息。

表 3.1.1

序号	图别	图号	图纸名称	图纸规格
1	水施	01	给水排水设计总说明	A1+1/2
2	水施	02	设备、材料表、图纸目录	A1+1/2
3	水施	03	一层给排水平面图	A1+1/2
4	水施	04	二层给排水平面图	A1+1/2
5	水施	05	三~五层给排水平面图	A1+1/2

第 3 单元　给排水专业建模

续表 3.1.1

序　号	图　别	图　号	图纸名称	图纸规格
6	水施	06	屋顶层给排水平面图	A1＋1/2
7	水施	07	一层自动喷水灭火系统平面图	A1＋1/2
8	水施	08	二层自动喷水灭火系统平面图	A1＋1/2
9	水施	09	三～五层自动喷水灭火系统平面图	A1＋1/2
10	水施	10	给排水大样图、接管轴侧图	A1＋1/2
11	水施	11	给水系统、消火栓系统原理图	A1＋1/2
12	水施	12	排水系统、自动喷火灭火系统原理图	A1＋1/2

（1）水施-02 设备、材料表、图纸目录

① 关注管道管材信息、管道连接方式；

② 关注排水管道的坡度设置；

③ 关注图例表。

（2）水施-03～水施-06 给排水平面图

① 关注卫浴装置的规格类型和安装位置；

② 关注生活给水系统、消火栓系统、排水系统的管道直径、高程和路径；

③ 关注管道附件的种类和规格。

（3）水施-07～水施-09 自动喷水灭火系统平面图

① 关注自动喷水灭火系统的管道直径、高程和路径；

② 关注喷头的位置和安装高度；

③ 关注水泵接合器、蝶阀、减压孔板、信号蝶阀、水流指示器、截止阀、末端试水装置的位置。

（4）水施-10 给排水大样图、接管轴侧图

关注各支管管径和标高信息。

（5）水施-11～水施-12 原理图

① 关注各系统的竖向路径；

② 关注各立管编号、直径和标高信息。

3.2　Revit 给排水基础操作

3.2.1　Revit 给排水功能面板介绍

给排水专业的命令集中在"系统"选项卡中的"卫浴和管道"和"机械设备"面板中，如图 3.2.1 所示。

图 3.2.1

3.2.2 管道选项栏设置

选择"管道"工具后,在"选项栏"对管道进行以下属性的设置,如图 3.2.2 所示。
直径:指定管道的直径。如果无法保持连接,则将显示警告消息。

图 3.2.2

偏移:指定管道相对于当前标高的垂直高程。可以输入偏移值或从建议偏移值列表中选择相应的值。

■/■:锁定/解锁管段的高程。锁定后,管段会始终保持原高程,不能连接处于不同高程的管段。

应用:应用当前的选项栏设置。指定偏移以在平面视图中绘制垂直管道,单击"应用"按钮将在原始偏移高程和所应用的设置之间绘制垂直管道。

3.2.3 管道放置工具

选中"管道"或"管道占位符"工具后,"修改|放置管道"选项卡中将会有管道放置的相关选项,如图 3.2.3 所示。

图 3.2.3

"对正" :打开"对正设置"对话框,在该对话框中可以指定管道的"水平对正"、"水平偏移"和"垂直对正"。

注意:当"管道占位符"工具处于选中状态时此选项不可用。

"自动连接" :在开始或结束管段时,可以自动连接到构件上的捕捉。这对于连接不同高程上的管段非常有用。但是,当沿着与另一条管道相同的路径以不同偏

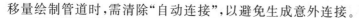

移量绘制管道时,需清除"自动连接",以避免生成意外连接。

"继承高程"：继承捕捉到的图元的高程。

"继承大小"：继承捕捉到的图元的大小。

"禁用坡度"：绘制不带坡度的管道。

"向上坡度"：绘制向上倾斜的管道。

"向下坡度"：绘制向下倾斜的管道。

坡度值:在"向上坡度"或"向下坡度"处于启用状态时,指定绘制倾斜管道时使用的坡度值。

"显示坡度工具提示"：在绘制倾斜管道时显示坡度信息。

"添加垂直"：使用当前坡度值来倾斜管道连接。

"更改坡度"：不考虑坡度值来倾斜管道连接,如图 3.2.4 所示。

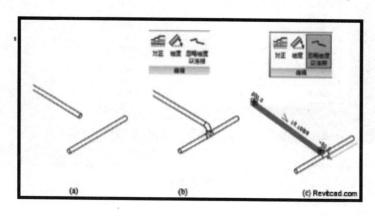

图 3.2.4

"在放置时进行标记"：在视图中放置管段时,将默认注释标记应用到的管段。

3.2.4 载入族

在 Revit 软件默认提供的族库中涵盖了机电项目建模中通用的设备构件族,用户在使用 Revit 建模时可以直接使用 Revit 提供的通用设备构件族,也可以自定义绘制项目所需设备构件族。在本小节中,使用的是 Revit 默认族库中通用的机电设备构件族,在建模时直接载入所需设备构件族即可。

注意：如果单击"载入族"后无法直接找到默认族库,则在"载入族"对话框中的"查找范围"下拉列表框选择路径 C:\ProgramData\Autodesk\RVT 2016\Libraries\China 即可找到,其中 ProgramData 文件夹默认为隐藏文件夹,需先设置隐藏文件夹为可见。

(1) 载入 Revit 默认族：以"闸阀"为例进行讲解

步骤1 选择"插入"选项卡→"从库中载入"面板→"载入族"，如图 3.2.5 所示。

图 3.2.5

步骤2 在弹出的"载入族"对话框中，双击要载入的族的类别："机电"→"阀门"→"闸阀"（在 Revit 族库默认文件夹中，"闸阀"属于"机电"分类下的"阀门"），如图 3.2.6 所示和图 3.2.7 所示。

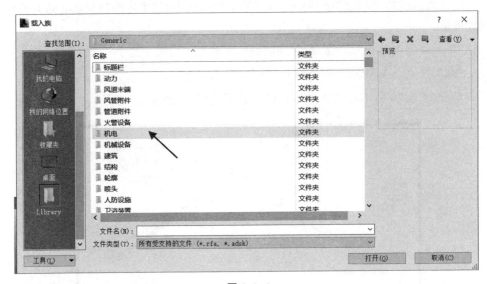

图 3.2.6

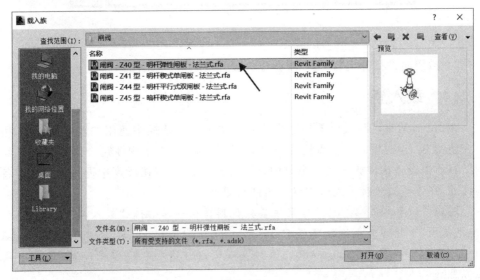

图 3.2.7

步骤 3 选择要载入的族,弹出"指定类型"对话框,根据需要,单击族类型(例如:管径 80 mm),然后单击"确定"按钮,如图 3.2.8 所示。

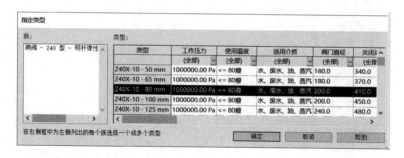

图 3.2.8

步骤 4 现在,该族类型就已经放置到项目中了。它将显示在"项目浏览器"中的"族"下的相应类别中,如图 3.2.9 所示。

图 3.2.9

(2) 载入本书提供的给排水管件、附件和机械设备族

步骤 1 选择"插入"选项卡→"从库中载入"面板→"载入族"。

步骤 2 在弹出的"载入族"对话框中的"查找范围"下拉列表框中选择本书提供的族文件夹"水管管件",如图 3.2.10 所示。

步骤 3 选择所有族,单击"打开"按钮。

步骤 4 利用同样的方法载入本书提供的管道附件(见图 3.2.11)和机械设备族。

图 3.2.10

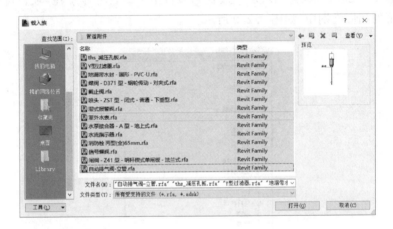

图 3.2.11

3.3 建模前准备工作

3.3.1 统计管材和接口类型

打开本书提供的原始图纸"门诊楼-给排水",阅读"水施-01 给排水设计总说明",查找给排水管道管材信息、管道连接方式(见图 3.3.1),完成表 3.3.1。

在"水施-01 给排水设计总说明"中没有看到雨水管的管材和接口形式,这种情况下需要阅读"建筑设计说明"。

打开本书提供的原始图纸"门诊楼-建筑",阅读"建施-01 建筑设计说明、图纸目录",查找雨水管的管材信息。如图 3.3.2 所示,采用 UPVC 成品雨水管;没有说明连接方式,建模时可采用承插胶粘连接。

第3单元 给排水专业建模

五、施工说明
1 管材及接口
1.1 生活给水管道：生活给水干管及立管采用钢塑复合管，当管径DN≤65时，丝扣连接；当管径DN>65时，卡箍连接；室内给水支管采用PP-R（S5级），热熔连接；埋地管采用内外涂塑钢管，丝扣连接。
1.2 生活排水管道：污废水管道均采用硬聚氯乙烯塑料排水管，承插胶粘连接，管道及附件安装遵照《建筑排水用硬聚氯乙烯（PVC-U）管道安装》10S406。
排水管道穿越承重墙、楼板或基础时，应预留孔洞，孔洞尺寸见下表：

| 管径 | 50~75 | 75~100 | 125~150 |
| 孔洞尺寸（毫米） | 100~150 | 150~180 | 220~250 |

1.3 消防给水管道：消火栓系统采用热浸镀锌钢管，自动喷水灭火系统采用热浸镀锌钢管，DN≤50采用螺纹连接，DN>50沟槽卡箍连接；建筑外墙以外埋地管道采用球墨给水铸铁管，采用橡胶圈承插连接。

图 3.3.1

5 屋面工程
5.1 本项目的屋面防水等级为Ⅰ级，具体构造做法详见"建筑构造材料做法表"；
5.2 屋面节点索引见建施"屋顶平面图"；
5.3 屋面排水组织见屋顶平面图，雨水管均采用Φ100UPVC成品雨水管，由专业厂家定制安装。雨水管建议采用防攀阻燃型雨水管，雨水管颜色与外墙相应部位颜色相同；

图 3.3.2

表 3.3.1 管材和接口类型统计表

序号	管道类型	管材类型	连接方式
1	生活给水干管及立管	钢塑复合管	当管径DN≤65 mm时，丝扣连接；当管径DN>65 mm时，卡箍连接
2	室内给水支管	PP-R(S5级)	热熔连接
3	埋地给水管	内外涂塑钢管	丝扣连接
4	污水管道	硬聚氯乙烯塑料	承插胶粘连接
5	废水管道		承插胶粘连接
6	雨水管道	防攀阻燃型 UPVC	承插胶粘连接
7	室内消火栓管道	热浸镀锌钢管	当管径DN≤50时，螺纹连接；当管径DN>50时，沟槽卡箍连接
8	室内自动喷水灭火管道		
9	埋地消火栓管道	球墨给水铸铁管	橡胶圈承插连接
10	埋地自动喷水灭火管道		

3.3.2 新建管道材质

【任务说明】

在 Revit 软件中打开"门诊楼项目机电模型中心文件中心模型"项目文件,新建本项目需要的管道材质。

【任务目标】

学习在 Revit 软件中新建和编辑管道材质。

【任务分析】

根据 3.3.1 小节可知,本项目所需管道材质如表 3.3.1 所列,在绘制模型之前,需将这些材质添加到材质库中。

【任务实施】

方法一:新建材质

下面以"钢塑复合管"为例讲解材质的新建方法。钢塑复合管以无缝钢管、焊接钢管为基管,内壁涂装高附着力、防腐、食品级卫生型的聚乙烯粉末涂料或环氧树脂涂料。

步骤 1　打开"材质浏览器"对话框,选择"管理"选项卡 →"设置"面板→"材质",如图 3.3.3 所示。

图 3.3.3

步骤 2　在"材质浏览器"对话框中,选择 下拉列表框中的"新建材质",如图 3.3.4 所示。

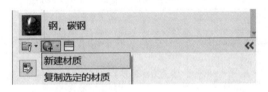

图 3.3.4

步骤 3　新材质已添加到"材质浏览器"的"项目材质:所有"列表中,如图 3.3.5 所示。右击"材质浏览器"中的"项目材质:所有"列表中的"默认为新材质",在弹出的快捷菜单中选择"重命名"将其重命名为"JPS-钢塑复合管"。

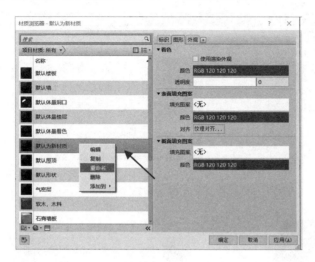

图 3.3.5

步骤 4 在"材质编辑器"面板中,重新设置"JPS-钢塑复合管"的外观,选择"外观"选项卡→"替换此资源",如图 3.3.6 所示。

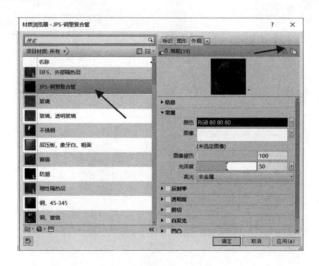

图 3.3.6

步骤 5 打开"资源浏览器"对话框,如图 3.3.7 所示。

步骤 6 在"资源浏览器"对话框中的文本框中输入"钢",选择与钢塑复合管外观(见图 3.3.8)相似的资源,比如"不锈钢-缎光",如图 3.3.8 所示。

步骤 7 右击"不锈钢-缎光",在弹出的快捷菜单中选择"在编辑器中替换"(见图 3.3.9),关闭"资源浏览器"对话框。

图 3.3.7

图 3.3.8

图 3.3.9

步骤 8 在"材质浏览器"对话框中单击"确定"按钮,如图 3.3.10 所示。

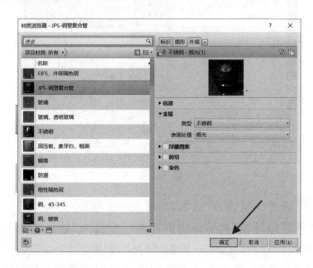

图 3.3.10

第 3 单元　给排水专业建模

方法二：通过复制绘制新材质

下面以"PP‑R(S5 级)"为例讲解材质的新建方法。

步骤 1　打开"材质浏览器"对话框，选择"管理"选项卡→"设置"面板→"材质" 。

步骤 2　右击"JPS‑钢塑复合管"，在弹出的快捷菜单中选择"复制"(见图 3.3.11)，然后命名为"JPS‑PPR(s5)"。

步骤 3　在"材质编辑器"面板中，重新设置"JPS‑PPR(s5)"的外观，选择"外观"选项卡→"复制此资源" ，如图 3.3.12 所示。

步骤 4　单击"替换此资源"图标 (见图 3.3.12)，打开"资源浏览器"对话框。

步骤 5　在"资源浏览器"对话框中的文本框中输入"塑料"，选择与 PPR(s5)外观(见图 3.3.13)相似的资源，比如"PVC‑白色"，如图 3.3.14 所示。

图 3.3.11

图 3.3.12

图 3.3.13

步骤 6　右击"PVC‑白色"，在弹出的快捷菜单中选择"在编辑器中替换"(见图 3.3.14)，关闭"资源浏览器"对话框。

步骤 7　在"材质浏览器‑JPS‑钢塑复合管(1)"对话框中单击"应用"按钮，如图 3.3.15 所示。

步骤 8　重复以上步骤 2～步骤 7，完成"项目材质：所有"列表中的其他材质，如图 3.3.16 所示。

步骤 9　单击"确定"按钮，关闭"材质浏览器"对话框。

【业务扩展】

管材的承压能力可以由 3 个参数来表示，其中，第一个参数是公称压力，用 PN 表示，后面加数字表示公称压力的大小，单位为 MPa。例如：某耐高压管材上标注

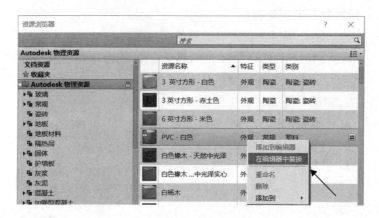

图 3.3.14

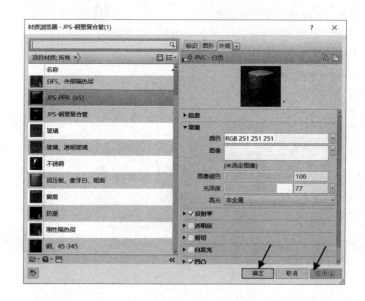

图 3.3.15

PN20,说明该管材的公称压力为 20 MPa。公称压力是指管材在基准温度时所能承受的最大压力,管材内部一旦超过此压力,就会被破坏。第二个参数是试验压力,用 PS 表示,后面加数字表示试验压力的大小,单位为 MPa。第三个参数是工作压力,用 P 表示,后面加数字表示工作压力的大小,单位为 MPa。工作压力是指管材在工作温度下的操作压力。例如,某管材上标注有 P22.0,表示该管材的工作温度为 $20\times 10\ ℃=200\ ℃$,工作压力为 2.0 MPa。

　　管材按材质可分为金属管材和非金属管材两大类。其中,金属管材又分为钢管、铸铁管和铜管等;非金属管材则包括塑料管、钢筋混凝土管、石棉水泥管、陶土管等。建筑内部给排水管材最常用的有钢管、铸铁管和塑料管。管材的选用应根据建筑具

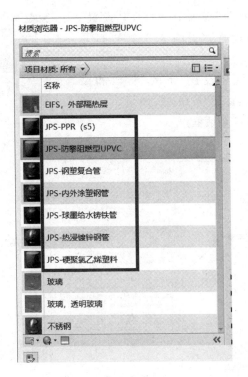

图 3.3.16

体的给排水要求来确定。一般情况下,生产和消防的室内给水管道采用不镀锌钢管,室内生活给水管道选用塑料管、复合管、铜管或不锈钢管等耐腐蚀且易于安装的管材。对埋设在室外土壤内的给水管材,应选用耐腐蚀且抗载荷能力强的铸铁管材。

3.3.3 新建管段和尺寸

【任务说明】

在 Revit 软件中打开"门诊楼项目机电模型中心文件"项目文件,新建本项目需要的管段和尺寸。

【任务目标】

学习使用"机械设置"中的"管段和尺寸"命令新建和编辑管段和尺寸。

【任务分析】

3.3.2 小节中的任务已经在项目中完成了管道材质的添加,接下来需要设置管段的规格和尺寸。

【任务实施】

以"钢塑复合管"为例讲解该管道"管段和尺寸"的创建方法。

步骤1　选择"管理"选项卡→"MEP 设置"下拉列表框→"机械设置"(见图 3.3.17),打开"机械设置"对话框。

步骤2　选择"管道设置"下的"管段和尺寸",单击右侧的"新建管段"按钮,如图 3.3.18 所示。打开"新建管段"对话框。

图 3.3.17

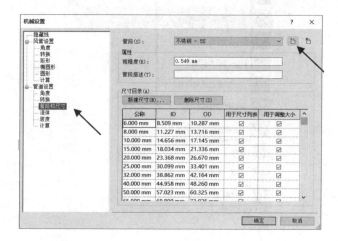

图 3.3.18

步骤3　在打开的"新建管段"对话框中执行以下操作,如图 3.3.19 所示。

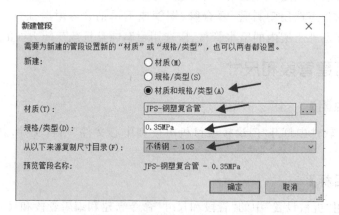

图 3.3.19

① 在"新建"选项组中选中"材质和规格/类型"单选按钮;
② 设置新建管段的"材质"为"JPS-钢塑复合管";
③ "规格/类型"文本框:按照《给排水设计说明》中对该管段的压力要求(0.35 MPa)(见图 3.3.20)在该文本框中进行填写,若无详细要求可输入"标准";
④ 在"从以下来源复制尺寸目录"下拉列表框中选择类似的管段;

第 3 单元　给排水专业建模

图 3.3.20

⑤ 单击"确定"按钮返回"机械设置"对话框,如图 3.3.21 所示。

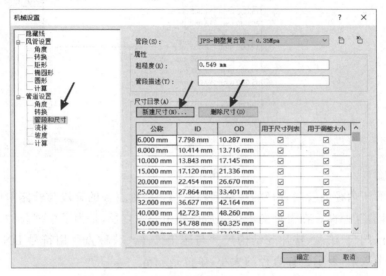

图 3.3.21

步骤 4　根据《给排水设计说明》中的要求通过"新建尺寸"和"删除尺寸"工具编辑管段尺寸目录。"添加管道尺寸"对话框如图 3.3.22 所示。

步骤 5　重复步骤 3 和步骤 4,新建表中其他管道的"管段和尺寸",如图 3.3.23 所示。

步骤 6　单击"确定"按钮,完成本项目的"管段和尺寸"的设置。

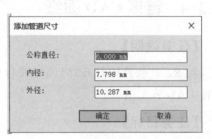

图 3.3.22

【业务扩展】

公称直径是为了设计制造和维修的方便而人为规定的一种标准,也叫公称通径,是管段(或者管件)的规格名称。管段的公称直径与其内径、外径都不相等,例如,公称直径为 100 mm 的无缝钢管有 102 mm×5 mm、108 mm×5 mm 等规格,其中,108 mm 为管段的外径,5 mm 表示管段的壁厚,因此,该钢管的内径为(108－5－5) mm＝98 mm。但是,它不完全等于钢管外径减两倍壁厚之差,也就是说,公称直径是一种接近于内

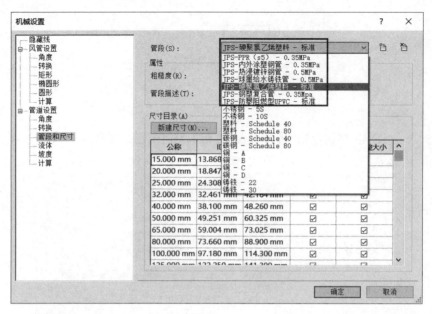

图 3.3.23

径但又不等于内径的管段直径的规格名称。同一公称直径的管段与管路附件均能相互连接,具有互换性。在设计图纸中之所以要用公称直径,是为了根据公称直径确定管段、管件、阀门、法兰、垫片等结构尺寸与连接尺寸。公称直径用符号 DN 表示,后面紧跟一个数字,表示公称直径的大小,单位是 mm。

3.3.4　链接 CAD 图纸

【任务说明】

在 Revit 软件中打开"门诊楼项目机电模型中心文件"项目文件,在相应视图中链接 CAD 施工图。

【任务目标】

① 学习使用"链接 CAD"命令链接 CAD 施工图;
② 学习使用"对齐"命令将 CAD 施工图与项目轴网对齐;
③ 学习使用"锁定"命令将 CAD 施工图锁定到平面视图。
这里以"一层给排水平面图"为例讲解 Revit 软件"链接 CAD"的方法。

【任务分析】

使用 Revit 软件创建机电模型时,可直接在 Revit 软件绘图区域中绘制机电管线,也可将机电 CAD 图纸以链接 CAD 的方式链接到 Revit 中,依据 CAD 图纸中的管道路线绘制给排水管道模型。

第 3 单元 给排水专业建模

【任务实施】

下面以"一层给排水平面图"为例讲解 CAD 图纸的链接方法。

步骤 1 在"项目浏览器"对话框中选择"楼层平面"→"卫浴"视图类别,双击"一层给排水平面视图"。

步骤 2 选择"插入"选项卡→"链接"面板→"链接 CAD",如图 3.3.24 所示。

图 3.3.24

步骤 3 在"链接 CAD 格式"对话框中执行以下操作,如图 3.3.25 所示。

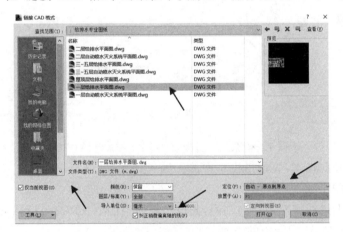

图 3.3.25

① 选择"给排水专业图纸"文件夹中的"一层给排水平面图"(具体存放路径详见 2.2 节中的相关内容);

② 选中"仅当前视图"复选框;

③ 设置"导入单位"为"毫米";

④ 设置"定位"为"自动-原点到原点";

⑤ 单击"打开"按钮。

步骤 4 检查"一层给排水平面图"的轴网与模型中的轴网是否对齐,若没有对齐(见图 3.3.26),则执行步骤 5。

步骤 5 对齐 CAD 图纸。

① 选择"一层给排水平面图",选择"修改"选项卡→"修改"面板→"解锁",如图 3.3.27 所示。

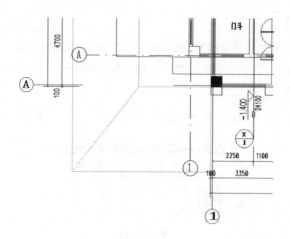

图 3.3.26

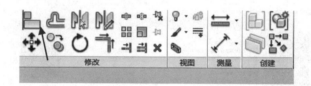

图 3.3.27

② 选择"修改"选项卡→"修改"面板→"对齐快捷键 AL",如图 3.3.27 所示。

③ 对齐竖向轴网:先单击模型中的①轴(选中后轴网显示为蓝色线),然后单击 CAD 图纸中的①轴。

④ 重复上述操作对齐横向轴网:先单击模型中的 A 轴(选中后轴网显示为蓝色线),然后单击 CAD 图纸中的 A 轴,如图 3.3.28 所示。

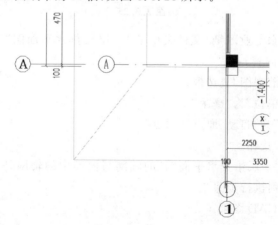

图 3.3.28

第 3 单元　给排水专业建模

步骤 6　选中 CAD"一层给排水平面图",选择"修改"选项卡→"修改"面板→"锁定"。

注意：若无法选中,则设置底部状态栏 ▭仅可编辑项 ▽ ♦ ♦ ▽。

步骤 7　可根据建模需要在"属性"对话框中设置"绘制图层"为"背景"(见图 3.3.29)或"前景"(见图 3.3.30)。

图 3.3.29

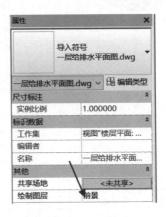
图 3.3.30

3.4　绘制卫生器具

【任务说明】

在 Revit 软件中打开"门诊楼项目机电模型中心文件"项目文件,根据提供的图纸完成给排水卫浴装置的布置。这里以一层男值班室卫生间为例讲解卫生器具的布置。

【任务分析】

卫生器具的种类和样式繁多,当设计没有明确要求时,根据图例选择类似样式即可。卫生器具族构件必须具有"冷水管"和"污水管"的管道连接件,如有热水系统,还必须有"热水管"连接件,如图 3.4.1 所示。

3.4.1　给排水卫生器具图例识读

根据"水施 02：设备、材料表、图纸目录给排水设计总说明"中的图例可知本项目卫生器具的类型(见图 3.4.2),一层的男卫生间和无障碍卫生间位于 10 轴和 E 轴交界处,如图 3.4.3 所示。

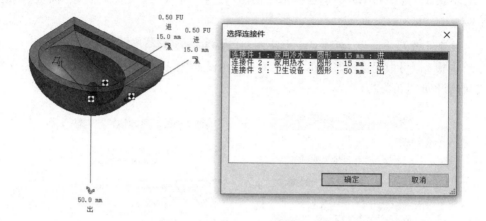

图 3.4.1

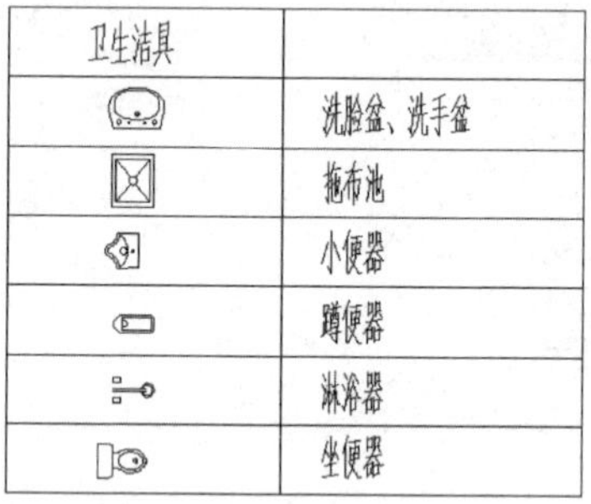

卫生洁具	
	洗脸盆、洗手盆
	拖布池
	小便器
	蹲便器
	淋浴器
	坐便器

图 3.4.2

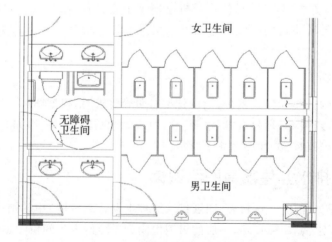

图 3.4.3

3.4.2 布置坐便器

【任务目标】

① 学习使用"卫浴装置"命令布置卫浴装置；
② 学习使用"编辑类型"里的"载入族"命令载入族；
③ 学习查看局部区域三维视图。

【任务实施】

步骤 1 在"项目浏览器"对话框中单击"一层给排水平面图"。
步骤 2 选择"系统"选项卡→"卫浴和管道"面板→"卫浴装置" ，如图 3.4.4 所示。
步骤 3 在"属性"对话框中的"类型选择器"中选择"坐便器-冲洗水箱"。
步骤 4 如果没有所需要的族类型，则单击"编辑类型"，如图 3.4.5 所示。

图 3.4.4

图 3.4.5

步骤 5 在弹出的"类型属性"对话框中，单击"载入"按钮，如图 3.4.6 所示。

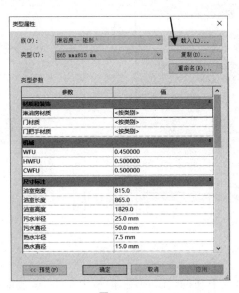

图 3.4.6

步骤6 在弹出的"载入族"对话框中,选择"机电"→"卫生器具"→"大便器"→"坐便器-冲洗水箱",然后单击"打开"按钮,如图3.4.7所示。

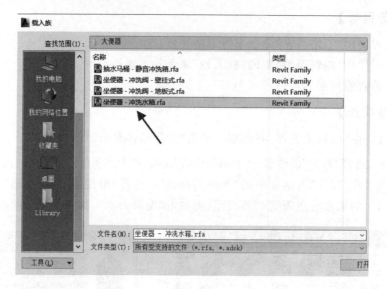

图 3.4.7

步骤7 在"类型属性"对话框中单击"确定"按钮。

步骤8 将光标移到要放置卫浴装置的位置,按"空格键"调整坐便器方向,然后单击,如图3.4.8所示。

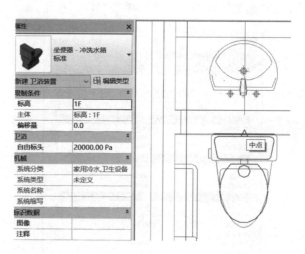

图 3.4.8

步骤9 从左往右选中马桶,在"视图"面板上单击"选项框" (快捷键为BX),如图3.4.9所示,弹出三维视图,如图3.4.10所示。

第 3 单元　给排水专业建模

图 3.4.9

图 3.4.10

3.4.3　布置洗脸盆

【任务目标】

① 学习使用"对齐"命令测量设备构件尺寸长度；
② 学习设置设备构件族的放置主体；
③ 学习使用"参照平面"命令绘制辅助线，辅助布置设备构件；
④ 学习使用"编辑类型"命令新建给排水设备构件族类型并修改编辑类型属性。

【任务实施】

步骤 1　在"项目浏览器"对话框中选择"一层给排水平面图"。

步骤 2　用"对齐标注"测量洗脸盆尺寸，具体操作如下：

① 先标注宽度，选择"注释"选项卡 →"尺寸标注"面板 →"对齐" （快捷键为 DI），如图 3.4.11 所示。

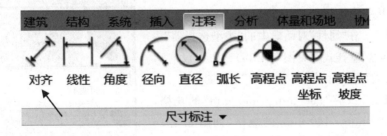

图 3.4.11

② 将光标放置在某个图元（例如墙）的参照点上，如果可以在此放置尺寸标注，则参照点将高亮显示，单击以指定参照，如图 3.4.12 所示。

注意：Tab 键可以在不同的参照点之间循环切换。几何图形的交点上将显示蓝

77

色参照点。

③ 将光标放置在下一个参照点的目标位置上并单击,如图 3.4.13 所示,如果需要,可以连续选择多个参照点。

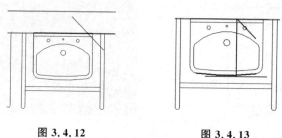

图 3.4.12　　　　　　　图 3.4.13

④ 当选择完参照点后,从最后一个构件上移开光标并单击(没有任何高亮显示),显示洗脸盆宽度为 429 mm,取整数 430 mm,如图 3.4.14 所示。

⑤ 同样步骤完成洗脸盆长度测量,长为 560 mm,如图 3.4.15 所示。洗脸盆尺寸为"560 mm×430 mm"。

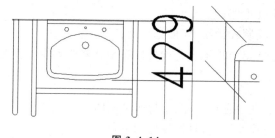

图 3.4.14　　　　　　　图 3.4.15

步骤 3　选择"系统"选项卡→"卫浴和管道"面板→"卫浴装置"。

步骤 4　在"属性"对话框中的"类型选择器"中选择"洗脸盆-壁挂式"(见图 3.4.16)。如果没有所需要的族类型,则单击"编辑类型"载入族。

步骤 5　没有"560 mm×430 mm"的规格,可选择"560 mm×460 mm"的规格,如图 3.4.16 所示。

步骤 6　增加新的规格并编辑类型属性,具体操作如下:

① 在"属性"对话框中单击"编辑类型";

② 在弹出的"类型属性"对话框中单击"复

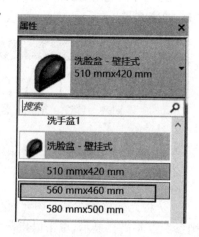

图 3.4.16

制"按钮,如图 3.4.17 所示;

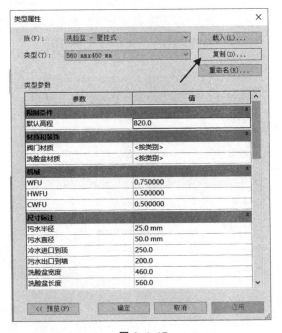

图 3.4.17

③ 在名称文本框中输入"560 mm×430 mm",如图 3.4.18 所示,单击"确定"按钮完成。

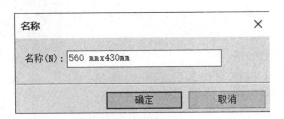

图 3.4.18

④ 修改脸盆尺寸,在"类型属性"对话框中单击"确定"按钮,完成"560 mm×430 mm"规格的添加,如图 3.4.19 所示。

步骤7 选择放置主体。

1) 有土建模型的情况

选择"修改|放置卫浴装置"选项卡→"放置"面板→"放置在垂直面上",如图 3.4.20 所示。

注意:在 Revit 软件中,当放置基于面放置的设备构件族时,在"放置"面板上有 3 种放置方式可选,分别为"放置在垂直面上""放置在面上""放置在工作平面上"。当放置方式选择为"放置在垂直面上"和"放置在面上"时,鼠标将处于⊘状态,在该状

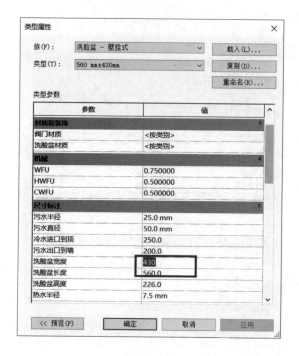

图 3.4.19

态下必须移动鼠标选择参照面放置构件。参照面既可以是绘制好的建筑模型墙面,也可以是参照平面。当放置方式选择为"放置在工作平面上"时,不需要参照面,直接布置即可。

图 3.4.20

2) 没有土建模型的情况

当模型中没有土建模型作为"洗脸盆-壁挂式"的放置主体时,单击将弹出"警告"对话框,(如图 3.4.21 所示)。这就需要画一个参照平面作为安装主体,具体操作如下:

① 按 Esc 键,退出"卫浴装置"命令。

② 选择"系统"选项卡→"工作平面"面板→"参照平面",如图 3.4.22 所示。

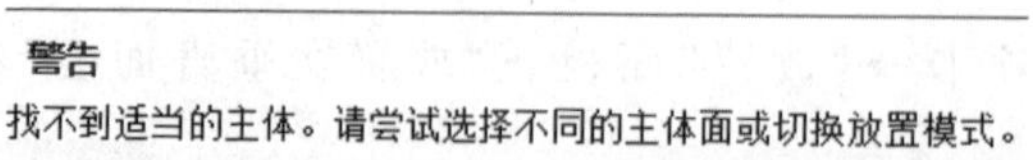

警告
找不到适当的主体。请尝试选择不同的主体面或切换放置模式。

图 3.4.21

图 3.4.22

③ 在洗脸盆的放置位置画一条线,是绿色虚线,如图 3.4.23 所示(框中线)。

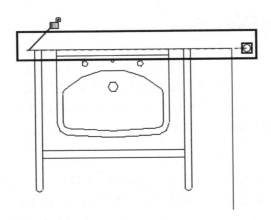

图 3.4.23

注意:在平面图中看是"一条线",实际上这是一个垂直于当前视图的一个平面的投影。

④ 继续执行"卫浴装置"命令:选择"系统"选项卡→"卫浴和管道"面板→"卫浴装置"。

⑤ 选择"修改|放置卫浴装置"选项卡→"放置"面板→"放置在垂直面上",如图 3.4.20 所示。

步骤8 在"属性"对话框中的"限制条件"(即洗脸盆安装高度)选项组中可根据需要修改"立面"参数,没有特殊要求可以按照默认值设置,如图 3.4.24 所示。

步骤9 将光标移到要放置卫浴装置的位置,按"空格键"调整洗脸盆方向。

步骤10 单击放置。

步骤11 从左往右选中坐便器和洗脸盆,输入快捷键 BX 查看三维视图,如图 3.4.25 所示。

图 3.4.24

图 3.4.25

3.4.4 布置台式双洗脸盆

【任务目标】

① 学习使用"卫浴装置"命令的快捷键 PX 绘制卫浴装置；
② 学习使用"对齐"命令的快捷键 DI 测量设备构件尺寸长度；
③ 学习设置构件族的实例属性。

【任务实施】

步骤1　输入"卫浴装置"命令的快捷键 PX，选择"台式双洗脸盆"。

步骤2　在"属性"对话框中单击"编辑类型"，但在弹出的"类型属性"对话框中并没有尺寸相关的属性，可见此构件族并没有设置尺寸类的类型属性，如图 3.4.26 所示。

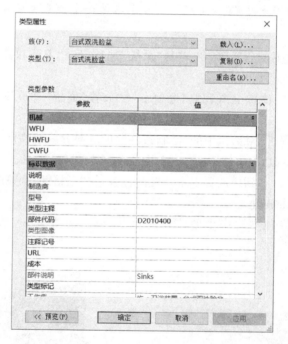

图 3.4.26

步骤3　在"属性"对话框中查看实例属性，如图 3.4.27 所示，尺寸属性有脸盆间距、左侧距离、右侧距离。

步骤4　先将"台式双洗脸盆"放置在旁边位置，按两次 Esc 键退出"卫浴装置"命令。

步骤5　用"对齐"命令的快捷键 DI 测量 CAD 图中的"台式双洗脸盆"的尺寸，如图 3.4.28 所示。

第 3 单元 给排水专业建模

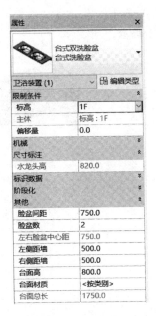

图 3.4.27

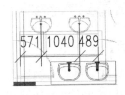

图 3.4.28

步骤 6 选中"台式双洗脸盆",在"属性"对话框中修改实例属性,如图 3.4.29 所示。

步骤 7 选择"修改|卫浴装置"选项卡→"修改"面板→"移动",如图 3.4.30 所示。

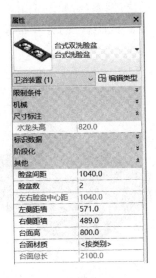

图 3.4.29

图 3.4.30

步骤 8 单击移动起点和终点,如图 3.4.31 所示。
步骤 9 结果如图 3.4.32 和图 3.4.33 所示。

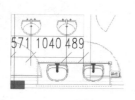 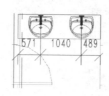 

图 3.4.31　　　　　图 3.4.32　　　　　　　图 3.4.33

3.4.5 布置蹲式大便器

【任务目标】

① 学习设置构件族的实例属性;
② 学习使用"复制"命令复制相同图元。

【任务实施】

步骤 1 用"对齐"命令的快捷键 DI 测量并标注蹲便器的宽度和长度。
步骤 2 选择"系统"选项卡→"卫浴和管道"面板→"卫浴装置"。
步骤 3 在"属性"对话框中选择"蹲便器-自闭式冲洗阀"。
步骤 4 在"属性"对话框中修改"尺寸标注"中的实例参数,如图 3.4.34 所示。
步骤 5 按照 3.4.4 小节中的任务布置"台式双式洗脸盆"的方式布置"蹲式大便器",如图 3.4.35 所示。

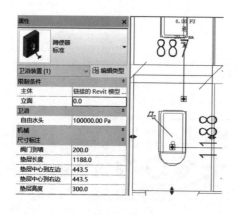 

图 3.4.34　　　　　　　　　　　　　图 3.4.35

步骤 6 使用"复制"命令复制"蹲式大便器",具体操作如下:

① 选中已经绘制好的"蹲式大便器"。
② 选择"修改"选项卡→"修改"面板→"复制",如图 3.4.36 所示。

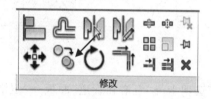

图 3.4.36

③ 单击复制起点,如图 3.4.37 所示。
④ 在状态栏中选中"约束""多个"复选框。其中,"约束"复选框能够约束复制方向为平移或垂直,"多个"复选框能够同时复制多个图元,如图 3.4.37 所示。
⑤ 依次单击复制终点,按 Esc 键退出复制。
⑥ 对于不完全一样的位置可以手动进行修改,完成后如图 3.4.38 所示。

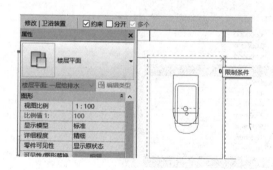

图 3.4.37

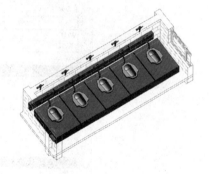

图 3.4.38

注意:若蹲便器尺寸与施工图纸有出入,则可以通过选择"修改"选项卡→"修改"面板→"对齐"工具对齐蹲便器边界和墙边。

3.4.6 布置小便器

【任务目标】

① 学习使用"参照平面"命令的快捷键 RP 绘制参照平面,作为图元位置参照;
② 学习使用"编辑类型"命令修改编辑给排水设备构件管道连接件的直径。

【任务实施】

步骤1 输入"参照平面"命令的快捷键 RP,绘制小便器中心参照平面。绘制时注意单击中点,如图 3.4.39 和图 3.4.40 所示。

图 3.4.39　　　　　　　　　　图 3.4.40

步骤 2　选择"系统"选项卡→"卫浴和管道"面板→"卫浴装置"。

步骤 3　在"属性"对话框中"小便器"中选择"编辑类型"。

步骤 4　在"类型属性"对话框中单击"复制"按钮将名称修改为"20 mm 冲洗阀",单击"确定"按钮,如图 3.4.41 所示。

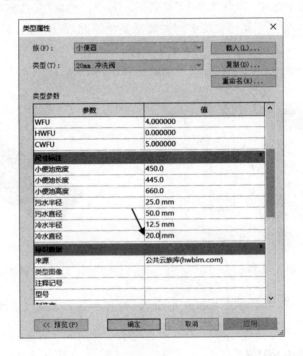

图 3.4.41

步骤 5　在"类型属性"对话框中的"类型参数"选项组中将"冷水直径"设置为"20.0 mm",效果如图 3.4.42 所示,单击"确定"按钮。

步骤 6　按照 3.4.3 小节中布置"洗脸盆"的方式布置"小便器",布置完成后,在三维视图窗口中可查看最终结果,如图 3.4.43 所示。

图 3.4.42

图 3.4.43

3.4.7 布置污水池

【任务目标】

学习使用"编辑类型"命令新建给排水设备构件族类型并修改编辑类型属性。

【任务实施】

步骤1 用"对齐"命令的快捷键 DI 测量 CAD 图中"污水池"的尺寸为"600 mm×500 mm",如图 3.4.44 所示。

步骤2 选择"系统"选项卡→"卫浴和管道"面板→"卫浴装置" ,在"属性"对话框选择"污水盆"。

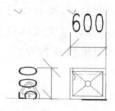

图 3.4.44

步骤3 在"类型属性"对话框中单击"复制"按钮,将名称修改为"600 mm×500 mm"后单击"确定"按钮。

步骤4 在"类型属性"对话框中的"类型参数"选项组中,将"尺寸标注"中的"盆体长度"修改为"600.0"、"盆体宽度"为"500.0",根据实际要求修改其他参数,如图 3.4.45 所示,然后单击"确定"按钮。

步骤5 按照 3.4.3 小节中布置"洗脸盆"的方式布置"污水池",布置完成后,在三维视图窗口中可查看最终结果,并保存项目文件,如图 3.4.46 所示。

图 3.4.45

【任务总结】

上述 Revit 软件布置给排水设备构件的操作步骤主要分为三步:第一步,载入给排水设备构件族;第二步,修改给排水设备构件族参数(包括修改类型参数和实例参数);第三步,布置给排水设备构件(包括设备构件布置方向的调整)。按照本操作流程,读者可以完成本课程项目给排水设备构件的布置,图 3.4.47 所示为一层公共卫生间卫生器具布置。

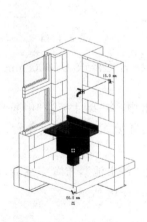

图 3.4.46

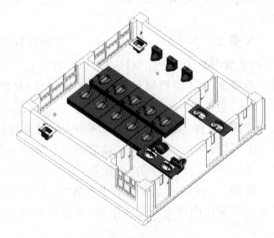

图 3.4.47

第3单元 给排水专业建模

【业务扩展】

在 Revit 中,构件族具有两种属性参数,即类型属性和实例属性,用户在使用过程中可通过修改对应属性参数来调整族的设定。

① 类型属性。在"类型属性"对话框中的参数为族的"类型参数",表示某一类型族的参数值,当修改"类型参数"时会对所有该类型族起作用。例如:在修改"洗脸盆"的参数时,"洗脸盆"的"污水直径"、"洗脸盆宽度"和"洗脸盆长度"参数属于"类型参数",当修改一个"洗脸盆"参数时,其他所有该类型的"洗脸盆"均会发生变化。

② 实例属性。在"属性"对话框中的参数为族的"实例参数",表示某实例族的参数值。当修改"实例参数"时只对当前该族起作用,不会影响其他同类型的族。例如:在修改"蹲式大便器"的参数时,"蹲式大便器"在"属性"对话框中的参数便属于"实例参数",通过修改"实例参数"可以得到很多不同参数尺寸的"蹲式大便器"。

3.5 绘制生活给水系统模型

3.5.1 生活给水系统的组成

建筑内部的生活给水系统如图 3.5.1 所示,由引入管、给水管道(干管、支管、立管等)、给水附件(闸阀、止回阀等)、给水设备(水泵)、配水设施(消火栓、水嘴、卫生器

绘制生活给水系统模型

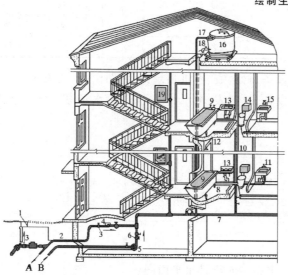

1—阀门井;2—引入管;3—闸阀;4—水表;5—水泵;6—止回阀;7—干管;8—支管;
9—浴盆;10—立管;11—水嘴;12—淋浴器;13—洗脸盆;14—大便器;15—洗涤盆;
16—水箱;17—进水管;18—出水管;19—消火栓;A—入贮水池;B—来自贮水池

图 3.5.1

具的给水配件等)和计量仪表(水表)等组成。

3.5.2 生活给水系统图纸识读

生活给水系统图纸识读

门诊楼-给排水图纸从水施-01到水施-12共计12张,对应图纸详见图纸目录,如表3.5.1所列。在给水专业建模时,需要关注以下图纸信息。

表 3.5.1

	图 例	名 称		图 例	名 称
消防器械		单栓消火栓	系统附件		普通龙头
		手提式灭火器			洗面器龙头
		水泵接合器			淋浴器
		吊顶型喷头			存水弯
管道		给水管			蹲便器排水
		生活排水管			通气帽
		废水管			检查口
		消火栓给水管			地漏
		喷水给水管			坐便器
阀门仪表附件		截止阀	卫生洁具		洗脸盆、洗手盆
		蝶阀			拖布池
		自动排气阀			小便器
		水表			蹲便器
		压力表			淋浴器

① 水施-02 设备、材料表、图纸目录:关注图例表,如表 3.5.1 所列。

② 水施-02 设备、材料表、图纸目录:关注给水管道管材信息、管道连接方式,如图 3.5.2 所示。

```
五、施工说明
 1  管材及接口
 1.1 生活给水管道:生活给水干管及立管采用钢塑复合管,当管径DN≤65时,丝扣连接;
    当管径DN>65时,卡箍连接;室内给水支管采用PP-R(S5级),熔焊连接;
    埋地管采用内外涂塑钢管,丝扣连接。
```

图 3.5.2

③ 水施-03~水施-06 给排水平面图。

这里以"水施-03 一层给排水平面图"为例讲解识图内容。

第一,关注给水管道水平管的走向,如图 3.5.3 所示。

第3单元　给排水专业建模

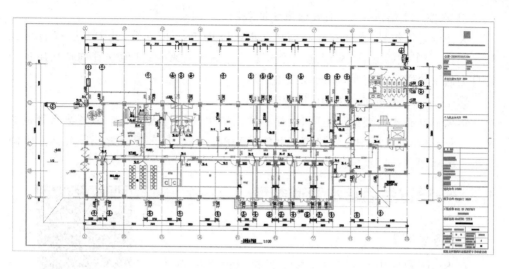

图 3.5.3

第二，关注干管的编号、直径和标高，干管编号分别为 ⊕ 和 ⊕。其中，⊕ 干管直径为 DN80，标高为 -1.4 m；⊕ 干管直径为 DN65，标高为 -1.4 m。

第三，关注一层给水支管的直径和标高，如图 3.5.3 所示，支管管径最大为 DN40，最小为 DN15，标高为 4.5 m。

第四，关注立管的编号。如图 3.5.4 所示，一层有 JL-1、JL-2、JL-Y3a、JL-S1 四根立管。

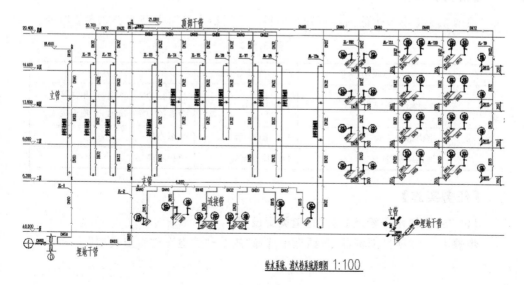

图 3.5.4

④ 水施-11 给水系统、消火栓系统原理图。

关注各立管编号、直径和标高信息。本项目共有 15 根立管,其中一层有 JL-1、JL-2、JL-S1 三根立管,从埋地干管自下而上输送自来水;其他立管均是从屋顶干管自上而下输送生活用水,如图 3.5.4 所示。

⑤ 水施-10 给排水大样图、接管轴侧图。

本项目共有 4 种类型卫生间,关注各类型卫生间给排水大样图中各给水管道的水平位置,关注轴测图中各管段管径和安装高度。图 3.5.5 所示为一层公共卫生间给排水大样图和给排水轴测图。

3.5.3 设置生活给水管道类型

设置生活给水系统管道类型和系统类型

【任务说明】

在 Revit 软件中打开"门诊楼项目机电模型中心文件"项目文件,根据提供的给排水设计说明完成生活给水管道类型的设置。

【任务目标】

① 学习使用"编辑类型"中的"复制"命令创建管道类型;
② 学习使用"类型属性"中的"布管系统配置"进行配件设置;
③ 学习使用"载入族"命令载入管道配件族。

【任务分析】

根据 3.3.1 小节中的内容可知本项目的生活给水管道类型如表 3.5.2 所列。

表 3.5.2

序 号	管道类型	管材类型	连接方式
1	生活给水干管及立管	钢塑复合管	当管径 DN≤65 时,丝扣连接;当管径 DN>65 时,卡箍连接
2	室内给水支管	PP-R(S5 级)	热熔连接
3	埋地给水管	内外涂塑钢管	丝扣连接

【任务实施】

(1)"生活给水干管及立管"管道类型设置

步骤 1 在"项目浏览器"对话框中选择"族"→"管道"→"管道类型"。

第 3 单元 给排水专业建模

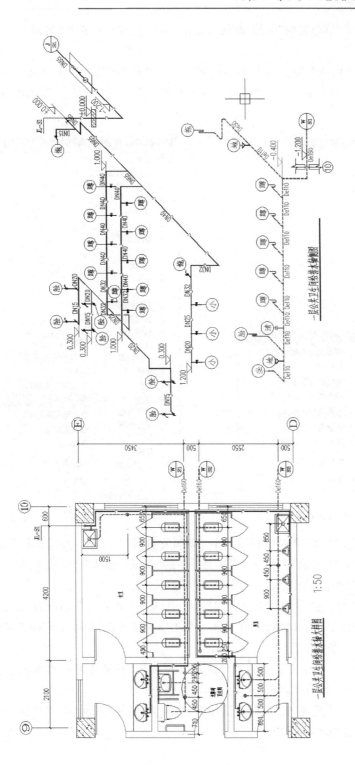

图3.5.5

步骤2 右击"管道类型"下的"默认",在弹出的快捷菜单中选择"复制",如图3.5.6所示。

步骤3 此时在"管道类型"下生成"默认2",右击"默认2",在弹出的快捷菜单中选择"重命名",将其重命名为"生活给水干管及立管(钢塑复合管)",如图3.5.7和图3.5.8所示。

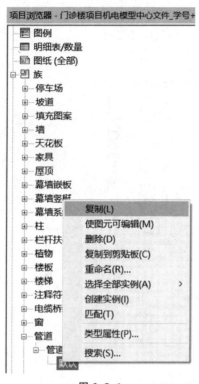
图 3.5.6

图 3.5.7

步骤4 双击"生活给水干管及立管(钢塑复合管)",弹出"类型属性"对话框。在"类型属性"对话框中的"类型参数"选项组中的"管段和管件"下,单击"布管系统配置"右侧的"编辑"按钮,如图3.5.9所示。

步骤5 在弹出的"布管系统配置"对话框中,单击"载入族"按钮(详3.2.4小节中相关内容),按照管道连接方式(详见3.3.1小节中相关内容)指定管件类型和尺寸范围,如图3.5.10所示。

注意: 如果有多个作为管件的零件满足布局条件,则将使用所列出的第一个管件,可以向上或向下移动行,以更改零件的优先级。

步骤6 单击"布管系统配置"对话框中的"确定"按钮,返回"类型属性"对话框,在该对话框中单击"确定"按钮。

第3单元 给排水专业建模

图 3.5.8

图 3.5.9

图 3.5.10

(2) 按照上述步骤新建和设置表 3.5.2 中的其他管道类型

埋地给水管(内外涂塑钢管)布管系统配置如图 3.5.11 所示,室内给水支管(PP－R)布管系统配置如图 3.5.12 所示。

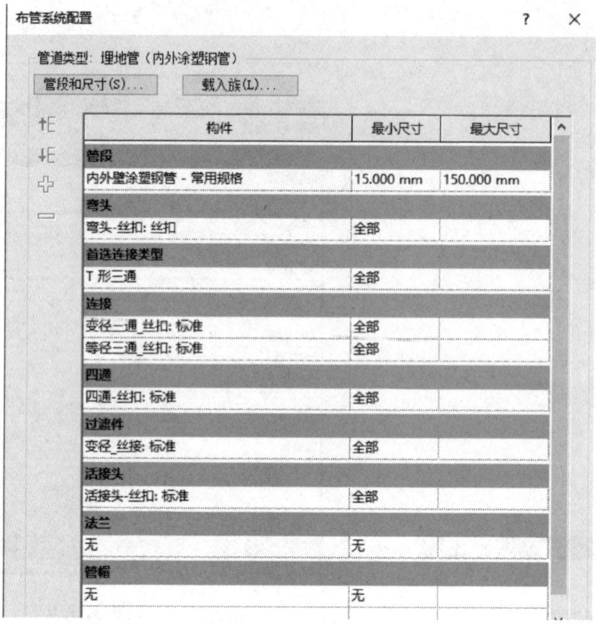

构件	最小尺寸	最大尺寸
管段		
内外壁涂塑钢管 - 常用规格	15.000 mm	150.000 mm
弯头		
弯头-丝扣: 丝扣	全部	
首选连接类型		
T 形三通	全部	
连接		
变径一通_丝扣: 标准	全部	
等径三通_丝扣: 标准	全部	
四通		
四通-丝扣: 标准	全部	
过渡件		
变径_丝接: 标准	全部	
活接头		
活接头-丝扣: 标准	全部	
法兰		
无	无	
管帽		
无	无	

图 3.5.11

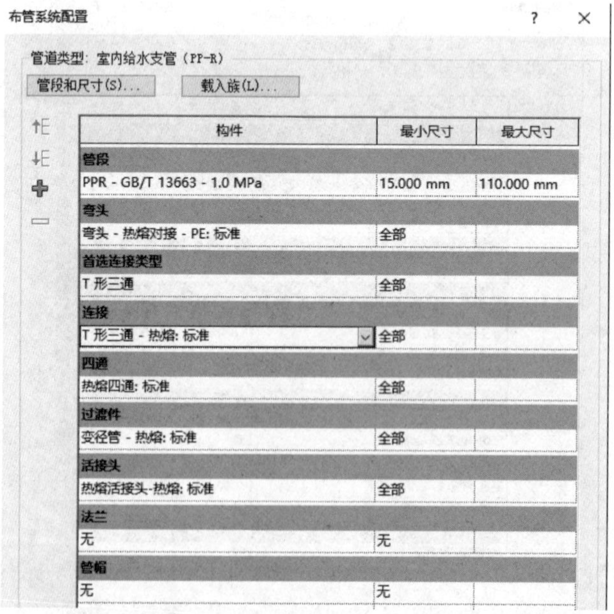

构件	最小尺寸	最大尺寸
管段		
PPR - GB/T 13663 - 1.0 MPa	15.000 mm	110.000 mm
弯头		
弯头 - 热熔对接 - PE: 标准	全部	
首选连接类型		
T 形三通	全部	
连接		
T 形三通 - 热熔: 标准	全部	
四通		
热熔四通: 标准	全部	
过渡件		
变径管 - 热熔: 标准	全部	
活接头		
热熔活接头-热熔: 标准	全部	
法兰		
无	无	
管帽		
无	无	

图 3.5.12

3.5.4 设置生活给水系统类型

【任务说明】

在 Revit 软件中打开"门诊楼项目机电模型中心文件"项目文件,根据提供的给排水设计说明完成生活给水系统类型的设置。

【任务目标】

① 学习使用"复制"命令复制 Revit 提供的系统分类;
② 学习使用"重命名"命令对复制新建的系统类型进行重命名;
③ 学习设置系统类型的类型属性。

【任务分析】

要从图纸进行分析,此项目的生活给水系统有哪些系统类型。一个项目中的给水系统可以根据压力的不同进行分类,比如低压生活给水系统、中压生活给水系统、高压生活给水系统等。由于本项目统一由市政直供,压力统一,故只设置一个生活给水系统类型,命名为"生活给水系统",根据表 3.5.1 可知,生活给水系统缩写为 J。

【任务实施】

步骤 1 首先判断系统分类,生活给水系统属于家用冷水系统。

步骤 2 在"项目浏览器"对话框中的"族"中找到"管道系统",然后复制"家用冷水"系统,如图 3.5.13 所示;右击"家用冷水 2",在弹出的快捷菜单中选择"重命名"(见图 3.5.14)将其重命名为"生活给水系统",如图 3.5.15 所示。

步骤 3 双击"生活给水系统",弹出"类型属性"对话框(见图 3.5.16),在该对话框中设置类型属性(材质、缩写和图形替换)。

图 3.5.13

① 单击"图形替换"右侧的"编辑"按钮,在弹出的"线图形"对话框中设置"颜色"为"绿色",如图 3.5.17 所示,单击"确定"按钮完成设置。
② 单击"材质"(见图 3.5.16),按照 3.3.2 小节中的相关内容新建"生活给水系统"材质,结果如图 3.5.18 所示。

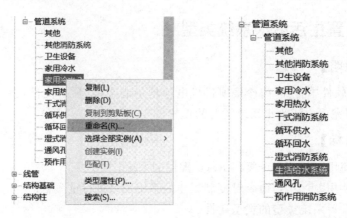

图 3.5.14　　　　　　　　　图 3.5.15

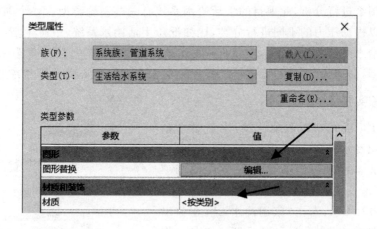

图 3.5.16

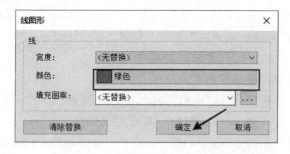

图 3.5.17

③ 在"缩写"下拉列表框中输入"J",如图 3.5.19 所示,单击"确定"按钮完成系统类型的设置。

第 3 单元　给排水专业建模

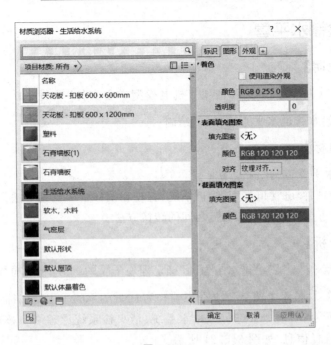

图 3.5.18

图 3.5.19

3.5.5 绘制水平管

【任务说明】

在 Revit 软件中打开"门诊楼项目机电模型中心文件"项目文件,根据给排水施工图纸,完成给水管道水平管道①的绘制。

【任务目标】

① 学习水平管道的绘制方法;
② 学习水平管道管道类型、管道系统、直径和偏移量的设置方法;
③ 学习"弯头"与"三通、四通"之间的转换方法。

【任务分析】

根据"水施-03 一层给排水平面图"确定埋地干管的编号、平面位置、标高和管径信息;埋地干管①位于 1 轴交 E 轴处,其直径为 DN80、DN65 和 DN50,标高为 $-1.4\ \text{m}$,如图 3.5.20 所示;查看"水施-11 给水系统、消火栓系统原理图",核对埋地干管的编号、标高和管径信息,如图 3.5.21 所示。

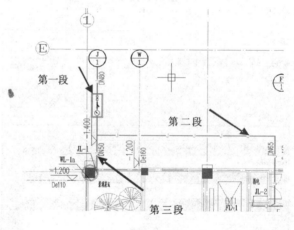

图 3.5.20

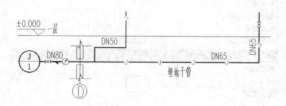

图 3.5.21

第3单元 给排水专业建模

【任务实施】

下面以一层生活给水埋地干管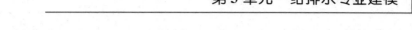为例分段讲解水平管道的绘制方法。

步骤1 在"项目浏览器"对话框中单击"一层给排水平面图"。

步骤2 在用户界面下方"状态栏"右侧的"工作集"下拉列表框中选择为"给排水",如图3.5.22所示。

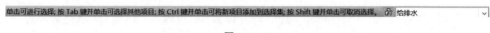

图3.5.22

步骤3 绘制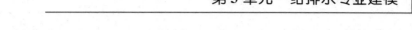干管第一段(见图3.5.20)。在绘制管道之前,一定要先设置管道的属性,包括管道类型、系统类型、管径、偏移量、坡度等,具体操作如下:

① 选择"系统"选项卡→"卫浴和管道"面板→"管道"图标(快捷键PI),如图3.5.23所示。

图3.5.23

② 在"属性"对话框中设置"管道类型"为"埋地管(内外涂塑钢管)",设置"系统类型"为"生活给水系统",如图3.5.24所示。

图3.5.24

③ 设置"直径"为"80.0 mm","偏移量"为"—1400.0 mm",如图 3.5.24 所示。
④ 在"修改|放置管道"选项卡中的"带坡度管道"面板中选择"禁用坡度"。
⑤ 依次单击端点①、端点②,绘制水平管道,如图 3.5.25 所示。
⑥ 按 Esc 键退出"管道绘制"命令。

步骤 4 绘制 ⊕ 干管第二段(见图 3.5.20),具体操作如下:
① 输入"管道绘制"命令的快捷键 PI。
② 设置"直径"为"65.0 mm",其他属性设置同"步骤 3 绘制 ⊕ 干管第一段"。
③ 将光标移至"⊕ 干管第一段"与"⊕ 干管第二段"的交点处(端点②),识别并单击管道端点②,如图 3.5.26 所示。

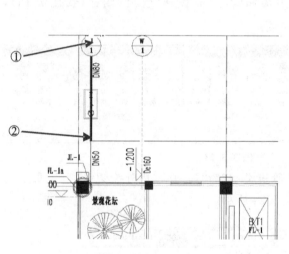
图 3.5.25

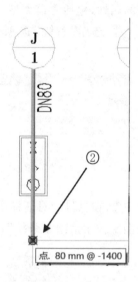
图 3.5.26

④ 依次单击端点③、端点④、端点⑤和端点⑥,如图 3.5.27 所示。
⑤ 按 Esc 键退出"管道绘制"命令。

步骤 5 绘制 ⊕ 干管第三段(见图 3.5.20),具体操作如下:
① 选中"端点②"处的弯头,单击下方的"＋"图标,如图 3.5.28 所示,生成"三通"(见图 3.5.29)。
② 输入"管道绘制"命令的快捷键 PI。
③ 设置"直径"为"50.0 mm",其他属性设置同"步骤 3 绘制 ⊕ 干管第一段"。
④ 将光标移至如图 3.5.29 所示的"三通"处(端点②),当出现"三通"的"连接端点"时单击,如图 3.5.30 所示。

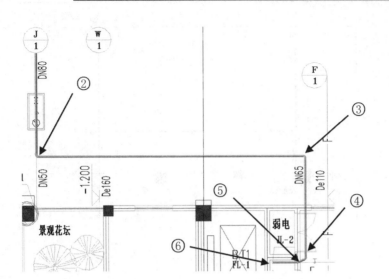

图 3.5.27

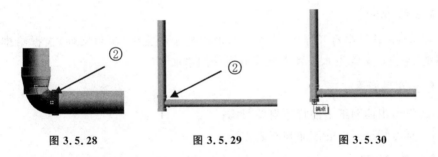

图 3.5.28　　　　　图 3.5.29　　　　　图 3.5.30

⑤ 单击"端点⑦"(见图 3.5.31),按 Esc 键退出"管道绘制"命令,结果如图 3.5.32 所示。

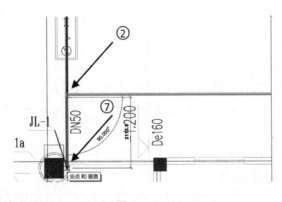

图 3.5.31

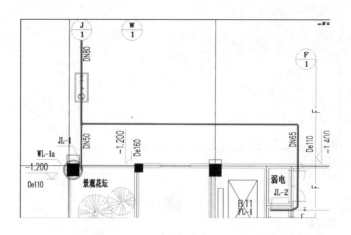

图 3.5.32

3.5.6 在水平管道上添加附件

【任务说明】

在 Revit 软件中打开"门诊楼项目机电模型中心文件"项目文件,根据给排水施工图纸,完成给水管道水平管道上管道附件的添加。

【任务目标】

① 学习识读图纸上的管道附件图例;
② 学习管道附件的添加和安装方法。

【任务分析】

如图 3.5.33 所示,⊕ 干管上从上往下依次是附件闸阀、Y 形过滤器和水表。

图 3.5.33

【任务实施】

步骤 1 添加附件"闸阀",具体操作如下:

① 载入管道附件族(详见 3.2.4 小节中的相关内容)。

② 选择"系统"选项卡→"卫浴和管道"面板→"管路附件"（快捷键 PA),如图 3.5.34 所示。

③ 在"属性"对话框中的"类型选择器"下拉列表框中选择对应类型(直径 80 mm),即"闸阀"附件,如图 3.5.35 所示。

④ 将"闸阀"移至管道对应的位置上(见图 3.5.36),管道中心线将变成蓝色;单击管段的中心线,将附件连接到管段,如图 3.5.37 所示。

图 3.5.34

步骤 2　按照同样的方法添加附件"Y 形过滤器"和"水表",如图 3.5.38 所示。

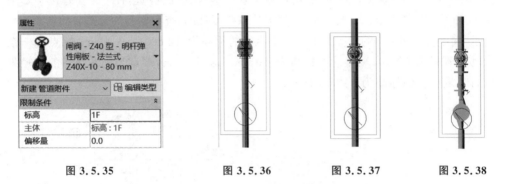

图 3.5.35　　　　　图 3.5.36　　　　　图 3.5.37　　　　　图 3.5.38

步骤 3　按住 Ctrl 键依次选中"闸阀"、"Y 形过滤器"和"水表",然后输入 BX,打开三维视图,如图 3.5.39 所示。

步骤 4　输入"WT",可平铺"一层给排水平面图"和三维视图,如图 3.5.40 所示。

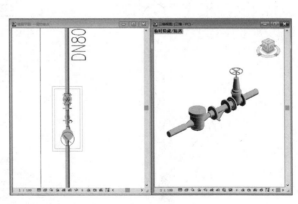

图 3.5.39　　　　　　　　　　　　图 3.5.40

3.5.7 绘制立管

【任务说明】

在 Revit 软件中打开"门诊楼项目机电模型中心文件"项目文件,根据给排水施工图纸,完成给水管道立管 JL-1 的绘制。

【任务分析】

以给水立管 JL-1 为例(见图 3.5.41 和图 3.5.42)讲解立管的绘制方法。根据"水施-03 一层给排水平面图"确定埋地干管的编号、平面位置,JL-1 立管位于 1 轴交 D 轴处;根据"水施-11 给水系统、消火栓系统原理图"查看立管的标高。如图 3.5.42 所示,端点⑦—端点⑧的管径为 DN50,端点⑧的标高为(12 800+800) mm;端点⑧—端点⑨的管径为 DN40,端点⑨的标高为(16 600+800) mm;端点⑨—端点⑩的管径为 DN15,端点⑩的标高为 18 600 mm。

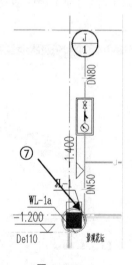

图 3.5.41

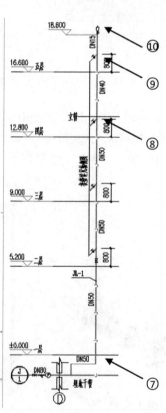

图 3.5.42

第3单元 给排水专业建模

【任务目标】

① 学习立管绘制方法；
② 学习绘制剖面视图，并在剖面视图中编辑立管；
③ 学习使用"拆分图元"命令添加管道连接件。

【任务实施】

步骤1 在"项目浏览器"对话框中单击"一层给排水平面图"；
步骤2 在该平面图中绘制 JL-1 立管端点⑦—端点⑧（见图 3.5.42）。
① 输入快捷键 PI。
② 在"属性"对话框中的"系统类型"中选择"生活给水系统"，"管道类型"选择"生活给水干管及立管（钢塑复合管）"，如图 3.5.43 所示。

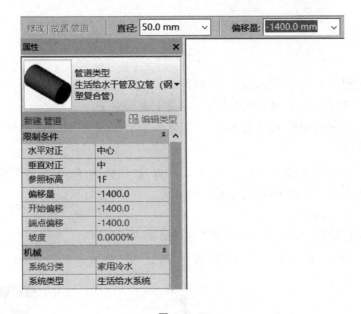

图 3.5.43

③ 设置"直径"为"50.0 mm"；输入立管起点（端点⑦）的标高，设置"偏移量"为"-1400.0 mm"，如图 3.5.41 所示。

④ 单击立管起点（端点⑦）平面位置，将光标移至端点⑦，出现管道端点符号后，单击端点⑦，如图 3.5.41 所示。

⑤ 输入立管终点（端点⑧）的标高；设置"偏移量"为"13600.0 mm"（即 12 800+800=13 600），双击"应用"按钮，按两次 Esc 键，退出"管道绘制"命令。完成后如图 3.5.44 所示。

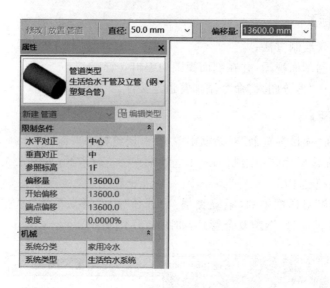

图 3.5.44

⑥ 选中埋地干管和立管,输入快捷键 BX,查看三维视图,如图 3.5.45 所示。

步骤 3 利用"修剪/延伸为角"命令连接干管和立管。

① 在三维视图中检查立管和水平管弯头管件是否生成。若没有生成,则如图 3.5.46 所示。

② 在三维视图中,选择"修改"选项卡→"修改"面板→"修剪/延伸到角部"。

③ 依次选择立管和干管,可生成管件弯头。

步骤 4 绘制剖面视图。

① 在"项目浏览器"对话框中选择"一层给排水平面图"。

② 选择"视图"选项卡→"绘制"面板→"剖面",如图 3.5.47 所示。

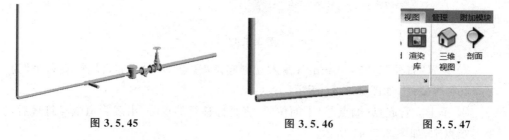

图 3.5.45　　　　　图 3.5.46　　　　　图 3.5.47

③ 单击剖面的起点和终点,如图 3.5.48 所示。

④ 单击剖面(见图 3.5.49),在弹出的快捷菜单中选择"转到视图",结果如图 3.5.50 所示。

第3单元 给排水专业建模

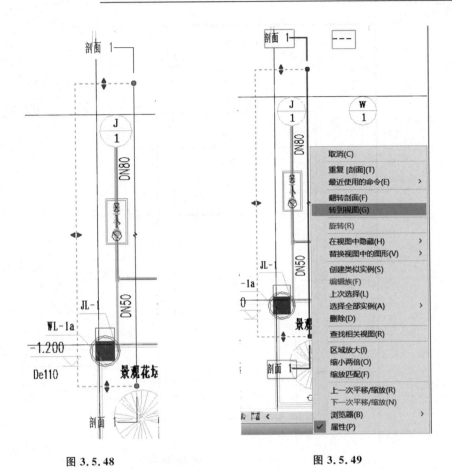

图 3.5.48　　　　　　　　　图 3.5.49

⑤ 在"视图控制"栏中设置"详细程度"为"精细",如图 3.5.51 所示;设置"视觉样式"为"着色"或者"线框",如图 3.5.52 所示。

⑥ 设置剖面竖向显示范围:选中剖面框,单击其上方控制点,如图 3.5.53 所示;向上拉伸,直到显示全楼层标高,如图 3.5.54 所示。

步骤 5　在剖面立管中绘制立管 JL-1 的⑧—⑨段和⑨—⑩段。

① 输入快捷键 PI。

② 在"属性"对话框中的"管道类型"中选择"生活给水干管及立管(钢塑复合管)";对于系统类型的选择,单击端点⑧,在选项栏中设置"直径"为"40.0 mm",按鼠标滚轮,利用键盘输入管段⑧—⑨的长度"3800",然后按 Enter 键,如图 3.5.55 所示。

③ 修改"直径"为"15.0 mm"按鼠标滚轮键利用键盘输入管段⑨—⑩的长度"2000"(即 18 600－16 600＝2 000)然后按 Enter 键,按 Esc 键,退出"管道绘制"命令,如图 3.5.56 所示。

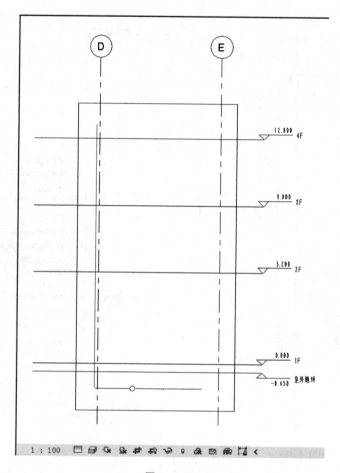

图 3.5.50

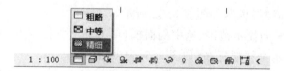

图 3.5.51

图 3.5.52

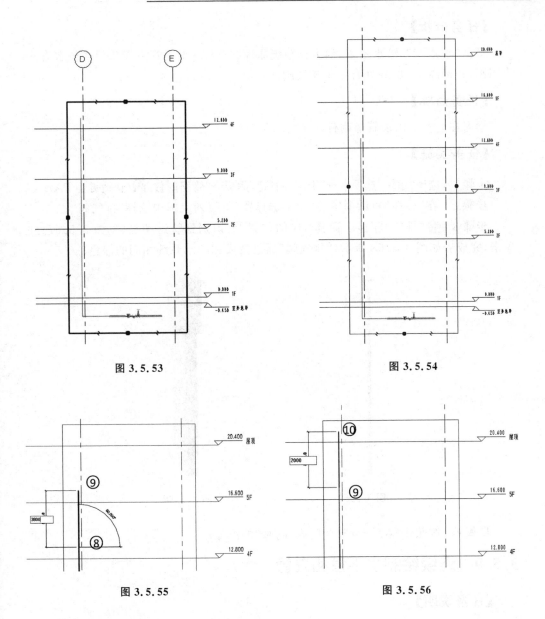

图 3.5.53　　　　　　　　　　　图 3.5.54

图 3.5.55　　　　　　　　　　　图 3.5.56

3.5.8　在立管上添加管道附件

【任务说明】

在 Revit 软件中打开"门诊楼项目机电模型中心文件"项目文件,根据给排水施工图纸,完成给水管道立管附件的添加。

【任务分析】

根据"水施-11 给水系统、消火栓系统原理图",JL-1 立管上在二层楼位置有一个闸阀,在标高 18.6 m 处有一个排气阀。

【任务目标】

学习在立管上添加管道附件。

【任务实施】

步骤 1　选择"系统"选项卡→"卫浴和管道"面板→"管路附件" （快捷键为 PA）。

步骤 2　在"属性"对话框中的"类型选择器"下拉列表框中选择"排气阀"。

步骤 3　将"排气阀"移至管道对应的位置上,识别到管道端点(见图 3.5.57)并单击,完成后如图 3.5.58 所示,"排气阀"颜色变成和给水系统相同的绿色。

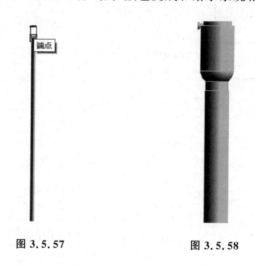

图 3.5.57　　　　　　　　图 3.5.58

步骤 4　按照步骤 1~步骤 3 完成"闸阀"的添加。

3.5.9 连续绘制水平管和立管

【任务说明】

在 Revit 软件中打开"门诊楼项目机电模型中心文件"项目文件,根据给排水施工图纸,完成给水管道的绘制。

【任务目标】

① 掌握水平管和立管连续绘制的方法;
② 学习使用快捷键 CS 绘制类似管道。

【任务分析】

给水管道位于 10 轴交 E 轴处,如图 3.5.59 所示;其直径为 DN65,标高为 −1.4 m,如图 3.5.60 所示。

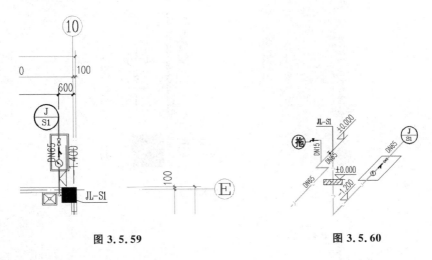

图 3.5.59　　　　　　　　　　图 3.5.60

【任务实施】

步骤 1　在"项目浏览器"对话框中选择"一层给排水平面图"。

步骤 2　选中在 3.3.6 小节中绘制好的管道②和③,输入绘制类似图元的快捷键 CS,绘制类似管道。

步骤 3　检查并确保选项栏中的"直径"为"65.0 mm",偏移量为"−1400.0 mm" 直径: 65.0 mm　偏移量: 1400.0 mm 。

步骤 4　依次选择端点⑪、端点⑫。

步骤 5　在"属性"对话框中的"管道类型"中选择"生活给水干管及立管(钢塑复合管)"。

步骤 6　选项栏中的"偏移量"为"0.0 mm",即端点⑬的标高,如图 3.5.61 所示。

步骤 7　双击"应用"按钮,自动生成立管 JL-S1,选中图中管线,输入快捷键"BX",查看三维视图,如图 3.5.62 所示。

【步骤总结】

创建生活给水系统模型的步骤主要分为六步:第一步,设置生活给水管道类型;第二步,设置生活给水系统类型;第三步,绘制水平管;第四步,在水平管道上添加附件;第五步,绘制立管;第六步,在立管上添加管道附件。

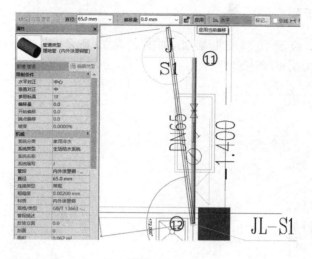

图 3.5.61

图 3.5.62

【业务扩展】

管道附件是安装在管道及设备上的启闭和调节装置的总称。附件可分为配水部件和控制部件两类。其中,配水附件用来调节和分配流量,一般指安装在卫生器具和用水点的水龙头;控制附件可以用于调节水量、水压,控制水流方向,关断水流,其主要包括各式阀门,如闸阀、止回阀等。

3.6 绘制排水系统

3.6.1 排水系统的组成

室内排水系统应满足三个要求:第一,系统可以迅速畅通地将污废水排至室外;第二,排水管道内气压稳定,有毒有害气体不进入室内;第三,管线布置合理,工程造价低。室内排水系统为符合上述要求,应由以下几个部分组成,如图 3.6.1 所示。

第 3 单元　给排水专业建模

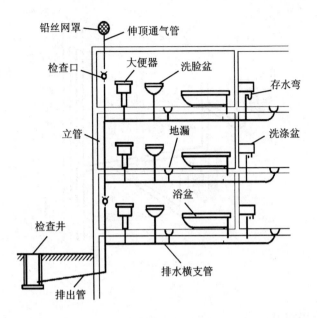

图 3.6.1

(1) 卫生器具和生成设备受水器

卫生器具是建筑内部排水系统的起点,用来满足日常生活和生产过程中各种卫生要求,是收集和排出废水的设备。卫生器具均设有水封装置。水封装置设置在污水、废水收集器具的排水口下方,或器具本身构造设置有水封装置。其作用是来阻挡排水管道中的臭气和其他有害、易燃气体及虫类进入室内造成危害。

(2) 排水横支管

横支管的作用是把各卫生器具排水管流出的污水排至立管,如图 3.6.2 所示。横支管应具有一定的坡度。按照横支管的设置方式,排水系统可以分为同层排水和隔层排水两种。

(3) 排水立管

立管接收各横支管流出的污水,然后再排至排出管。为了保证排污畅通,立管管径不得小于 50 mm,也不应小于任何接入横支管的管径。多层住宅厨房的立管管径不小于 75 mm。

(4) 排出管

排出管是室内排水立管与室外排水检查井之间的连接管段,它接收一根或几根立管流出的污水并排至室外排水管网。排出管的管径不得小于与其连接的最大立管的管径;连接几根立管的排出管,其管径应由水力计算确定。

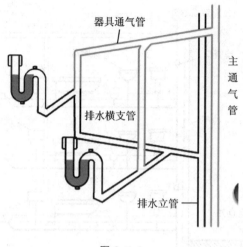

图 3.6.2

（5）通气管

通气管的作用如下：

① 使污水在室内外排水管道中产生的臭气及有毒害的气体能排到大气中去。

② 使管系内在污水排放时的压力变化尽量稳定并接近大气压力，因而可保护卫生器具存水弯内的存水不致因压力波动而被抽吸（负压时）或喷溅（正压时）。

通气管一般有伸顶通气管、专用通气管、环形通气管、副通气管和卫生器具通气管 5 种类型。

（6）检查和清通设备

为了疏通排水管道，在室内排水系统中需设置如下几种清通设备。

① 检查口：可以双向清通的管道维修口。检查口设在排水立管以及较长的水平管段上。检查口的设置高度一般距地面 1 m，并应高于该层卫生器具上边缘 0.1 m。

② 清扫口：仅可作单向清通。

③ 检查井：一般设在埋地排水管道的转弯、变径、坡度改变处。

④ 地漏：一种特殊的排水装置，同时具有一定的清通作用。

（7）特殊排水设备

1）污水抽升设备

当建筑物的地下室、人防工程等地下建筑物内的污水、废水不能以重力流排入室外检查井时，应利用集水池、污水泵设施，把污、废水集流、提升后排放。污水抽升设备包括集水池和污水泵设施两部分。

2）局部处理设备

当个别建筑内排出的污水不允许直接排入室外排水管道时（如强酸性、强碱性及含过量汽油、油脂或大量杂质的污水），要设置污水局部处理设备，使污水水质得到初步改善后再排入室外排水管道。

3.6.2 排水系统图纸识读

(1) 水施-01 给排水设计说明

关注排水塑料管外径 De(mm)与公称直径 DN(mm)对应关系(见图 3.6.3)和坡度设置要求(见图 3.6.4)。

(2) 水施-03~水施-06 给排水平面图

排水横干管集中在一层平面图中。

排水系统图纸识读

排水塑料管外径 De(mm)	50	75	110	160
公称直径 DN(mm)	50	75	100	150

图 3.6.3

4.2 排水横干管的坡度：De110，i=0.010，De160，i=0.005；建筑排水塑料管粘接、热熔连接的排水支管标准坡度为 0.026。

图 3.6.4

(3) 水施-12 排水系统、自动喷水灭火系统原理图

关注立管的标高和管径。

3.6.3 设置排水系统管道类型

【任务说明】

在 Revit 软件中打开"门诊楼项目机电模型中心文件"项目文件，根据提供的给排水设计说明完成排水系统管道类型的设置。

设置排水系统管道
类型和系统类型

【任务目标】

① 学习使用"编辑类型"中的"复制"命令创建管道类型；
② 学习使用"类型属性"中的"布管系统配置"进行配件设置。

【任务分析】

根据表 3.6.1 在 Revit 模型中绘制本项目的排水系统管道类型，为每种管道设置对应的管段材料和接口方式。重力排水管要求采用顺水三通和顺水四通。

表 3.6.1

管道类型	管材类型	连接方式
污水管道	硬聚氯乙烯塑料	承插胶粘连接
废水管道		承插胶粘连接
雨水管道	防攀阻燃型 UPVC	承插胶粘连接

【任务实施】

(1) 新建和设置"污水管道(硬聚氯乙烯塑料)"管道类型

步骤 1 在"项目浏览器"对话框中选择"族"→"管道"→"管道类型"。

步骤 2 右击"管道类型"下的"默认",在弹出的快捷菜单中选择"复制";此时在"管道类型"下生成"默认 2",右"默认 2",在弹出的快捷菜单中选择"重命名",将其重命名为"污水管道(硬聚氯乙烯塑料)"。

步骤 3 双击"污水管道(硬聚氯乙烯塑料)",弹出"类型属性"对话框。

步骤 4 在"类型属性"对话框中的"类型参数"选项组中的"管段和管件"下,单击"布管系统配置"右侧的"编辑"按钮。

步骤 5 在弹出的"布管系统配置"对话框中,按照连接方式指定使用时的管件和尺寸范围,如图 3.6.5 所示。

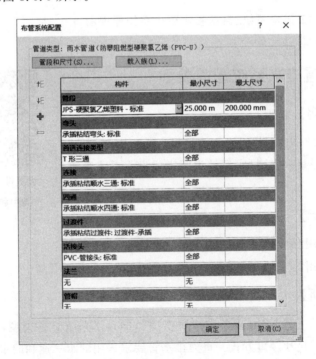

图 3.6.5

第 3 单元　给排水专业建模

步骤 6　单击"布管系统配置"对话框中的"确定"按钮返回"类型属性"对话框，在该对话框中单击"确定"按钮。

(2) 新建和设置"废水管道(硬聚氯乙烯塑料)"管道类型

步骤 1　右击"管道类型"下的"污水管道(硬聚氯乙烯塑料)"，在弹出的快捷菜单中选择"复制"。

步骤 2　生成"污水管道(硬聚氯乙烯塑料)2"，右击"污水管道(硬聚氯乙烯塑料)2"，在弹出的快捷菜单中选择"重命名"，将其重命名为"废水管道(硬聚氯乙烯塑料)"。

(3) 新建和设置"雨水管(防攀阻燃型硬聚氯乙烯 PVC‐U)"管道类型

步骤 1　右击"管道类型"下的"污水管道(硬聚氯乙烯塑料)"，在弹出的快捷菜单中选择"复制"。

步骤 2　生成"污水管道(硬聚氯乙烯塑料)2"，右击"污水管道(硬聚氯乙烯塑料)2"，在弹出的快捷菜单中选择"重命名"，将其重命名为"雨水管(防攀阻燃型硬聚氯乙烯 PVC‐U)"。

步骤 3　双击"雨水管(防攀阻燃型硬聚氯乙烯 PVC‐U)"，弹出"类型属性"对话框。

步骤 4　将"管道类型"设置为"防攀阻燃型硬聚氯乙烯 PVC‐U"，其他不变，单击"类型属性"对话框中的"确定"，如图 3.6.6 所示。

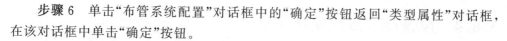

图 3.6.6

3.6.4 设置排水系统系统类型

【任务说明】

在 Revit 软件中打开"门诊楼项目机电模型中心文件"项目文件,根据提供的给排水设计说明完成生活排水系统系统类型的设置。

【任务目标】

① 学习使用"复制"命令,复制 Revit 提供的系统分类;
② 学习使用"重命名"命令,重命名复制新建的系统类型;
③ 学习设置系统类型的类型属性。

【任务分析】

要从图纸进行分析,此项目排水系统有哪些系统类型。根据"水施-01 给排水设计说明"、"水施-02 设备、材料表、图纸目录"中的图例表和"建施-01 建筑设计说明"可知,本项目排水系统包括废水系统、污水系统和雨水系统。

【任务实施】

(1) 新建和设置废水系统

步骤1 首先判断系统分类,废水系统属于卫生设备。
步骤2 在"项目浏览器"对话框中的"族"中找到"管道系统",然后复制其下的"卫生设备"系统,如图 3.6.7 所示。
步骤3 将"卫生系统"重命名为"废水系统",如图 3.6.8 所示。

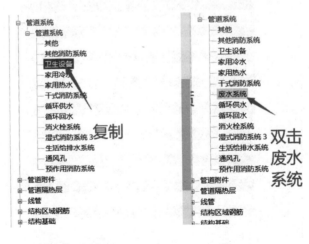

图 3.6.7   图 3.6.8

第3单元　给排水专业建模

步骤4　设置"废水系统"的"类型属性"(材质、缩写和图形替换),"颜色"为"DGBV255－191－127",具体操作如下:

① 单击"材质"(见图 3.6.9),按照 3.3.2 小节中的相关内容新建"生活废水系统"材质,结果如图 3.6.10 所示。

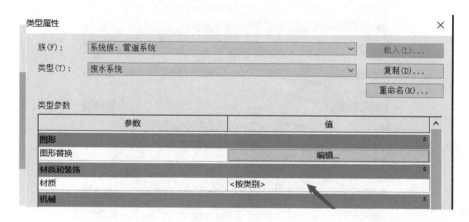

图 3.6.9

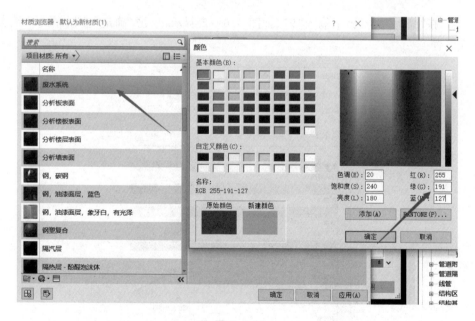

图 3.6.10

② 单击"图形替换"右侧的"编辑"按钮,在弹出的"线图形"对话框中单击"颜色",在弹出的"颜色"对话框中设置"颜色"为"255"、"绿"为"191"、"蓝"为"127",单击"确定"按钮完成设置,返回"线图形"对话框,此时"颜色"为"RGB 255－191－127",如图 3.6.11 所示。

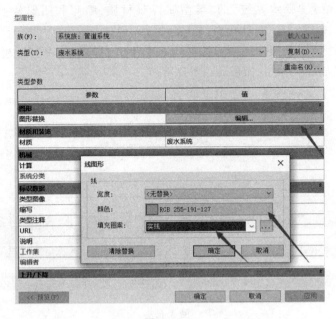

图 3.6.11

③ 在"缩写"文本框中输入"F",如图 3.6.12 所示,单击"确定"按钮完成系统类型的设置。

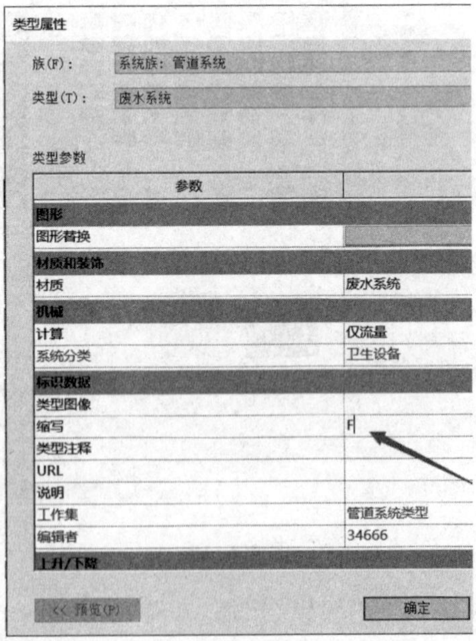

图 3.6.12

(2) 新建和设置污水系统

步骤 1 在"项目浏览器"对话框中的"族"中找到"管道系统",然后复制"废水系统",将其重命名为"污水系统"。

步骤 2 设置"污水系统"的"类型属性"(材质、缩写和图形替换),如图 3.6.13 所示。

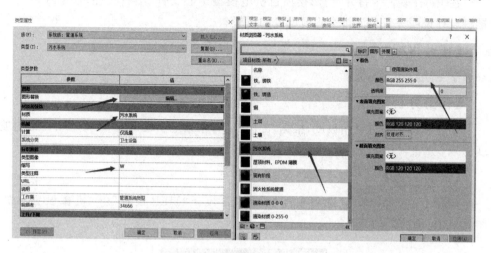

图 3.6.13

(3) 新建和设置雨水系统

步骤 1 在"项目浏览器"对话框中的"族"中找到"管道系统",然后复制"废水系统",将其重命名为"雨水系统"。

步骤 2 设置"雨水系统"的"类型属性"(材质、缩写和图形替换),如图 3.6.14 所示。

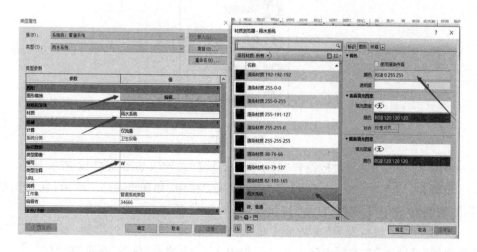

图 3.6.14

3.6.5 设置坡度

【任务说明】

在 Revit 软件中打开"门诊楼项目机电模型中心文件"项目文件,根据提供的给排水设计说明完成生活排水管道坡度的设置。

【任务目标】

学习删除和新建坡度。

【任务分析】

新建和保留项目常用坡度,根据"3.6.2 排水系统图纸识图"可知本项目常用坡度为 0.5%、1%和 2.6%。

【任务实施】

步骤1 选择"管理"选项卡→"设置"面板→"MEP 设置"→"机械设置",如图 3.6.15 所示。

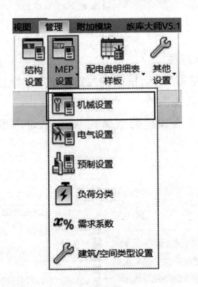

图 3.6.15

步骤2 在弹出的"机械设置"对话框中,选择"坡度",如图 3.6.16 所示。

步骤3 选中"0.2000%",单击"删除坡度"按钮,如图 3.6.16 所示;在弹出的"删除坡度值"对话框中单击"是"按钮,如图 3.6.17 所示。

步骤4 在"机械设置"对话框中单击"新建坡度"按钮,在弹出的"新建坡度"对话框中的"坡度值"文本框中输入"0.5",如图 3.6.18 所示,单击"确定"按钮。

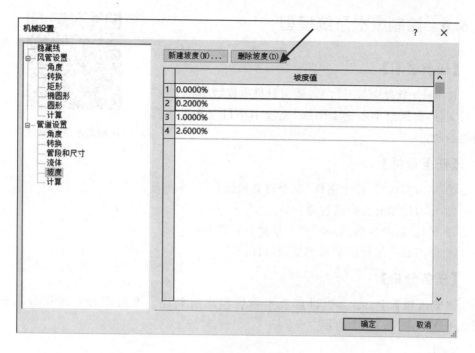

图 3.6.16

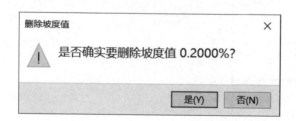

图 3.6.17

图 3.6.18

注意:默认单位为%。

3.6.6 绘制废水系统模型

绘制废水系统模型

【任务说明】

在 Revit 软件中打开"门诊楼项目机电模型中心文件"项目文件,根据给排水施工图纸,完成本项目废水系统模型的绘制。

【任务目标】

① 学习利用"给排水附件"命令放置地漏;
② 学习绘制有坡度的管道;
③ 学习使用"修剪/延伸"命令绘制管道模型;
④ 学习在三维视图中添加管道附件。

【任务分析】

以废水横管 F-1 为例讲解废水系统模型的创建。平面图和系统图分别如图 3.6.19～图 3.6.21 所示。

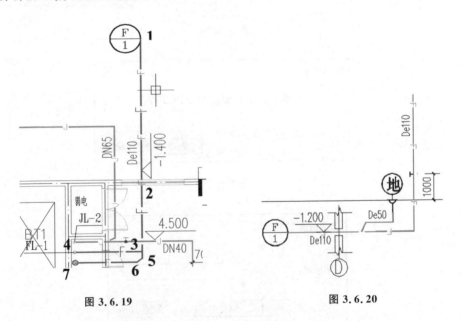

图 3.6.19　　　　　　　　图 3.6.20

① 图中标注管径 De110 应换算公称直径,根据"3.6.2　排水系统图纸识读"可知对应公称直径为 DN100。

② 图中所示标高"-1.400"是管道穿墙处标高。

③ 坡度设置:根据"3.6.2　排水系统图纸识读"可知管径 De110 排水干管的坡度为 1.0%,De50 支管的坡度为 2.6%。

④ 管道附件有地漏、检查口和通气帽。

(1) 放置地漏

地漏属于管道附件类别,以 FL-1 立管所在位置的地漏为例讲解地漏的放置方法。如图 3.6.20 所示,地漏连接管直径为 50 mm。

步骤 1 载入族,具体操作如下:

① 选择"插入"选项卡→"从库中载入"面板→"载入族"工具。

② 在弹出的"载入族"对话框中选择"机电"→"给排水附件"→"地漏"→"地漏带水封-圆形-PVC-U"、"地漏直通式-带洗衣机插口-铸铁承插"(按住 Ctrl 键可多选)。

③ 单击"打开"按钮,将地漏载入项目中。

步骤 2 输入快捷键 PA,在"属性"对话框中的"类型选择器"中选择"地漏带水封-圆形-PVC-U","类型"选择"50 mm",如图 3.6.22 所示。

步骤 3 选择"修改|放置管道附件"选项卡→"放置"面板→"放置在面上",如图 3.6.23 所示。

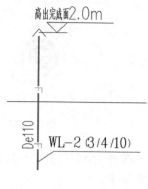

图 3.6.21

图 3.6.22

图 3.6.23

步骤 4 将光标放置在地漏位置,识别中点,如图 3.6.24 所示。

步骤 5 单击,按两次 Esc 键退出管道绘制。

注意:放置管道附件和卫浴设备时,若不能放置,需检查设置方式是否正确。

(2) 绘制废水管

废水管各端点编号如图 3.6.19 所示。

步骤 1 输入快捷键 PI。

步骤 2 在"属性"对话框中,设置"管道类型"为"废水管道(硬聚氯乙烯塑料)",设置系统类型为"废水系统"。

步骤 3 在选项栏中将"直径"设置为"DN100","偏移量"设置为"-1400 mm"。

步骤 4 坡度设置:选择"修改|放置管道"选项卡→"带坡度管道"面板→"向上坡度",将"坡度值"设置为"1.0000%",如图 3.6.25 所示。

图 3.6.24　　　　　　　　图 3.6.25

步骤5　绘制管道 2~7：以废水穿墙位置作为起点（端点 2）向墙内绘制管道，具体操作如下：

①单击依次识别端点 2、端点 5，若不能自动识别，可按 Tab 键识别，如图 3.6.26 所示。

②在选项栏中将"管径"设置为"50.0 mm"，"坡度值"设置为"2.6"，单击端点 6，如图 3.6.26 所示。

③将光标移至地漏，当地漏变成蓝色时，单击地漏（端点 7），完成管道绘制，如图 3.6.27 所示。

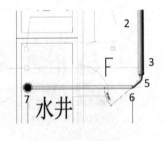 

图 3.6.26　　　　　　　　图 3.6.27

④按 Esc 键退出管道绘制。选中管道，可查看管道坡度和两端点标高。

步骤6　绘制管道 3~4 和立管 FL-1，具体操作如下：

①输入快捷键 PI，在选项栏中将"直径"设置为"100.0 mm"。

注意：由于管道有坡度，因此端点 3 标高难以确定，采用"继承高程"方式。

②选择"修改|放置管道"选项卡→"放置工具"面板→"继承高程"，如图 3.6.28 所示。

③将"坡度方向"设置为"向上坡度"，坡度值设置为"1%"。

④依次单击端点 3、端点 4。

注意：出现提示对话框（见图 3.6.29）：找不到自动布线解决方案。分析原因是没有空间生成管件三通，因此需要预留足够空间，单击"取消"按钮。

图 3.6.28

图 3.6.29

⑤ 重新选择"修改|放置管道"选项卡→"放置工具"面板→"继承高程"。
⑥ 单击端点 3 上方一定距离,预留足够空间生成三通,如图 3.6.30 所示。
⑦ 以 45°角单击图中所示交点(见图 3.6.30),单击 FL-1 立管中心(端点 4)。
⑧ 将"偏移量"设置为"22400 mm",双击"应用"按钮,完成 FL-1 立管的绘制,按 Esc 键退出管道绘制,如图 3.6.31 所示。

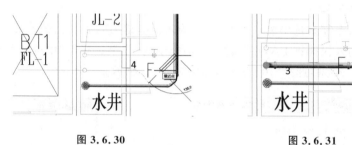

图 3.6.30   图 3.6.31

步骤 7 绘制室外部分管道 2-1,如图 3.6.19 所示,具体操作如下:

方法一:绘制管道。
① 输入快捷键 PI,在选项栏中将"直径"设置为"100.0 mm"。
② 选择"修改|放置管道"选项卡→"放置工具"面板→"继承高程",如图 3.6.28 所示。
③ 将"坡度方向"设置为"向下坡度","坡度值"设置为"1.0000%",如图 3.6.32 所示。
④ 依次单击端点 2、端点 1,按 Esc 键退出管道绘制。

方法二:采用修剪延伸。
① 选择"修改"选项卡→"修改"面板→"修剪延伸",如图 3.6.33 所示。

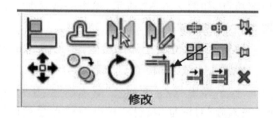

图 3.6.32   图 3.6.33

② 单击延伸对象,如图 3.6.34 所示。
③ 单击管道,如图 3.6.35 所示。
④ 从左往右选中废水管 F-1,输入快捷键 BX,查看三维效果,如图 3.6.36 所示。

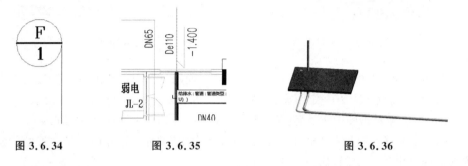

图 3.6.34　　　　　　图 3.6.35　　　　　　图 3.6.36

(3) 放置通气帽

步骤 1　从左往右选中废水管 FL-1,输入快捷键 BX,查看三维效果。

步骤 2　输入快捷键 PA,在"属性"对话框中的"类型选择器"中选择"通气帽-球状-PVC-U","类型"选择"100 mm",如图 3.6.37 所示。

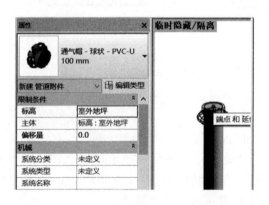

图 3.6.37　　　　　　　　　　图 3.6.38

步骤 3　将光标移至立管顶端,识别立管顶部端点,如图 3.6.37 所示,单击完成添加,如图 3.6.38 所示。

(4) 在排水立管上添加检查口(见图 3.6.39)

步骤 1　载入"检查口"族:选择"插入"选项卡→"从库中载入"面板→"载入族"。在弹出的"载入族"对话框中选择"机电"→"水管管件"→"GBT 5836 PVCU"→"承插",选择"检查口-

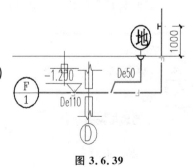

图 3.6.39

PVC-U-排水",单击"打开"按钮载入"检查口"族,如图3.6.40所示。

图 3.6.40

步骤 2 选择"系统"选项卡→"卫浴和管道"面板→"管件"。

步骤 3 在"属性"对话框中选择"检查口-PVC-U-排水",如图3.6.41所示。

图 3.6.41

步骤 4 移动光标拾取排水立管 WL-2,单击将检查口布置到废水立管 FL-1上,如图3.6.42所示。

步骤5 调整检查口方向,选中检查口,单击旋转符号,直到安装方向正确,如图 3.6.43 所示。

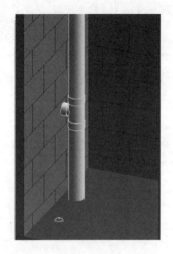

图 3.6.42

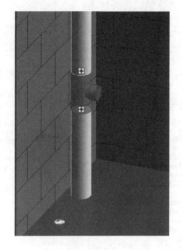

图 3.6.43

3.6.7 绘制污水系统模型

【任务说明】

在 Revit 软件中打开"门诊楼项目机电模型中心文件"项目文件,根据给排水施工图纸,完成本项目污水系统模型的绘制。

绘制污水系统模型

【任务目标】

① 学习污水管水平管和立管连续绘制的方法;
② 学习连接卫生器具和水管;
③ 学习使用"镜像"命令复制污水系统模型。

【任务分析】

本项目污水系统的管道路径比较复杂,下面以 W-10d、W-10d'、W-11、W-13 污水系统为例来详细讲解不同情况下污水系统模型的绘制方法。

【任务分析】

(1) 绘制 W-10d 污水系统模型

平面图和系统图分别如图 3.6.44 和图 3.6.45 所示。

步骤1 在"项目浏览器"对话框中选择"一层给排水平面图"。

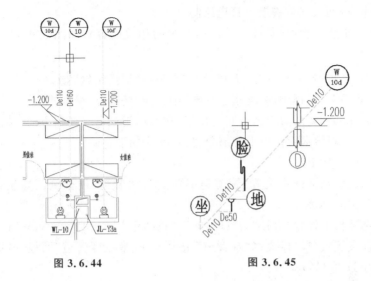

图 3.6.44　　　　　　　　　　　图 3.6.45

步骤 2　布置坐便器(参考 3.4.2 小节中的相关内容)，如图 3.6.46 所示，具体操作如下：

① 选择"系统"选项卡→"卫浴和管道"面板→"卫浴装置"；

② 在"属性"对话框中的"类型选择器"中选择"坐便器-冲洗水箱"；

③ 将光标移到要放置卫浴装置的位置，按"空格"键调整坐便器方向，然后单击完成。

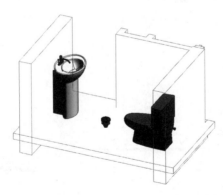

图 3.6.46

步骤 3　布置地漏(参考 3.6.6 小节中的相关内容)，如图 3.6.46 所示，具体操作如下：

① 输入快捷键 PA，在"属性"对话框中的"类型选择器"中选择"地漏"，"类型"选择"50.0 mm"；

② 选择"修改|放置管道附件"选项卡→"放置"面板→"放置在面上"；

③ 将光标移至放置地漏位置，识别中点；

④ 单击,按两次 Esc 键退出管道绘制。

步骤 4 布置洗脸盆(参考 3.4.3 小节中的相关内容),如图 3.6.46 所示,具体操作如下:

① 选择"系统"选项卡→"卫浴和管道"面板→"卫浴装置"；

② 在"属性"对话框中的"类型选择器"中选择"洗脸盆-壁挂式"；

③ 将光标移到要放置卫浴装置的位置,按空格键调整坐便器方向,单击完成。

步骤 5 绘制污水管室内干管部分,具体操作如下:

① 输入快捷键 PI;

② 在"属性"对话框中设置"管道类型"为"污水管道(硬聚氯乙烯塑料)",设置"系统类型"为"污水系统"；

③ 在选项栏中设置"直径"为"DN100","偏移量"为"−1200.0 mm"；

④ 坡度设置:选择"修改|放置管道"选项卡→"带坡度管道"面板→"向上坡度"图标,坡度值选择 1%；

⑤ 单击污水管穿墙位置作为起点,向墙内绘制管道；

⑥ 将光标移至马桶排水中心,按 Tab 键拾取马桶排水管连接件(见图 3.6.47)并单击,三维视图如图 3.6.48 所示。

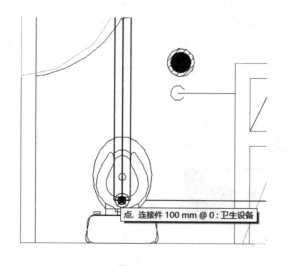

图 3.6.47

图 3.6.48

步骤 6 采用"修剪延伸"命令绘制室外部分污水管,具体操作如下:

① 选择"修改"选项卡→"修改"面板→"修剪延伸"；

② 单击延伸对象,如图 3.6.49 所示；

③ 单击管道,如图 3.6.49 所示。

步骤 7 将地漏连接到干管,具体操作如下:

方法一：使用"连接到"命令生成90°斜三通。

① 选中地漏；

② 在"功能"面板上单击"连接到"，如图3.6.50所示；

③ 单击干管，完成后如图3.6.51所示；

④ 选中支管，如图3.6.51所示；

⑤ 选择"修改|管道"选项卡→"编辑"面板→"坡度"命令，完成后如图3.6.52所示；

⑥ 在"坡度"选项卡中将"坡度值"设置为"2.6000％"（支管坡度），在"坡度编辑器"选项卡中单击"完成"图标，完成后如图3.6.53所示。

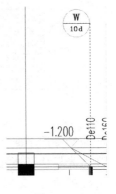

图3.6.49

图3.6.50

图3.6.51

图3.6.52

方法二：手动连接生成45°斜三通。

① 输入快捷键RP绘制参照平面：通过地漏中心（△）并和干管成45°角，如图3.6.54所示。

图3.6.53

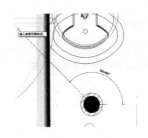

图3.6.54

② 输入快捷键PI。

③ 在选项栏中设置"管径"为"DN50"。

④ 在"修改|放置管道"选项卡→"放置工具"面板→"继承高程"；单击"向上坡度"按钮；将"坡度值"设置为"2.6000％"，如图3.6.55所示。

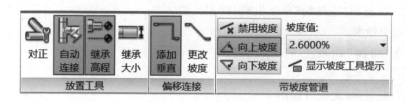

图 3.6.55

⑤ 单击参照平面和干管的交点，如图 3.6.56 所示。

⑥ 将光标移至地漏，按 Tab 键，当"管道连接件"显示，或地漏高亮显示时单击，如图 3.6.57 所示，完成后平面视图如图 3.6.58 所示，三维视图如图 3.6.59 所示。

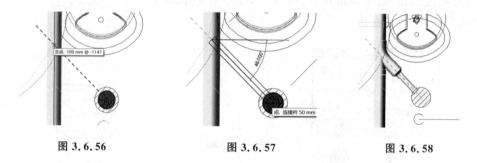

图 3.6.56　　　　　　　图 3.6.57　　　　　　　图 3.6.58

步骤 8　将洗脸盆连接到干管，具体操作如下：

方法一：使用"连接到"命令生成 90°斜三通。

① 选中洗脸盆；

② 在"功能"面板上单击"连接到"图标，选择连接件为卫生设备，如图 3.6.60 所示；

③ 单击干管，完成后如图 3.6.61 所示；

图 3.6.59

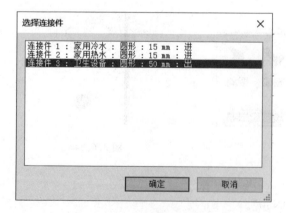

图 3.6.60

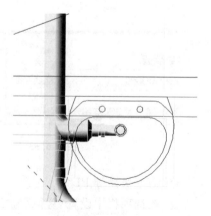

图 3.6.61

第 3 单元　给排水专业建模

④ 支管很短,可不设置支管坡度。
方法二:手动连接生成 45°斜三通。
① 输入快捷键 RP 绘制参照平面:通过洗脸盆排出管中心(⌀),并和干管成 45°角,如图 3.6.62 所示。
② 输入快捷键 PI。
③ 在选项栏中设置"管径"为"DN50"。
④ 选择"修改|放置管道"选项卡→"放置工具"面板→"继承高程"图标;单击"向上坡度"按钮;将"坡度值"设置为"2.6000％",如图 3.6.55 所示。
⑤ 单击参照平面和干管的交点,如图 3.6.62 所示。
⑥ 光标移至洗脸盆,按 Tab 键,当"管道连接件"(见图 3.6.63)显示时单击,完成后如图 3.6.64 所示。

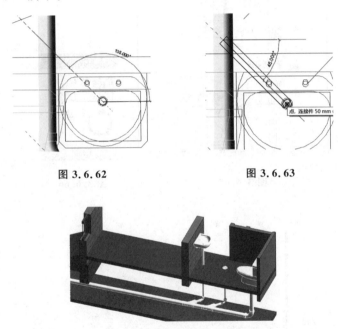

图 3.6.62　　　　　　图 3.6.63

图 3.6.64

(2) 绘制 W-10d'污水系统模型
　　由平面图(见图 3.6.44)可知,W-10d'和 W-10d 成镜像关系,因此可采用"镜像"命令绘制模型。
　　步骤 1　从左往右选中 W-10d 污水系统模型,如图 3.6.65 所示。
　　步骤 2　选择"修改|选择多个"选项卡→"修改"面板→"镜像-拾取轴"图标,如图 3.6.66 所示。
　　步骤 3　单击对称轴,如图 3.6.67 所示,完成后如图 3.6.68 所示。

(3) 绘制 W-11 污水系统模型

平面图和系统图分别如图 3.6.69 和图 3.6.70 所示。W-11 室外埋地敷设,室内梁下吊装敷设,绘制时注意标高变化。

步骤 1 绘制污水管室内干管和立管部分,具体操作如下:

① 输入快捷键 PI;

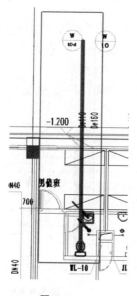

图 3.6.65

图 3.6.66

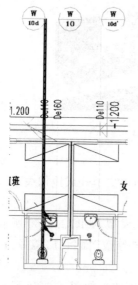

图 3.6.67

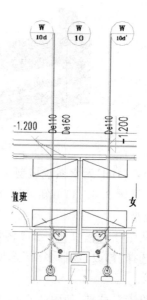

图 3.6.68

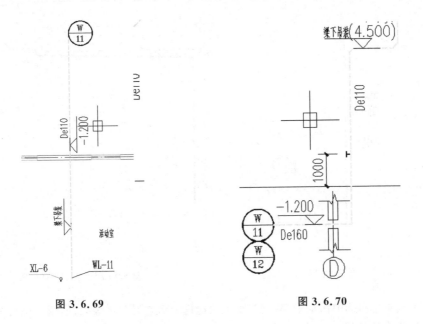

图 3.6.69　　　　　　　　　图 3.6.70

② 在"属性"对话框中设置"管道类型"为"污水管道(硬聚氯乙烯塑料)",设置"系统类型"为"污水系统";

③ 在选项栏中设置"直径"为"DN100","偏移量"为"－1200.0 mm";

④ 坡度设置:选择"修改|放置管道"选项卡→"带坡度管道"面板→"向上坡度"图标,坡度值选择1‰;

⑤ 单击污水管穿墙位置作为起点,向墙内绘制管道;

⑥ 单击室内立管中心处,如图 3.6.71 所示;

⑦ 设置"偏移量"为"4500 mm";

⑧ 在污水立管 WL－11 中心处单击,如图 3.6.72 所示;

⑨ 设置"偏移量"为"22400 mm"(立管 WL－11 顶部标高),双击"应用"按钮,按 Esc 键退出管道绘制,三维视图如图 3.6.73 所示。

步骤 2　绘制污水管室外干管部分:选择"修改"选项卡→"修改"面板→"修剪延伸"图标绘制室外部分污水管。

步骤 3　放置通气帽,具体操作如下:

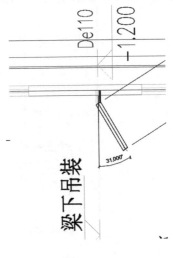

图 3.6.71

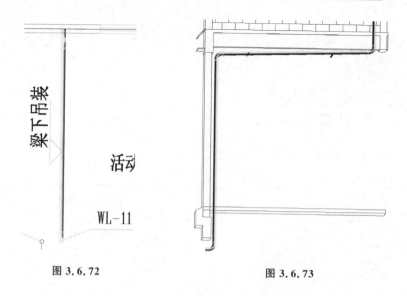

图 3.6.72　　　　　　　图 3.6.73

① 从左往右选中污水管 W-11,输入快捷键 BX,查看三维效果,如图 3.6.74 所示;
② 输入快捷键 PA,在"属性"对话框中的"类型选择器"中选择"通气帽",类型选择"100 mm";
③ 将光标移至立管顶端,识别立管顶部端点,单击放置通气帽。

(4) 绘制 W-13 污水系统模型

W-13 污水系统的立管 WL-13 有轴线偏移情况,是模型绘制的难点,其平面图和系统图分别如图 3.6.75 和图 3.6.76 所示。

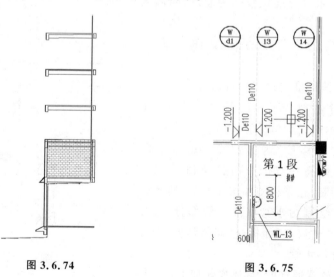

图 3.6.74　　　　　　　图 3.6.75

步骤 1 绘制污水管室内部分干管和立管第 1 段,如图 3.6.76 所示。具体操作如下:

① 输入快捷键 PI;

② 在"属性"对话框中设置"管道类型"为"污水管道(硬聚氯乙烯塑料)",设置"系统类型"为"污水系统";

③ 在选项栏中设置"直径"为"DN100","偏移量"为"-1200.0 mm";

④ 坡度设置:选择"修改|放置管道"选项卡→"带坡度管道"面板→"向上坡度"图标,坡度值选择1‰;

⑤ 单击污水管穿墙位置作为起点,向墙内绘制管道,如图 3.6.77 所示;

⑥ 单击室内立管中心处(⊙),如图 3.6.77 所示;

⑦ 将"偏移量"设置为"4500.0 mm",双击"应用"按钮,完成后如图 3.6.78 所示。

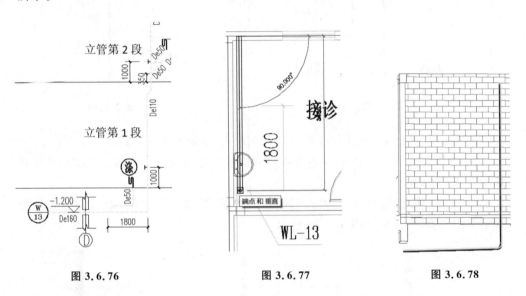

图 3.6.76 　　　　　　图 3.6.77 　　　　　　图 3.6.78

步骤 2 绘制污水管立管第 2 段,如图 3.6.76 所示,具体操作如下:

① 选择刚刚绘制好的干管,输入快捷键 CS,重复类似实例命令;

② 在选项栏中设置"直径"为"DN100","偏移量"为"4800.0 mm";

③ 单击 WL-13 立管中心,将"偏移量"设置为"22400.0 mm",双击"应用"按钮。

步骤 3 连接立管,具体操作如下:

① 选择"视图"选项卡→"绘制"面板→"剖面"图标,如图 3.6.79 所示;

② 在立管所在位置绘制剖面,如图 3.6.80 所示;

③ 右击剖面,转至剖面视图,如图 3.6.81 所示;

图 3.6.79

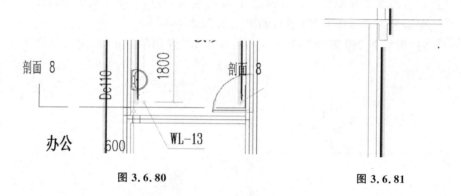

图 3.6.80　　　　　　　　　图 3.6.81

④ 输入快捷键 PI，单击第 1 段立管顶部端点，如图 3.6.82 所示；

⑤ 单击管道第 2 个端点，注意连接管和立管的夹角为 45°（见图 3.6.82），完成后如图 3.6.83 所示；

⑥ 选择"修改"选项卡→"修改"面板→"修剪|延伸为角"图标，依次单击连接管和第 2 段立管，完成后如图 3.6.84 所示。

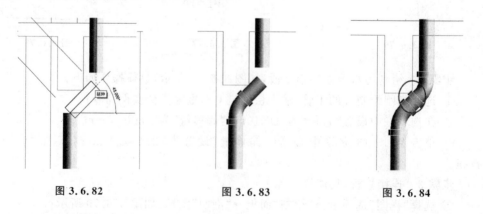

图 3.6.82　　　　　　图 3.6.83　　　　　　图 3.6.84

步骤 4　调整碰撞。

方法一：图 3.6.84 所示为立管轴线偏移处和梁有碰撞，选中其中一个弯头（见图 3.6.85），向下拖拽一段距离，调整后如图 3.6.86 所示。

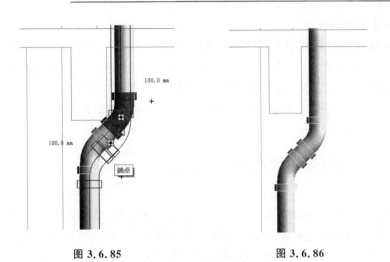

图 3.6.85　　　　　　　　图 3.6.86

方法二：选中如图 3.6.87 所示的弯头，在"属性"对话框中，将"偏移量"设置为"4500"，如图 3.6.87 所示。

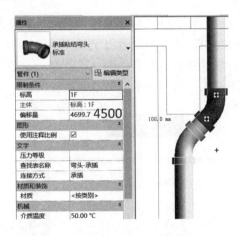

图 3.6.87

【步骤总结】

创建排水系统模型的步骤主要分为五步：第一步，设置排水系统管道类型；第二步，设置排水系统系统类型；第三步，设置坡度；第四步，绘制废水系统模型；第五步，绘制污水系统模型。

【业务扩展】

① 因为排水支管绘制时需要设置坡度，所以在绘制时排水横管每一点的偏移量高度均不一样，在从排水横管往外引支管时，必须保证支管起始点与排水横管连接点位置的偏移量标高相同。此时的绘制技巧是使用"修改"选项卡中的"继承高程"工具

来设定连接处的偏移量。

② 存水弯指的是在卫生器具内部或器具排水管段上设置的一种内有水封的配件,其根据形状可分为 S 形存水弯、P 形存水弯、U 形存水弯。存水弯广泛地应用于各种排水系统中,正常使用时存水弯内充满水,这样就可以把卫生器具与下水道的空气隔开,防止下水道中的废水、废物、细菌等通过下水道直接传到室内空间,对人的健康造成不利影响。

3.7 绘制室内消火栓给水系统

建筑消火栓给水系统是把室外给水系统提供的水量,经过加压(外网压力不满足需要时),输送到用于扑灭建筑物内的火灾而设置的固定灭火设备,是建筑物中最基本的灭火设施。建筑消火栓给水系统按建筑类型可分为低层建筑消防给水系统和高层建筑消防给水系统。

3.7.1 消火栓给水系统的组成

消火栓给水系统一般由消火水枪、消火水带、消火栓、消防卷盘、消火栓箱、消防管网、消防水池、消防高位水箱、水泵接合器及消防水泵等组成。当室外给水管网水压不足时,应当设置消防水泵和消防水箱。图 3.7.1 所示为设有水泵和消防供水方式的消火栓给水系统;图 3.7.2 所示为本项目的三维模型。

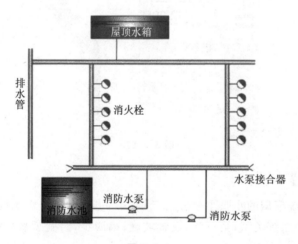

图 3.7.1

(1) 消火栓设备

消火栓箱安装在建筑物内的消防给水管路上,集室内消火栓、消防水枪、消防水带、消防卷盘及电器等消火栓设备于一体,如图 3.7.3 所示。

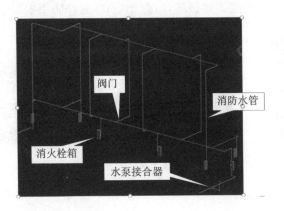

图 3.7.2

图 3.7.3

(2) 水泵接合器

水泵接合器是连接外部水源给室内消防管网供水的设备,是一个只能单向供水的设备。

当室内消防水泵发生故障或遇大火室内消防用水不足时,水泵接合器供消防车从室外消火栓取水,通过其将水送到室内消防给水管网用于灭火,如图 3.7.4 所示。

(3) 消防管网

消防管网由消防管道和管道附件组成。其中,管道一般采用镀锌钢管材质,管道附件主要有消防蝶阀(见图 3.7.5)、闸阀、止回阀等。

(4) 消防水箱

消防水箱贮存扑救初期火灾的消防用水,为确保其自动供水的可靠性,应采用重力自流供水方式,设置于建筑物顶部,贮存 10 min 的消防用水量,如图 3.7.6 所示。

  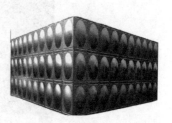

图 3.7.4　　　　　　　图 3.7.5　　　　　　　图 3.7.6

(5) 消防水池

消防水池是人工建造的贮存消防用水的构造物,一般为钢筋砼水池。消防水池可设于室外地下或地面上,或与室内游泳池、水景水池兼用,贮存火灾持续时间内的室内消防用水量。

(6) 消防水泵

消防水泵应能保证在火警 5 min 内开始工作,并且在火场断电时仍然能继续正常工作。

3.7.2　消火栓给水系统图纸识读

(1) 水施-02 设备、材料表、图纸目录

关注消火栓管道管材信息、管道连接方式,如图 3.7.7 所示。

(2) 水施-03~水施-06 给排水平面图

这里以"水施-03 一层给排水平面图"为例讲解识图内容,如图 3.7.8 所示。

消火栓给水系统图纸识读

1.3　消防给水管道:消火栓系统采用热浸镀锌钢管,自动喷水灭火系统采用热浸镀锌钢管,DN≤50 螺纹连接,DN>50 采用沟槽卡箍连接,建筑外墙以外埋地管道采用球墨给水铸铁管,橡胶圈承插连接。

图 3.7.7

① 关注消火栓水平管的走向。

② 关注埋地干管的平面位置、编号、直径和标高:分别为 和 ,管道直径为 DN100,标高为 -1.4 m。

③ 关注一层消火栓干管的平面位置、直径和标高,干管直径为 DN100,标高 4.5 m。

④ 关注立管的编号,编号分别为 XL-1～XL-7,XL-S1～XL-S2。
⑤ 关注消火栓箱、消防蝶阀和水泵接合器的位置,如图 3.7.9 所示。

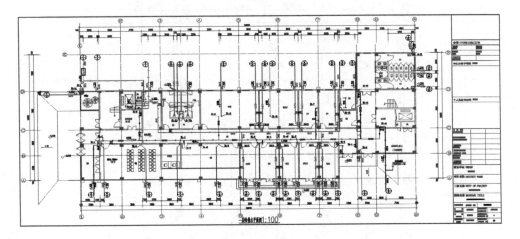

图 3.7.8

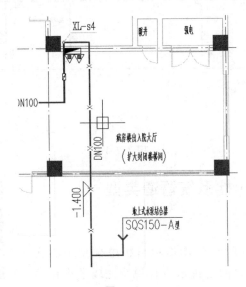

图 3.7.9

(3) 水施-11 给水系统、消火栓系统原理图(见图 3.7.10)

关注各立管、标高和直径信息。消火栓立管 XL-1、XL-4、XL-7 负责立管位置 1 至 5 层消火栓箱供水,消火栓立管 XL-2、XL-3、XL-6、XL-7 负责立管位置 2 至 5 层消火栓箱供水,立管 XL-S1 至 XL-S2 只负责 1 层对应区域消火栓供水。

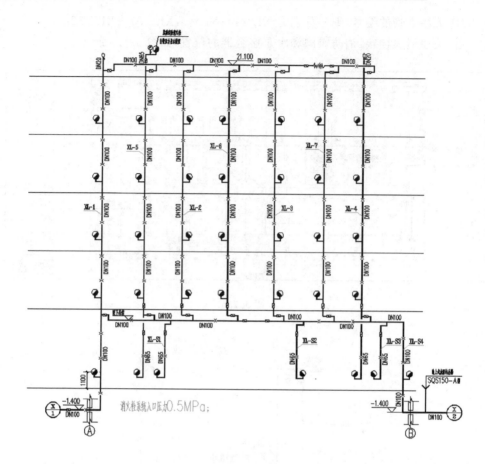

图 3.7.10

3.7.3 设置消火栓系统管道类型

【任务说明】

在 Revit 软件中打开"门诊楼项目机电模型中心文件"项目文件,根据提供的给排水设计说明完成消火栓给水管道类型的设置。

设置消火栓系统管道
类型和系统类型

【任务目标】

① 学习使用"编辑类型"中的"复制"命令创建管道类型;
② 学习设置一种管材多种连接方式的管道类型的布管系统配置。

【任务分析】

根据表 3.7.1 在 Revit 模型中绘制本项目的消火栓给水管道类型,并为每种管

第 3 单元　给排水专业建模

道设置对应的管段材料和接口方式。

表 3.7.1

管道类型	管材类型	连接方式
消火栓管道	热浸镀锌钢管	DN≤50 mm 螺纹连接； DN>50 mm 沟槽卡箍连接
埋地消火栓管道	球墨给水铸铁管	橡胶圈承插连接

【任务实施】

步骤 1　新建和设置"消火栓管道(热浸镀锌钢管)"管道类型,具体操作如下:

① 在"项目浏览器"中选择"族"→"管道"→"管道类型"。

② 右击"管道类型"中的"默认",在弹出的快捷菜单中选择"复制"。

③ 此时在"管道类型"中生成"默认2",右击"默认2",在弹出的快捷菜单中选择"重命名",将其重命名为"消火栓管道(热浸镀锌钢管)",如图 3.7.11 所示。

④ 双击"消火栓管道(热浸镀锌钢管)",弹出"类型属性"对话框。

⑤ 在"类型属性"对话框中的"类型参数"选项组中的"管段和管件"下,单击"布管系统配置"右侧的"编辑"按钮,如图 3.7.12 所示。

图 3.7.11

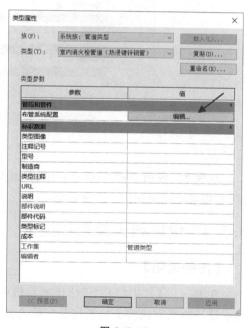

图 3.7.12

⑥ 在弹出的"布管系统配置"对话框中,单击"载入族"按钮(详见 3.2.4 小节中的相关内容)。

⑦ 在"布管系统配置"对话框中,按照连接方式指定使用时的管件和尺寸范围,

如图 3.7.13 所示。

注意：如果有多个作为管件的零件满足布局条件,则将使用列出的第一个管件,可以向上或向下移动行,以更改零件的优先级。

⑧ 单击"布管系统配置"对话框中的"确定"按钮,返回"类型属性"对话框,在该对话框中单击"确定"按钮。

图 3.7.13

步骤 2 按照步骤 1 新建和设置"埋地消火栓管道(球墨给水铸铁管)"管道类型,布管系统配置如图 3.7.14 所示。

3.7.4 设置消火栓系统类型

【任务说明】

在 Revit 软件中打开"门诊楼项目机电模型中心文件"项目文件,根据提供的给排水设计说明完成消火栓系统类型的设置。

【任务目标】

① 学习使用"复制"命令,复制 Revit 提供的系统分类;
② 学习使用"重命名"命令,重命名复制新建的系统类型;

第 3 单元　给排水专业建模

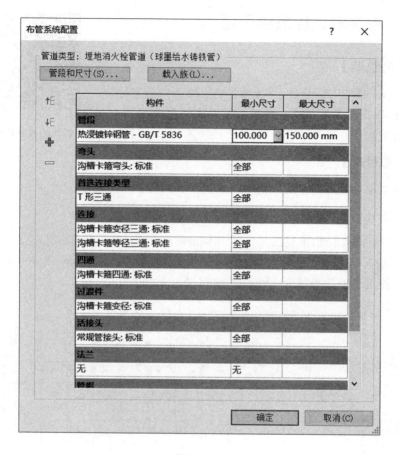

图 3.7.14

③ 学习设置系统类型的类型属性。

【任务分析】

一个项目中的消火栓系统可以根据压力的不同进行分类，比如低压消火栓系统、中压消火栓系统、高压消火栓系统等。要从图纸来分析，此项目消火栓系统有哪些系统类型。本项目统一由市政直供，统一压力，因此只需设置一个消火栓系统，并命名为"消火栓系统"。

【任务实施】

下面将讲解 Revit 模型中消火栓系统类型的创建方法。

步骤 1　首先判断系统分类，消火栓系统属于湿式消防系统。

步骤 2　在"项目浏览器"对话框中的"族"中选择"管道系统"，然后复制"湿式消防系统"，并将其重命名为"消火栓系统"。

步骤 3　设置"消火栓系统"类型属性（材质、缩写和图形替换），颜色为红色。

•151•

3.7.5 绘制消火栓系统干管

【任务说明】

在 Revit 软件中打开"门诊楼项目机电模型中心文件"项目文件,根据提供的给排水施工图纸完成消火栓系统干管模型的绘制。

绘制消火栓系统模型

【任务目标】

学习使用"管道"命令绘制消火栓系统干管模型。

【任务分析】

以一层给排水平面图(见图 3.7.15)为例讲解消火栓系统干管的绘制方法。从图中可知,本项目消火栓埋地干管分别为⊕和⊗,管道直径为 DN100,标高为 −1 400 mm;一层室内消火栓水平干管直径为 100 mm,偏移量为 4 500 mm。

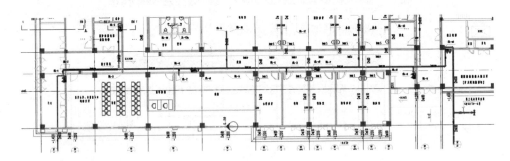

图 3.7.15

【任务实施】

(1) 绘制消火栓埋地干管

步骤 1 在"项目浏览器"对话框中选择"一层给排水平面图"。

步骤 2 选择"系统"选项卡→"卫浴和管道"面板→"管道"图标(快捷键 PI)。

步骤 3 在"属性"对话框中设置"管道类型"为"埋地消火栓管道(球墨给水铸铁管)",设置"系统类型"为"消火栓系统"。

步骤 4 在选项栏中设置"直径"为"100.0 mm","偏移量"为"−1400.0 mm"。

步骤 5 在"修改|放置管道"选项卡中的"带坡度管道"面板中选择"禁用坡度"。

步骤 6 沿着平面图绘制,结果如图 3.7.16 和图 3.7.17 所示,干管整体三维视图如图 3.7.18 所示。

第3单元 给排水专业建模

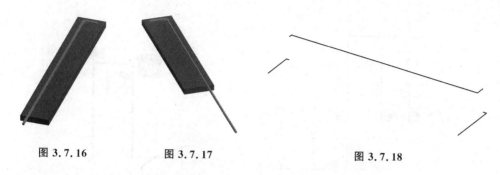

图 3.7.16   图 3.7.17   图 3.7.18

(2) 绘制一层消火栓水平干管

步骤 1 选择"系统"选项卡→"卫浴和管道"面板→"管道"图标(快捷键 PI)。

步骤 2 在"属性"对话框中设置"管道类型"为"消火栓管道(热浸镀锌钢管)",设置"系统类型"为"消火栓系统"。

步骤 3 在选项栏中设置"直径"为"100.0 mm","偏移量"为"−1400.0 mm"。

步骤 4 在"修改|放置管道"选项卡中的"带坡度管道"面板中选择"禁用坡度"。

步骤 5 沿着平面图绘制,如图 3.7.18 所示。

3.7.6 绘制消火栓系统立管

【任务说明】

在 Revit 软件中打开"门诊楼项目机电模型中心文件"项目文件,根据提供的给排水施工图纸完成消火栓系统立管模型的绘制。

【任务目标】

学习使用"管道"命令绘制消火栓管道模型。

【任务分析】

由 3.7.2 小节可知本项目各立管、标高和直径信息。其中,消火栓立管 XL‑1、XL‑4、XL‑7 负责立管位置 1 至 5 层消火栓箱供水,消火栓立管 XL‑2、XL‑3、XL‑6、XL‑7 负责立管位置 2 至 5 层消火栓箱供水,立管 XL‑S1 至 XL‑S2 只负责 1 层对应区域消火栓供水。

【任务实施】

(1) 绘制编号为 XL‑S4 的立管

由 XL‑S4 立管系统图(见图 3.7.19)和平面图(见图 3.7.20)可知,立管 XL‑S4 顶部和室内横干管连接,底部与埋地干管相连,两根水平管垂直,因此,可采用"修剪为角"命令进行连接。

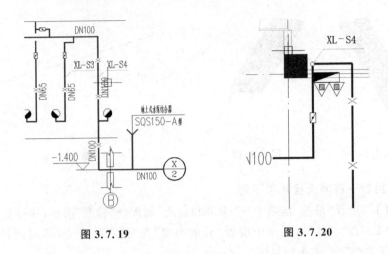

图 3.7.19　　　　　　　　图 3.7.20

步骤 1　选择"修改"选项卡→"修改"面板→"修剪/延伸为角"图标 。

步骤 2　依次选择室内干管和埋地管,如图 3.7.21 所示。

步骤 3　从左往右选中室内干管和埋地管,输入快捷键 BX,查看三维视图,如图 3.7.22 所示。

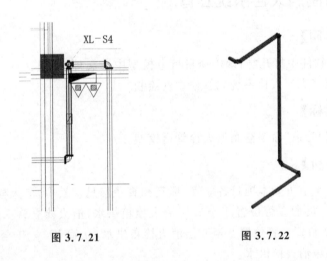

图 3.7.21　　　　　　　　图 3.7.22

(2) 绘制编号为 XL-2、XL-3、XL-6、XL-7 的消火栓立管(见图 3.7.23),并与消火栓横管相连

步骤 1　根据"水施-11 给水系统、消火栓系统原理图"查看立管的标高,其中底部标高为 4 500 mm,顶部标高为 21 100 mm。

步骤 2　以"XL-2"为例,从与干管的连接点开始绘制,如图 3.7.24 所示。

① 输入快捷键 PI;

② 在"属性"对话框中设置"管道类型"为"消火栓管道(热浸镀锌钢管)",设置

"系统类型"为"消火栓系统";

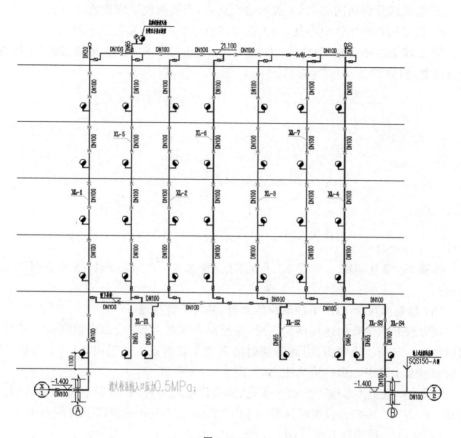

图 3.7.23

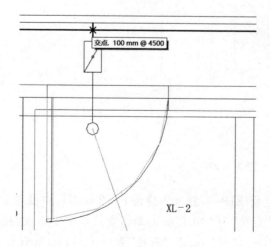

图 3.7.24

③ 在状态栏中设置"偏移量"的为"4500.0 mm","直径"为"100.0 mm";

④ 将光标放到如图 3.7.24 所示的交点处,当线颜色变成蓝色时单击;

⑤ 将光标移至立管中心处,当出现端点符号时(见图 3.7.25)单击;

⑥ 在状态栏中设置"偏移量"为"21100.0 mm",双击"应用"按钮,按 Esc 键退出管道绘制,结果如图 3.7.26 所示。

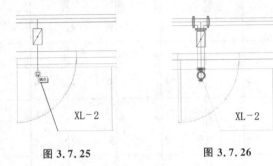

图 3.7.25 图 3.7.26

步骤 3 重复步骤 2 完成 XL-3、XL-6 和 XL-7 的绘制,结果如图 3.7.27 所示。

(3) 绘制编号为 XL-1 的消火栓立管,并与干管相连

该立管和水平管的连接件是三通,在绘制立管的过程中,如果识别到干管端点,则软件容易自动生成弯头,因此绘制时需避开干管端点。这里以 XL-1 为例,可使干管端点和干管中心保持适当距离,如图 3.7.28 所示。

步骤 1 根据"水施-11 给水系统、消火栓系统原理图"查看立管的标高;其中,底部标高为 -1 400 mm,顶部标高为 21 500 mm,21 100 mm 以下管径为 100 mm,以上为 20 mm,顶端设有排气阀。

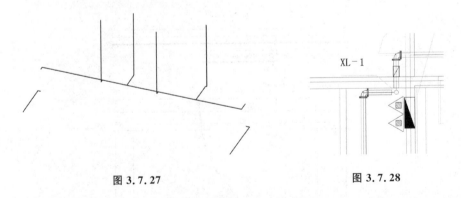

图 3.7.27 图 3.7.28

步骤 2 绘制立管 XL-1:输入快捷键 PI,在状态栏中设置立管顶部的"偏移量"为"21500.0 mm","直径"为 100.0 mm;单击立管水平中心点,在状态栏中设置立管底部的"偏移量"为"-1400.0 mm","直径"为"100.0 mm";双击"应用"按钮,按 Esc 键退出管道绘制。

步骤3 从左往右选中立管和旁边水平管道,输入快捷键BX,查看三维视图,如图3.7.29所示。

步骤4 选择"修改"选项卡→"修改"面板→"修剪/延伸单一图元"图标,依次单击立管和室内干管,生成三通,如图3.7.30所示。

步骤5 选择"修改"选项卡→"修改"面板→"修剪/延伸为角"图标,依次单击立管和埋地管,生成弯头,如图3.7.31所示。

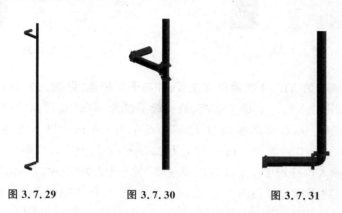

图3.7.29　　　　图3.7.30　　　　图3.7.31

步骤6 修改21 100～21 500 mm段管道直径,具体操作如下:

① 选择"修改"选项卡→"修改"面板→"拆分图元"图标,如图3.7.32所示;
② 在立管顶部单击,生成接头,如图3.7.33所示;
③ 选中接头,在"属性"对话框中的状态栏中设置接头的"偏移量"为"21100.0 mm",如图3.7.34所示;
④ 选中接头上段管道,在状态栏中设置"直径"为"20.0 mm",如图3.7.35所示。

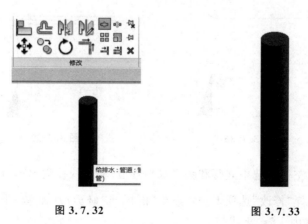

图3.7.32　　　　　　　　图3.7.33

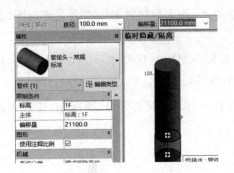
图 3.7.34

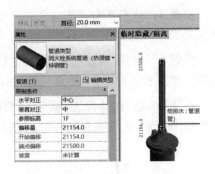
图 3.7.35

(4) 绘制编号为 XL-4 的消火栓立管,并与干管相连(见图 3.7.36)

步骤 1 根据"水施-11 给水系统、消火栓系统原理图"查看立管的标高;其中,底部标高为 1 100 mm,顶部标高为 21 500 mm,4 500 mm 以下管径为 65 mm,4 500~21 100 mm 管径为 100 mm,以上为 20 mm;顶端设有排气阀。

步骤 2 输入快捷键 PI,在状态栏中设置"偏移量"为"4500.0 mm","直径"为"100.0 mm"。将光标放到如图 3.7.36 所示的交点处,当线颜色变成蓝色时单击。

步骤 3 将光标移至距离立管中心还有一点的距离时单击,如图 3.7.37 所示。

步骤 4 若是管线绘制完成后有偏移,选择"对齐"命令,先选择 CAD 图纸上的管线,再选择 Revit 水管中心线,即可对齐。

步骤 5 绘制立管 XL-4:输入快捷键 PI,在状态栏中设置立管顶部"偏移量"为"21500.0 mm","直径"为"100.0 mm";单击立管水平中心点,在状态栏中设置立管底部的"偏移量"为"1100.0 mm","直径"为"100.0 mm";双击"应用"按钮,按 Esc 键退出管道绘制。

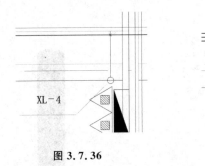

图 3.7.36　　　　　　　　　　图 3.7.37

步骤 6 从左往右选中立管和旁边水平管道,输入快捷键 BX,查看三维视图。

步骤 7 选择"修改"选项卡→"修改"面板→"修剪/延伸单一图元"图标,依次单击立管和室内干管,生成三通。

步骤 8 修改 1 100~4 500 mm 段管道直径。选中该管道,在状态栏中设置"直径"为"65.0mm",如图 3.7.38 所示。

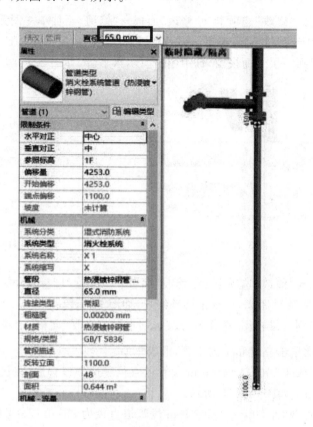

图 3.7.38

步骤 9　修改 21 100～21 500 mm 段管道直径为 20 mm,参考(3)中的步骤 6。

(5) 绘制编号为 XL-5 的消火栓立管,并与干管相连

步骤 1　根据"水施-11 给水系统、消火栓系统原理图"查看立管的标高。其中,底部标高为 1 100 mm,顶部标高为 21 500 mm,4 500 mm 以下管径为 65 mm,4 500～21 100 mm 管径为 100 mm,以上为 65 mm;顶端设试验消火栓。

步骤 2　输入快捷键 PI,在状态栏中设置"偏移量"为"4500.0 mm","直径"为"100.0 mm",绘制与 XL-5 立管相连的水平干管,如图 3.7.39 所示。

步骤 3　绘制 XL-5 立管:输入快捷键 PI,在状态栏中设置立管顶部的"偏移量"为"21500.0 mm","直径"为"100.0 mm";单击立管水平中心点,在状态栏中设置立管底部的"偏移量"为"1100.0 mm","直径"为"100.0 mm";双击"应用"按钮,按 Esc 键退出管道绘制。

图 3.7.39

步骤 4 从左往右选中立管和旁边水平管道,输入快捷键 BX,查看三维视图。

步骤 5 选择"修改"选项卡→"修改"面板→"修剪/延伸单一图元"图标,依次单击立管和室内干管,此时出现错误提示(见图 3.7.40),单击"取消"按钮。

步骤 6 回到一层平面视图,选中图中所示水平管,如图 3.7.41 所示。

图 3.7.40

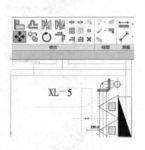

图 3.7.41

步骤 7 选择"修改"选项卡→"修改"面板→"移动"图标,单击移动起点,光标往左移动,输入移动距离,或单击移动终点,如图 3.7.42 所示。

步骤 8 来到三维视图,选择"修改"选项卡→"修改"面板→"修剪/延伸单一图元"图标,依次单击立管和室内干管,形成三通。

步骤 9 修改 1 100～4 500 mm 段管道直径。选中该管道,在状态栏中设置"直径"为"65.0 mm",如图 3.7.38 所示。

步骤 10 修改 21 100～21 500 mm 段管道直径为 20 mm,参考(3)中的步骤 6。

步骤 11 最终成果如图 3.7.43 所示。

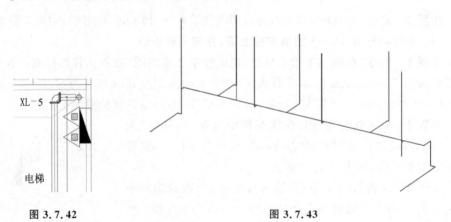

图 3.7.42

图 3.7.43

3.7.7 绘制消火栓箱并与消火栓管道相连

【任务说明】

在 Revit 软件中打开"门诊楼项目机电模型中心文件"项目文件,根据提供的给排水施工图纸完成消火栓系统立管模型的绘制。

【任务目标】

① 学习使用"火警设备"绘制消火栓箱;
② 学习使用"连接到"命令连接消火栓箱与消火栓管道;
③ 学习手动连接消火栓箱与消火栓管道。

【任务分析】

消火栓族类别为"火警设备"。

【任务实施】

(1) 方法一:采用"连接到"命令连接消火栓箱和消火栓管道

这里以一层 XL-1 立管处的消火栓箱为例。

步骤1 选择"系统"选项卡→"电气"面板→"设备"→"火警",如图 3.7.44 所示。

步骤2 在"属性"对话框中,将"标高"改成当前楼层对应的建筑面板标高,将"偏移量"设置为"100.0",如图 3.7.45 所示。

图 3.7.44

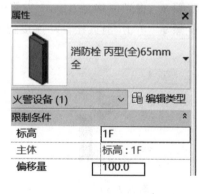

图 3.7.45

步骤3 视图中出现"消火栓箱",移至 CAD 图中消火栓箱图例边框线上,如图 3.7.46 所示。

步骤4 按空格键调整消火栓箱方向,保证消火栓箱开启方向与 CAD 图纸一致,目测对齐,单击放置消火栓箱,如图 3.7.47 所示。

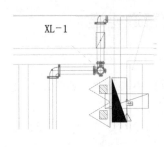
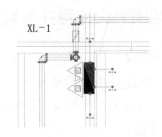

图3.7.46　　　　　　　　　　图3.7.47

步骤5　若消火栓箱位置放置不准，则用"对齐"命令进行调整。

步骤6　选择消火栓，在左侧的属性栏中选择"修改|喷头"选项卡→"布局"面板→"连接到"，如图3.7.48所示，弹出"选择连接件"对话框，如图3.7.49所示。

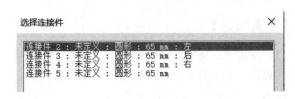

图3.7.48　　　　　　　　　　　　　　图3.7.49

步骤7　选择距离立管较近的连接件，面对消火栓箱，选择"连接件2左"，单击确定。

步骤8　将光标移至XL-1立管中心处，立管变成蓝色，如图3.7.50所示。

步骤9　单击，消火栓自动连接到消防管，如图3.7.51和图3.7.52所示。

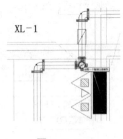
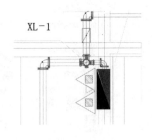

图3.7.50　　　　　　　图3.7.51　　　　　　　图3.7.52

(2) 方法二：手动绘制连接管

这里以一层XL-S1立管处的消火栓箱为例，具体操作如下：

步骤1　选择"系统"选项卡→"电气"面板→"设备"→"火警"。

步骤2　在"属性"对话框中，将"标高"改成当前楼层对应的建筑面板标高，将

"偏移量"设置为"100.0"。

步骤3 视图中出现"消火栓箱",移至CAD图中消火栓箱图例边框线上。

步骤4 按空格键调整消火栓箱方向,保证消火栓箱开启方向与CAD图纸一致,目测对齐,单击放置消火栓箱,放置后进行对齐,如图3.7.53所示。

步骤5 选择消火栓箱,出现4个管道连接件,单击靠近XL-S1立管的管道连接件,如图3.7.53所示。

步骤6 向右绘制至立管处,单击完成管段绘制,如图3.7.54所示。

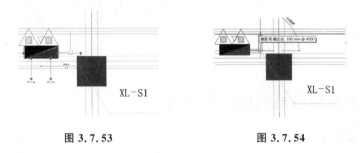

图 3.7.53　　　　　　　　　　图 3.7.54

步骤7 在状态栏中将"偏移量"设置为"4500.0 mm",依次单击连接管端点、干管交点,结果如图3.7.55和图3.7.56所示。

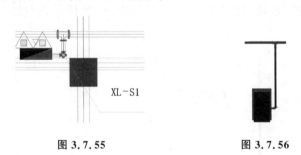

图 3.7.55　　　　　　　　　　图 3.7.56

按照上述两种方法完成一层消火栓箱的布置和连接,首选"连接到"的连接方法,如图3.7.57和图3.7.58所示。

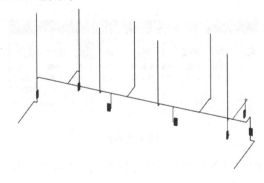

图 3.7.57

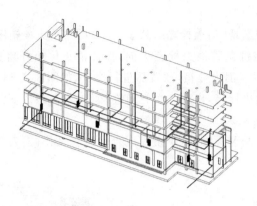

图 3.7.58

3.7.8　水泵接合器的绘制和连接

【任务实施】

步骤1　查看水泵接合器的平面位置和型号。图3.7.59所示为SQ150-A型，直径为150 mm。

步骤2　选择"系统"选项卡→"机械"面板→"机械设备" （快捷键ME），如图3.7.60所示。

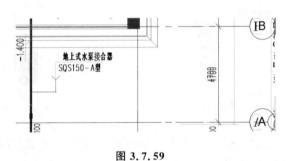

图 3.7.59

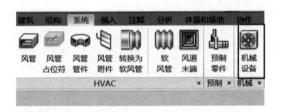

图 3.7.60

步骤3　在"属性"对话框中的"类型选择器"中，选择"水泵接合器-A型-地上式150 mm"，如图3.7.61所示。

第3单元 给排水专业建模

步骤4 在"水泵接合器"对应的位置上单击,如图3.7.62所示。

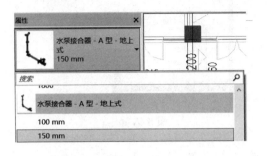

图3.7.61

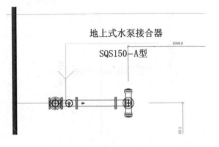

图3.7.62

步骤5 选中水泵接合器,单击管道连接件,如图3.7.63所示。

步骤6 按Esc键,激活管道属性设置:在"属性"对话框中设置"管道类型"为"埋地消火栓管道(球墨给水铸铁管)",设置"系统类型"为"消火栓系统",如图3.7.64所示。

图3.7.63

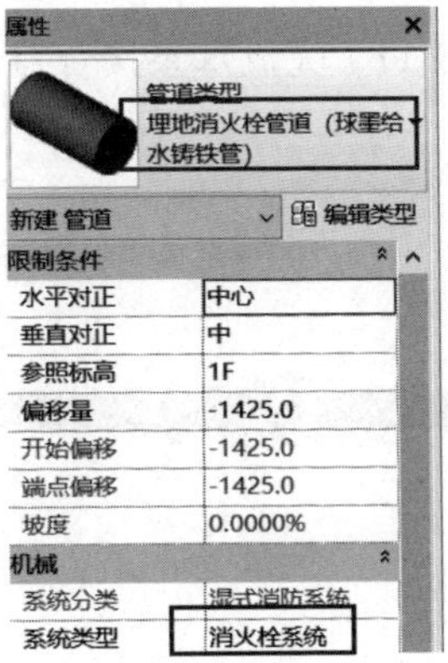

图3.7.64

步骤7 单击水泵接合器连接件(见图3.7.63),绘制一小段管道,如图3.7.65所示。

步骤8 选中绘制好的管道,在状态栏中将"偏移量"设置为"-1400.0 mm",如图3.7.66所示。

步骤9 选择"修改"选项卡→"修改"面板→"修剪/延伸单一图元"，如图3.7.67所示。

步骤10 选择用作边界的管道(如图3.7.68所示的左边的管道),然后选择要延伸的管道(如图3.7.68所示的右边的管道)。

图 3.7.65

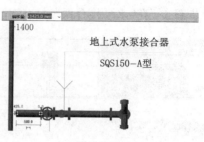

图 3.7.66

图 3.7.67

图 3.7.68

步骤 11 完成水泵接合器和管道连接,如图 3.7.69 和图 3.7-70 所示。

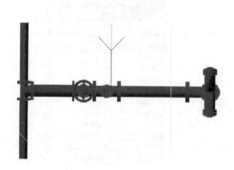

图 3.7.69

图 3.7.70

3.7.9 绘制消火栓系统管道附件

【任务实施】

步骤 1 蝶阀图例如图 3.7.71 所示。

步骤 2 选择"系统"选项卡→"卫浴和管道"面板→"管路附件"（快捷键 PA）。

步骤 3 在"属性"对话框中的"类型选择器"中,选择对应类型(直径 100 mm)"蝶阀"附件。

步骤 4 将"蝶阀"移至管道对应的位置上,管道中心线变成蓝色,单击管段的中心线,将附件连接到管段,如图 3.7.72 和图 3.7.73 所示。

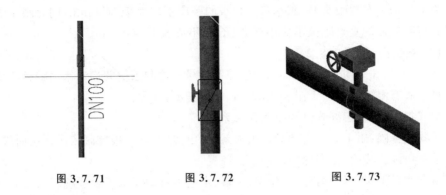

图 3.7.71　　　　　图 3.7.72　　　　　图 3.7.73

【步骤总结】

Revit 软件绘制消火栓系统模型的步骤主要分为八步：第一步，设置消火栓管道类型；第二步，设置消火栓系统类型；第三步，绘制消火栓系统干管；第四步，绘制消火栓系统立管（包括绘制立管、连接立管与横干管等）；第五步，绘制消火栓（含有载入消火栓族、布置消火栓、连接消火栓与消火栓立管等小步骤）；第六步，布置消火栓系统阀门（含有载入阀门族、布置阀门等小步骤）；第七步，布置消火栓系统阀门（含有载入阀门族、布置阀门等小步骤）；第八步，布置消火栓水泵接合器。

【业务扩展】

根据"水施-11 消火栓系统图"可知，消火栓给水管网设置有两个入户点，在宿舍楼内通过立管连接成环状管网。这是因为消防给水管道是输送消防用水的重要设施，消防给水管道的安全直接关系到消防用水的可靠性。因此，在任何情况下都要保证火场用水，都要保证消防给水管道的安全。

3.8　绘制自动喷水灭火系统模型

3.8.1　自动喷水灭火系统的组成

（1）喷头（见图 3.8.1）

闭式喷头：喷口用由热敏元件组成的释放机构封闭，当达到一定温度时能自动开启，如玻璃球爆炸、易熔合金脱离。其构造按溅水盘的形式和安装位置分有直立型、下垂型、边墙型、普通型、吊顶型和干式下垂型喷头。

开式喷头：根据用途分为开启式、水幕式、喷雾式。

安装要求：除吊顶型喷头及吊顶下安装的喷头之外，直立型、下垂型标准喷头，其溅水盘与顶板的距离不应小于 75 mm，不应大于 150 mm。当在梁或其他障碍物底面下方的平面上布置喷头时,溅水盘与顶板的距离不应大于300 mm,同时溅水盘与梁等障碍物底面的垂直距离不应小于25 mm,不应大于100 mm。

(2) 报警阀(见图3.8.2)

作用:开启和关闭管网的水流,传递控制信号至控制系统并启动水力警铃直接报警。报警阀有湿式、干式、干湿式和雨淋式4种类型,其中:

湿式报警阀:用于湿式自动喷水灭火系统。

干式报警阀:用于干式自动喷水灭火系统,由湿式、干式报警阀依次连接而成,在温暖季节用湿式装置,在寒冷季节用干式装置。

雨淋式报警阀:用于雨淋、预作用、水幕、水喷雾自动喷水灭火系统。

(3) 水流报警装置

水流报警装置主要有:水力警铃(见图3.8.3)、水流指示器(见图3.8.4)和压力开关(见图3.8.5)。

图3.8.1　　　图3.8.2　　　图3.8.3　　　图3.8.4　　　图3.8.5

① 水力警铃:主要用于湿式喷水灭火系统,宜装在报警阀附近(连接管不宜超过6 m)。当报警阀打开消防水源后,具有一定压力的水流冲动叶轮打铃报警。水力警铃不得由电动报警装置取代。

② 水流指示器:某个喷头开启喷水或管网发生水量泄漏时,管道中的水产生流动,引起水流指示器中的桨片随水流动作;接通延时电路后,继电器触电吸合发出区域水流电信号,送至消防控制室。

③ 压力开关:在水力警铃报警的同时,依靠警铃管内水压的升高自动接通电触点,完成电动警铃报警,向消防控制室传送电信号或启动消防水泵。

④ 延迟器:一个罐式容器(见图3.8.6),安装于报警阀与水力警铃(或压力开关)之间,防止由于水压波动引起报警阀开启而导致的误报。报警阀开启后,水流需经30 s左右充满延迟器后方可冲打水力警铃。

(4) 火灾探测器

火灾探测器是自动喷水灭火系统的重要组成部分,目前常用的有感烟探测器、感温探测器。感烟探测器(见图3.8.7)利用火灾发生地点的烟雾浓度进行探测;感温探测器(见图3.8.8)通过火灾引起的温升进行探测。火灾探测器布置在房间或走道的天花板下面,其数量应根据探测器的保护面积和探测区面积计算而定。

(5) 末端试水装置

为检验自动喷水灭火系统的可靠性,要求在每个报警阀的供水最不利点处设置末端试水装置(见图3.8.9),测试系统能否在开放1只喷头的最不利条件下可靠报警并正常启动。

图3.8.6

图3.8.7

图3.8.8

图3.8.9

(6) 其他附件

其他附件主要是管道常见阀门,比如信号蝶阀、减压阀、减压孔板、截止阀等。

3.8.2 自动喷水灭火系统图纸识读

(1) 水施-02 设备、材料表、图纸目录

关注自动喷水灭火管道管材信息、管道连接方式,如图3.8.10所示。

(2) 水施-07～水施-09 自动喷水灭火系统平面图

这里以"水施-07 一层自动喷水灭火系统"为例讲解识图内容,如图3.8.11所示。

自动喷水灭火系统图纸识读

1.3 消防给水管道:消火栓系统采用热浸镀锌钢管,自动喷水灭火系统采用热浸镀锌钢管,DN≤50 螺纹连接,DN>50 采用沟槽卡箍连接,建筑外墙以外埋地管道采用球墨给水铸铁管,橡胶圈承插连接。

图3.8.10

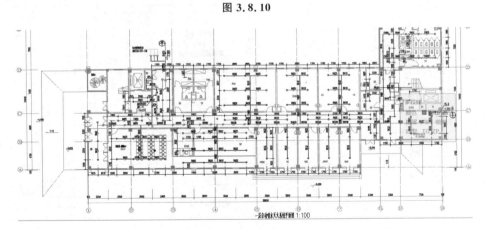

图3.8.11

① 关注自动喷水灭火管道(玫红)的走向。

② 关注埋地干管的平面位置、编号、直径和标高：编号为 ZP/1，管道直径为 DN150，标高为 -1.2 m。

③ 关注一层自动喷水水管的标高 4.5 m。

④ 关注立管的编号，为 ZPL-1。

⑤ 关注喷头的位置和安装高度。

⑥ 关注水泵接合器、蝶阀、减压孔板、信号蝶阀、水流指示器、截止阀、末端试水装置的位置，如图 3.8.12 和图 3.8.13 所示。

（3）水施-12 排水系统、自动喷水灭火系统原理图

关注立管 ZPL-1 的标高和直径信息，如图 3.8.14 所示。

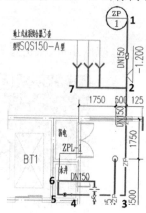

图 3.8.12

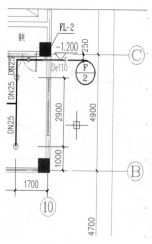

图 3.8.13

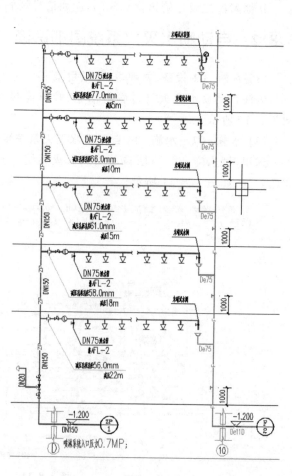

图 3.8.14

3.8.3 处理自动喷水灭火系统平面图图纸

学习使用 AutoCAD 处理和隔离图纸。

步骤 1 使用 AutoCAD 打开分割好的"一层自动喷水灭火系统平面图"。

步骤 2 选择 CAD 图纸上的喷头、管线、管径标注,利用 CAD 命令 layiso 进行图层隔离,如图 3.8.15 所示。

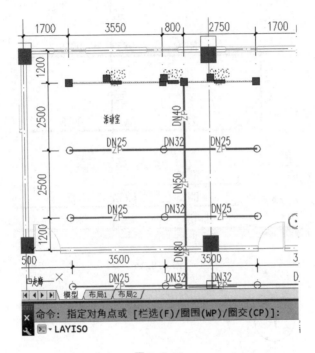

图 3.8.15

步骤 3 可以看出,除喷头、管线、管径标注所在图层之外,其他图层已是淡显锁定状态,如图 3.8.16 所示。

步骤 4 图纸定位。一般采用 CAD 图纸上的轴网与 Revit 已建轴网(见图 3.8.17)进行图纸定位。若无轴网,可采用梁进行图纸定位。

步骤 5 这里选取 1 轴和 E 轴来进行后面的 CAD 导入图定位。使用 PL 命令对 1 轴和 E 轴两轴线进行描绘,如图 3.8.18 所示。

步骤 6 选中一层所有喷水系统,输入命令 W,按回车键。

步骤 7 在"写块"对话框(见图 3.8.19)中进行如下操作:

① 设置"插入单位"为"毫米";

② 将文件保存至"E:\诊楼项目 BIM 应用_学号+姓名\处理后 CAD 图纸\给排

水专业图纸"文件夹中;

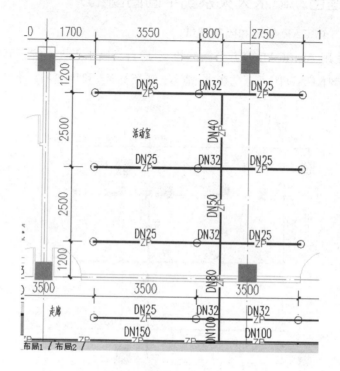

图 3.8.16

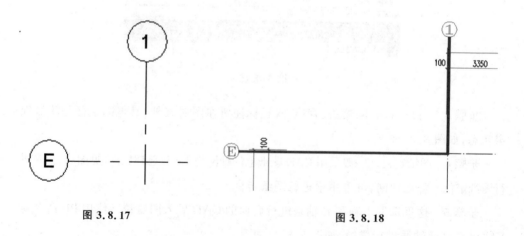

图 3.8.17 图 3.8.18

③ 将文件命名为"一层自动喷水灭火系统平面图(处理后)",单击"确定"按钮后即可生成新的 CAD 图纸。

也可直接复制一层自动喷水灭火系统平面图的内容至新的 CAD 文件中进行保存。

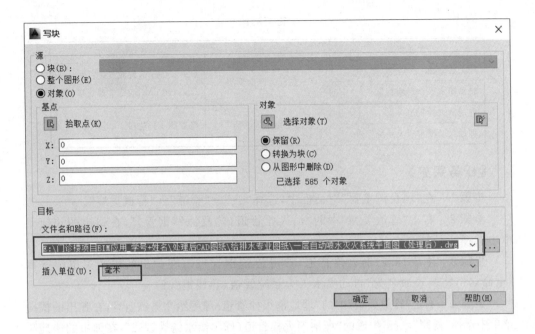

图 3.8.19

3.8.4 设置自动喷水灭火系统管道类型

【任务说明】

在 Revit 软件中打开"门诊楼项目机电模型中心文件"项目文件,根据提供的给排水设计说明完成自动喷水灭火系统管道类型的设置。

设置自动喷水灭火系统
管道类型和系统类型

【任务目标】

① 学习使用"复制"命令,复制 Revit 软件提供的系统分类;

② 学习使用"重命名"命令,重命名复制新建的系统类型;

③ 学习设置系统类型的类型属性。

【任务分析】

由 3.3.1 小节可知,本项目的消火栓管道与自动喷水灭火系统管道的管材和连接方式一致,可以采用复制管道类型的方式来绘制管道类型,如表 3.8.1 所列。

表 3.8.1

管道类型	管材类型	连接方式
消火栓管道	热浸镀锌钢管	DN≤50 mm,螺纹连接;
自动喷水灭火系统管道		DN＞50 mm,沟槽卡箍连接
埋地消火栓管道	球墨给水铸铁管	橡胶圈承插连接
埋地自动喷水灭火系统管道		

【任务实施】

步骤 1 在"项目浏览器"对话框中,选择"族"→"管道"→"管道类型"。

步骤 2 右击"管道类型"中的"消火栓管道(热浸镀锌钢管)",在弹出的快捷菜单中选择"复制"。

步骤 3 生成右击"消火栓管道(热浸镀锌钢管)2",在弹出的快捷菜单中选择"重命名",将其重命名为"自动喷水灭火系统管道(热浸镀锌钢管)"。

步骤 4 右击"管道类型"中的"埋地消火栓管道(球墨给水铸铁管)",在弹出的快捷菜单中选择"复制",右击生成的"埋地消火栓管道(球墨给水铸铁管)2",在弹出的快捷菜单中选择"重命名",将其重命名为"埋地自动喷水灭火系统管道(球墨给水铸铁管)"。

3.8.5 设置自动喷水灭火系统类型

【任务说明】

在 Revit 软件中打开"门诊楼项目机电模型中心文件"项目文件,根据提供的给排水设计说明完成自动喷水灭火系统类型的设置。

【任务目标】

① 学习使用"复制"命令,复制 Revit 软件提供的系统分类;
② 学习使用"重命名"命令,重命名复制新建的系统类型;
③ 学习设置系统类型的类型属性。

【任务分析】

首先判断系统分类。Revit 软件提供了"湿式消防系统""干式消防系统""其他消防系统""预作用消防系统"四种消防系统分类,由"水施-01 给排水设计总说明"中的"四、设计参数"中的"4.消防设计参数"可知,本项目的自动喷水灭火系统为湿式自动喷水灭火系统。

【任务实施】

下面讲解 Revit 模型中自动喷水灭火系统类型的创建方法。

步骤 1 在"项目浏览器"对话框中的"族"中找到"管道系统",复制"湿式消防系统",将其重命名为"自动喷水灭火系统"。

步骤2 设置"自动喷水灭火系统"类型属性(材质、图形替换和缩写),颜色为玫红色。其中,材质设置如图 3.8.20 所示,图形替换如图 3.8.21 所示,缩写设置如图 3.8.22 所示。

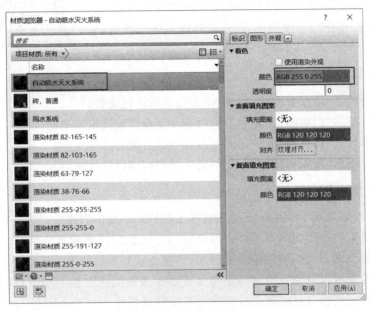

图 3.8.20

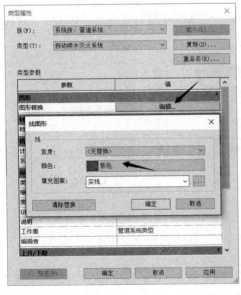

图 3.8.21   图 3.8.22

3.8.6 设置给排水系统过滤器

设置给排水系统过滤器

【任务说明】

在 Revit 软件中打开"门诊楼项目机电模型中心文件"项目文件,根据门诊楼图纸,完成给排水系统过滤器的设置。

【任务目标】

① 学习使用"可见性/图形替换"命令设置系统过滤器;
② 学习使用"图案填充"命令为机电各专业系统设置填充颜色;
③ 学习使用"过滤器"命令在视图窗口中设置图元的可见性;
④ 学习使用"视图样板"命令为不同的视图窗口设置过滤器显示。

【任务分析】

视图过滤器是基于一组选定图元或基于类别和参数值创建的。将这些过滤器应用到视图中,以更改图元的可见性或图形显示。当我们需要给每个给排水系统设置不同颜色、填充图案和透明度等投影显示,单独查看和编辑给排水系统中的某个或某几个系统时,就可以利用视图过滤器来设置各个系统的可见性。本项目的给排水专业系统众多,需要通过过滤器来设置各个系统的可见性。

【任务实施】

步骤1 选择"视图"选项卡→"图形"面板→"视图样板"(见图3.8.23)→"管理视图样板"(见图3.8.24)。

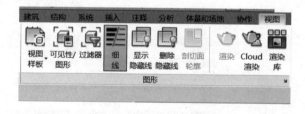

图 3.8.23

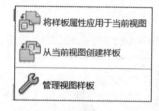

图 3.8.24

步骤2 在弹出的"视图样板"对话框中选择"给排水平面",如图3.8.25所示。
步骤3 在"视图属性"选项组中单击"V/G 替换过滤器"右侧的"编辑"按钮,如图3.8.25所示。
步骤4 在弹出的"给排水平面的可见性/图形替换"对话框中单击"编辑/新建"按钮(见图3.8.26),弹出"过滤器"对话框,然后进行如下操作:

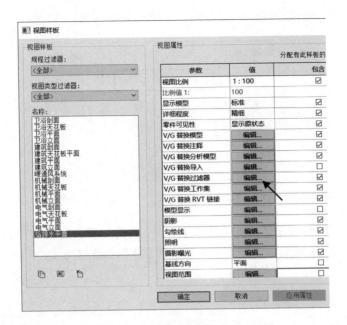

图 3.8.25

① 在"过滤器"对话框中单击左下角的"新建"图标,如图 3.8.27 所示,弹出"过滤器名称"对话框;

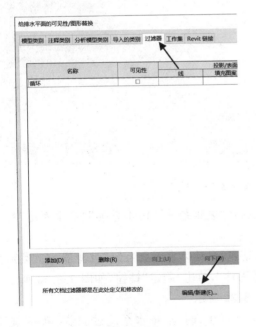

图 3.8.26

图 3.8.27

② 在"名称"文本框中输入"生活给水系统",如图3.8.28所示;

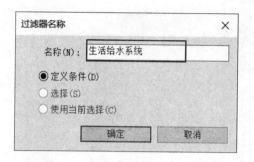

图 3.8.28

③ 选择"生活给水系统",在类别位置选中"管道""管件""管道附件"复选框,设置"过滤条件"为"系统类型""等于""生活给水系统",如图3.8.29所示。

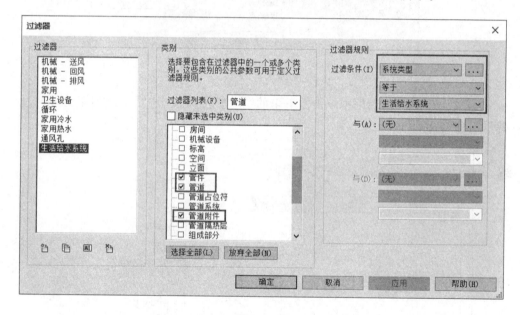

图 3.8.29

步骤5 按照步骤4的操作方法,新建"废水系统""污水系统""雨水系统""消火栓系统"过滤器,如图3.8.30所示。

步骤6 按照步骤4的操作方法,新建"自动喷水灭火系统"过滤器,在"类别"选项组中选中"喷头""管件""管道""管道附件",单击"确定"按钮,如图3.8.31所示。

步骤7 单击"添加"按钮,如图3.8.32所示。

步骤8 在弹出的"添加过滤器"对话框中选择给排水系统过滤器,单击"确定"按钮,如图3.8.33所示。

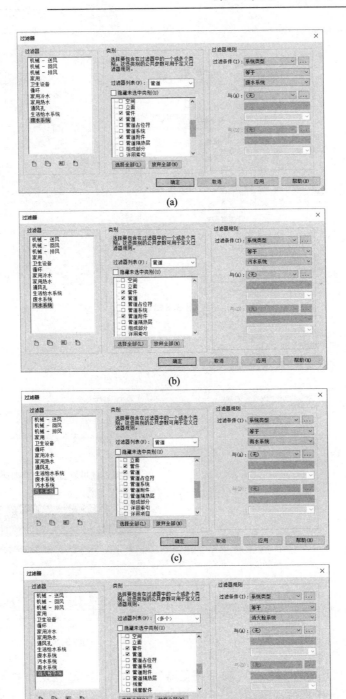

图 3.8.30

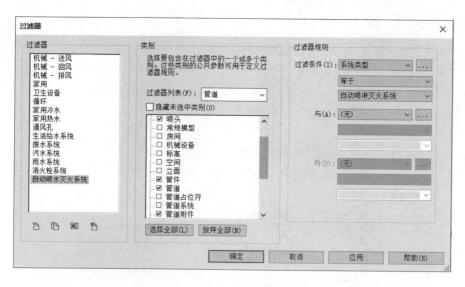

图 3.8.31

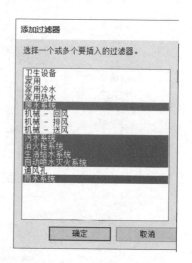

图 3.8.32　　　　　　　　　图 3.8.33

步骤 9　应用视图样板：在"项目浏览器"对话框中选择"一层给排水平面图"等其他需要应用该样板的视图，右击，在弹出的快捷菜单中选择"应用样板属性"。

步骤 10　删除"循环"过滤器，仅设置"自动喷水灭火系统"可见，最终结果如图 3.8.34 所示。单击"确定"按钮，完成视图样板过滤器的设置。

第3单元　给排水专业建模

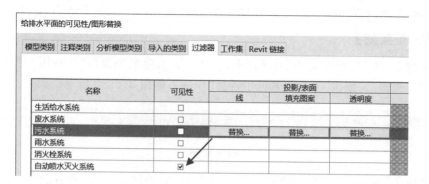

图 3.8.34

【步骤总结】

上述 Revit 软件设置给排水过滤器的步骤主要分为四步：第一步，打开给排水视图样板；第二步，添加给排水系统过滤器（包括过滤器新建、过滤类别和过滤条件的设置等）；第三步，将过滤器添加到视图样板中；第四步，应用到给排水楼层平面。

【业务扩展】

在绘制给水系统和排水系统模型时，已经在"属性"对话框中设置好了对应的管道系统类型，因此，设置过滤器时可以直接使用系统类型的过滤条件，快速过滤出对应的管道系统。在选择过滤器过滤条件时，除了可以通过系统类型过滤之外，还可以使用类型名称、系统分类等进行过滤。另外，过滤条件的选择取决于过滤类别的选择，过滤类别选择的项越多，过滤条件可选的项就越少。

3.8.7　绘制自动喷水灭火系统管道

【任务说明】

在 Revit 软件中打开"门诊楼项目机电模型中心文件"项目文件，根据自动喷水灭火系统图纸，完成自动喷水灭火系统管道模型的创建。

绘制自动喷水
系统模型

【任务目标】

学习使用"管道"命令绘制自动喷水灭火系统管道模型。

【任务分析】

根据"水施-07～水施-09 自动喷水灭火系统平面图"和"水施-12 排水系统、自动喷水灭火系统原理图"可知，本项目的自动喷水灭火系统埋地管标高为 −1 200 mm，立

· 181 ·

管顶标高为 20 400 mm；一层主干管标高为 4 500 mm。

【任务实施】

步骤 1 在"项目浏览器"对话框中选择"一层给排水平面图"。在用户界面下方状态栏右侧的"工作集"下拉列表框中选择"喷淋"，如图 3.8.35 所示。

图 3.8.35

步骤 2 链接"一层自动喷水灭火系统平面图（处理后）"，并对齐、锁定。（参考 3.3.4 小节的相关内容）。

步骤 3 埋地管及立管：埋地管标高为 -1 200 mm，立管顶标高为 20 400 mm，具体操作如下：

① 输入快捷键 PI，设置"管道类型"为"埋地自动喷水灭火系统管道（球墨给水铸铁管）"。

② 设置系统类型"自动喷水灭火系统"。

③ 在状态栏中设置"偏移量"为"-1200.0 mm"，"管径"为"150.0 mm"。

④ 依次单击端点 1、端点 3、端点 4，绘制埋地干管，如图 3.8.36 所示。

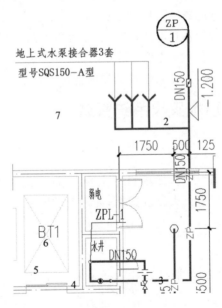

图 3.8.36

⑤ 在状态栏中设置"偏移量"为"3000.0 mm"，单击端点 5、端点 6，如图 3.8.36 所示。

⑥ 在状态栏中设置"偏移量"为"20400.0 mm"，双击"应用"按钮。

⑦ 在状态栏中设置"偏移量"为"－1200.0 mm",单击端点 2、端点 7;按 Esc 键退出管道绘制。结果如图 3.8.37 和图 3.8.38 所示。

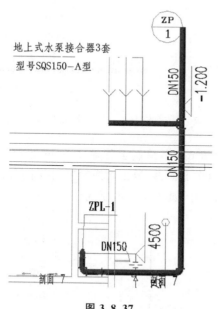

图 3.8.37

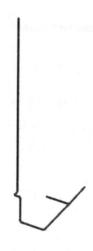

图 3.8.38

步骤 4 1F 主干管标高为 4 500 mm(管径大于 50 mm),注意绘制过程中的管径变化;喷水管道具有管径变化多、支管多的特点,在管道绘制过程中要注意预留三通、四通等管件的安装空间,具体操作如下:

① 输入快捷键 PI,设置"管道类型"为"自动喷水灭火管道(热浸镀锌钢管)"。

② 设置"系统类型"为"自动喷水灭火系统"。

③ 在状态栏中设置"偏移量"为"4500.0 mm","管径"为"150.0 mm";单击 ZPL－1 立管中心(端点 6),按图示箭头方向绘制管道,如图 3.8.39 所示。

图 3.8.39

④ 绘制端点 8 时,管径发生变化,单击端点 8,预留三通空间,光标右移,如图 3.8.40 所示,输入"300",按 Enter 键。

⑤ 在状态栏中设置"管径"为"100.0 mm",继续绘制,如图 3.8.41 所示。

⑥ 绘制至管径 50 mm 变径处时,光标右移,输入"300",按 Enter 键。

⑦ 在状态栏中设置"管径"为"50.0 mm",绘制至管径 32 mm 变径处时光标右移,输入"300",按 Enter 键。

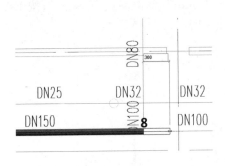
图 3.8.40

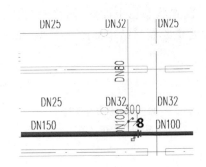
图 3.8.41

⑧ 在状态栏中设置"管径"为"32.0 mm",绘制至管径 25 mm 变径处;修改"管径"为"25.0 mm",绘制末端管道,按两次 Esc 键,退出管道绘制,如图 3.8.42 所示。

⑨ 绘制其他管径大于 50 mm 的管道,如图 3.8.43 所示。

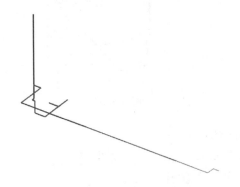
图 3.8.42

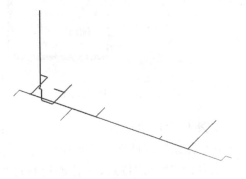
图 3.8.43

步骤 5 绘制各区域喷水支管。图 3.8.44 所示为活动室和团体治疗室支管。

3.8.8 绘制喷头

【任务说明】

在 Revit 软件中打开"门诊楼项目机电模型中心文件"项目文件,根据自动喷水灭火系统图纸,完成自动喷水灭火系统喷头模型的创建。

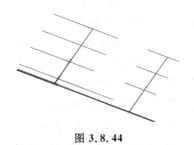
图 3.8.44

【任务目标】

① 学习使用"喷头"命令绘制喷头;
② 学习使用"连接到"命令连接喷头与喷水支管。

【任务分析】

喷头选型：根据"水施-11 给水系统、消火栓系统原理图"查看喷头的选型，本项目吊顶区域采用吊顶型快速响应玻璃球喷头，温级为 60 ℃，如图 3.8.45 所示。

> 4.3 系统组件：自动喷水灭火系统的组成包括报警阀组、末端试水装置、闭式喷头、水流指示器、压力开关等。
>
> 喷头选型：吊顶区域，采用吊顶型快速响应玻璃球喷头，温级为68℃，喷头流量系数 K=80；

图 3.8.45

安装高度：根据"水施-07 一层自动喷水灭火系统"查看喷头的安装高度，图中显示安装高度为 3 500 mm。若是施工图中未标明喷头安装高度，可查看建筑吊顶高度（吊顶型喷头安装高度和吊顶高度一致）。

【任务实施】

步骤 1 布置喷头：以活动室和团体治疗室为例，具体操作如下：

① 选择"系统"选项卡→"卫浴和管道"面板→"喷头" ，如图 3.8.46 所示；

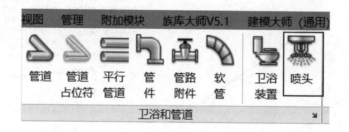

图 3.8.46

② 在"属性"对话框中单击下三角按钮，族分类设置为"喷头-ZST 型-闭式-普通-下垂型"，类型设置为"ZSTYP-20-68℃"，如图 3.8.47 所示；"偏移量"设置为"3500.0 mm"；

③ 在喷头外单击放置喷头，全部放好之后，从左向右选中，输入"BX"查看三维视图，如图 3.8.48 所示。

步骤 2 连接喷头和支管：以活动室和团体治疗室为例，具体操作如下：

① 选中喷头，选择"修改|喷头"选项卡→"布局"面板→"连接到" ，如图 3.8.49 所示；

图 3.8.47

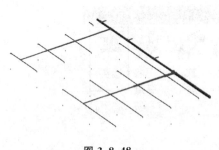

图 3.8.48

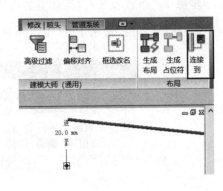

图 3.8.49

② 拾取喷水横支管,连接喷头与支管,如图 3.8.50 所示;

③ 按照上述操作方法连接所有已经布置的喷头与喷水支管。

步骤3 复制喷水支管和喷头。如图 3.8.51 所示,团体治疗室和办公室喷头布置一致。

① 从左向右选中"团体治疗室"喷头和支管;

② 选择"修改"选项卡→"修改"面板→"复制"工具;

③ 若需要复制多个,则在状态栏中选中"多个"复选框

第 3 单元　给排水专业建模

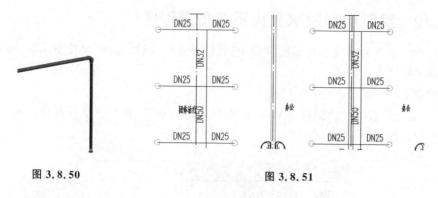

图 3.8.50　　　　　　　　　　　图 3.8.51

④ 单击复制起点；
⑤ 单击复制终点，按 Esc 键退出复制；
⑥ 对于不完全一样的位置可以手动进行修改，完成后如图 3.8.52 所示。

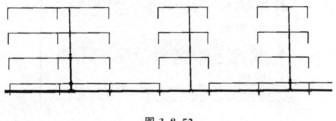

图 3.8.52

3.8.9　绘制水泵接合器

喷水水泵接合器的绘制方法同 3.7.8 小节。需要注意的是，喷水水泵接合器有三个，按照 CAD 施工图纸放置，若空间不够，则可按照 800 mm 间距放置，结果如图 3.5.53 和图 3.5.54 所示。

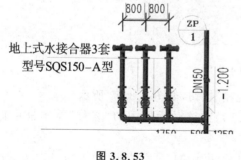

图 3.8.53

图 3.8.54

3.8.10 绘制自动喷水灭火系统管道附件

自动喷水灭火系统的管道附件有蝶阀、信号蝶阀、减压孔板、水流指示器、湿式报警阀和末端试水装置等。

步骤1 绘制埋地管上的蝶阀。

① 输入管道附件快捷键 PA,选择"蝶阀-100 mm",由于管径不符合要求,需要修改类型属性,如图 3.8.55 所示。

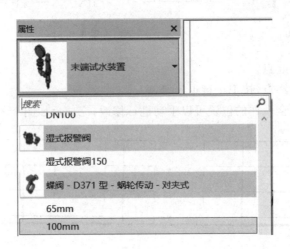

图 3.8.55

② 单击"编辑类型",如图 3.8.56 所示。

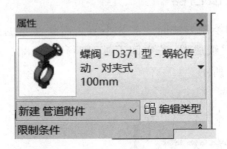

图 3.8.56

③ 弹出"类型属性"对话框,单击"复制"按钮,如图 3.8.57 所示。

④ 弹出"名称"对话框(见图 3.8.58),在该对话框中的"名称"文本框中输入"150mm",如图 3.8.59 所示。

⑤ 在"类型属性"对话框中,将"尺寸标注"中的"公称直径"设置为"150.0 mm",如图 3.8.60 所示,单击"确定"按钮。

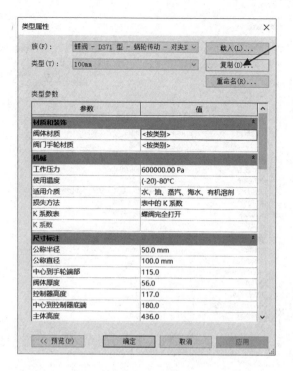

图 3.8.57

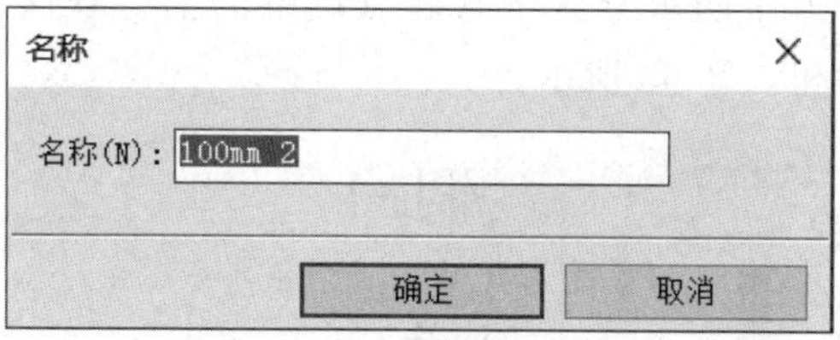

图 3.8.58

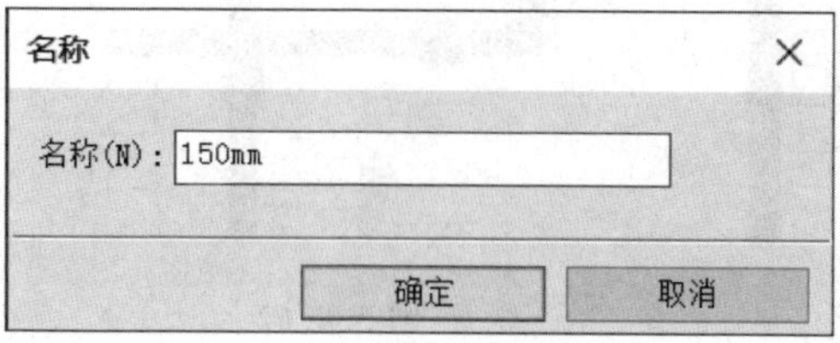

图 3.8.59

⑥ 将"蝶阀"移至管道对应的位置上,管道中心线变成蓝色,单击管段的中心线,将附件连接到管段,如图 3.8.61 所示。

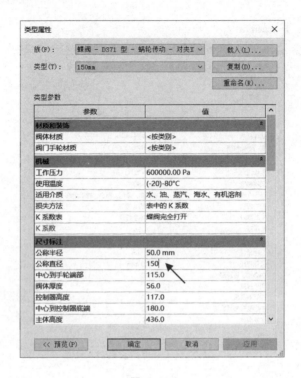

图 3.8.60

步骤 2 绘制每一个防火分区干管起点位置的信号蝶阀、减压孔板、水流指示器,分别如图 3.8.62 和 3.8.63 所示。

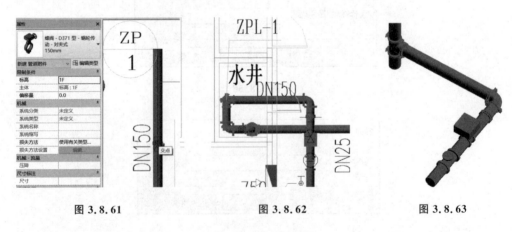

图 3.8.61　　　　　　　　图 3.8.62　　　　　　　　图 3.8.63

步骤 3 绘制湿式报警阀,湿式报警阀一般安装在立管上,如图 3.8.64 所示。具体操作如下:

① 从左往右选中井中的立管,如图 3.8.65 所示。

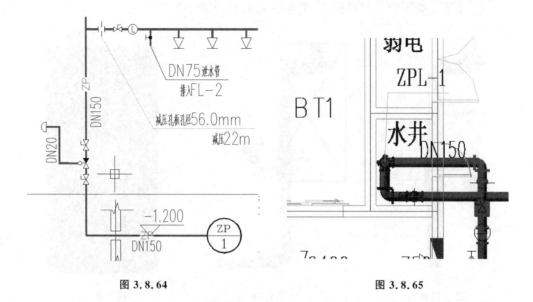

图3.8.64　　　　　　　　　　　　图3.8.65

② 输入快捷键BX,显示三维视图,如图3.8.66所示。

③ 输入快捷键PA,选择"湿式报警阀",放置在如图3.8.67所示的管道上,当管道中心线变蓝色后单击。

④ 如图3.8.68所示,报警阀的上下安装方向不对,选中报警阀,将"偏移量"设置为"1000.0 mm"。

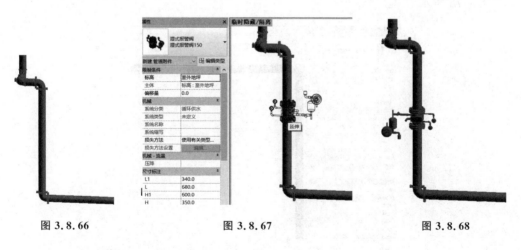

图3.8.66　　　　　　图3.8.67　　　　　　图3.8.68

⑤ 选中报警阀,单击上下翻转箭头可调整上下方向;单击旋转按钮,可水平旋转安装角度,避免报警阀和墙碰撞,如图3.8.69所示。

⑥ 调整结果如图3.8.70所示。

⑦ 安装立管上的信号蝶阀,结果如图 3.8.71 所示。

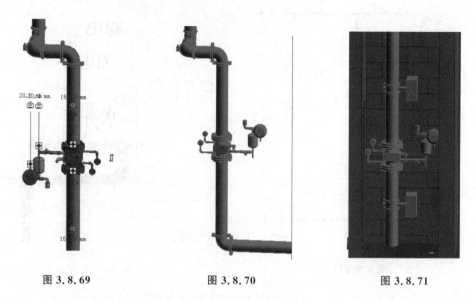

图 3.8.69　　　　　　图 3.8.70　　　　　　图 3.8.71

步骤 4　绘制末端试水装置,具体操作如下:

① 输入快捷键 PA,选择"末端试水装置",将"偏移量"设置为"3500.0",如图 3.8.72 所示。

② 将末端试水装置移至图例处,单击。不要接触喷水管,以免错误连接,如图 3.8.72 所示。

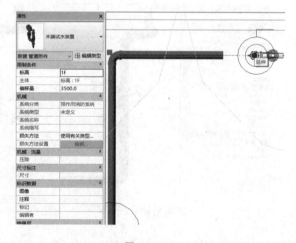

图 3.8.72

③ 选择末端试水装置,单击"连接到"图标(见图 3.8.73),完成连接,如图 3.8.74 所示。

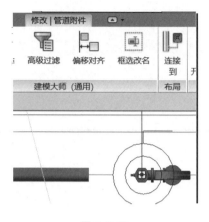

图 3.8.73　　　　　　　　图 3.8.74

【步骤总结】

利用 Revit 软件绘制自动喷水灭火系统模型的步骤主要分为八步：第一步，处理自动喷水灭火系统平面图图纸 CAD 图纸；第二步，设置自动喷水灭火系统管道类型；第三步，设置自动喷水灭火系统类型；第四步，设置给排水系统过滤器；第五步，绘制自动喷水灭火系统管道；第六步，绘制喷头；第七步，绘制水泵接合器；第八步，绘制自动喷水灭火系统管道附件。

【业务扩展】

在消防自动喷水灭火系统中，通常根据系统所使用的喷头形式的不同，分为闭式自动喷水灭火系统和开式自动喷水灭火系统两大类。

闭式自动喷水灭火系统包括湿式自动喷水灭火系统、干式自动喷水灭火系统、干湿交替式自动喷水灭火系统、预作用自动喷水灭火系统、重复启闭预作用自动喷水灭火系统。闭式自动喷水灭火系统采用团式喷头，它是一种常团喷头，喷头的感温、团锁装置只有在预定的温度环境下，才会脱落开启喷头。因此，在发生火灾时，闭式自动喷水灭火系统只有处于火焰之中临近火源的喷头才会开启灭火。

开式自动喷水灭火系统包括雨淋灭火系统、水幕灭火系统、水喷雾灭火系统。开式自动喷水灭火系统采用的是开式喷头，开式喷头不带感温、闭锁装置，处于常开状态。发生火灾时，火灾所处的系统保护区城内的所有开式喷头一起出水灭火。

第 4 单元

暖通专业建模

【职业能力目标】

(1) 掌握 Revit 软件暖通专业基础操作
① 设置风管管道类型和系统类型；
② 绘制风管管段和管件；
③ 绘制风道末端风口和烟口；
④ 绘制合适的风机、静压箱等机械设备；
⑤ 添加风管附件。

(2) 能够绘制建筑暖通专业模型
① 读懂暖通风系统和空调水系统图纸；
② 绘制通风排烟系统模型；
③ 绘制空调风系统模型；
④ 绘制空调水系统模型。

4.1 暖通专业基础

4.1.1 暖通专业的作用

暖通包括通风、空气调节和采暖三个方面。

(1) 通风系统

建筑通风是指建筑物内部与外部的空气交换、混合的过程与现象（以下简称"通风"）。通风过程将建筑内不符合要求（如卫生标准、温度、湿度等）的空气排出至室外，把新鲜的空气或净化符合要求的空气送入室内，提供适合生活和生产的空气环境,保证环境空间有良好的空气品质。通风时,从室内排出不符合要求的空气属于送风,向室内补充新鲜或符合要求的空气称为排风。

为了实现排风和送风所采用的设备、装置总称为通风系统。一般建筑物的通风系统可分为排风系统、送风系统、防排烟通风系统、事故通风系统、厨房含油烟气的通风净化处理系统等。

(2) 空气调节系统

空气调节是指对室内环境的空气参数进行控制从而创造一个满足人体舒适性要求或满足生产工艺要求的内环境。所控制的参数包括空气的温度、湿度、速度以及洁净度、压力、成分、气味及噪声等。

空气调节的基本手段是将室内空气送到空气处理设备中进行冷却、加热、除湿、加湿、净化等处理,然后再送回室内,以达到消除室内余热、余湿、有害物或为室内加热、加湿的目的;通过向室内送入一定量处理过的室外空气的办法来保证室内空气的新鲜度。

(3) 采暖系统

建筑采暖(也可称为供暖、供热)是指用人工方法向室内供给热量,以便在冬季创造舒适的生活或工作环境。向室内提供热量的工程设备称为采暖系统。

供暖系统的工作原理:热媒在热源中被加热,吸收热量后由供热管道送至室内,通过散热设备放出热量,使室内温度升高,而热媒经回收管道返回热源重新被加热,如此往复循环,补充各种热量的消耗,使室内温度保持不变。

供暖系统一般由以下三个主要部分组成:

① 热源:产生热量的设备和装置,使燃料燃烧产生热能,将其交给热媒(热量的载体),加热成热水或蒸汽,包括各类加热设备,如锅炉房、热交换站、热电厂等。

② 供热管道:是指热源和散热设备之间的连接管道(管网),将热媒输送到各个散热设备,包括热媒的输送和回收管道。

③ 散热设备:将热量传至所需空间或将热媒的热量释放出来的设备,如散热器、地热盘管、暖风机和辐射板等。

4.1.2 通风系统的分类和组成

通风系统的分类和组成如图 4.1.1 所示。

(1) 自然通风和机械通风

通风可依其工作动力来源划分为自然通风与机械通风。其中,自然通风是依靠建筑物内外的气压差异或温度差异所造成的空气流动;机械通风又称为强制通风,是利用通风机械所产生的动力来促使室内外的空气交换和流动。

在自然通风中,其设备装置比较简单,只需用进、排风窗及附属的开关装置,如图 4.1.2 所示。

机械通风系统主要由风机动力系统、空气处理系统(对空气的过滤、吸附、除尘、加

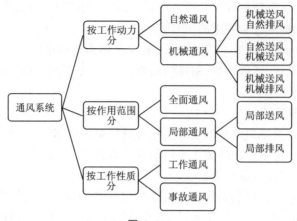

图 4.1.1

热等)、空气输送及排放风道系统、各种控制的阀类、风口、风帽等组成,如图 4.1.3～图 4.1.7 所示。

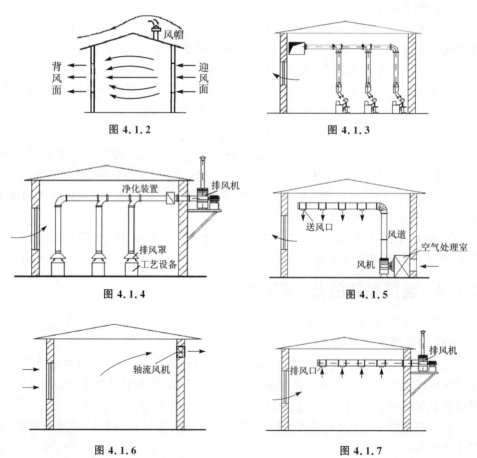

(2) 全面通风和局部通风

按照通风的作用范围,通风可分为局部通风和全面通风。

局部通风系统可分为局部送风和局部排风两种形式,如图 4.1.3 和图 4.1.4 所示。局部送风是将符合要求的空气输送、分配给局部工作区,适用于产生有毒有害物质的厂房。在面积大、工作人员较少、工作地点固定、生产过程中有污染物的车间,全面通风方法是不经济的。采用局部送风只需向工作区输送所需的新鲜空气,给工作人员创造适宜的工作环境条件即可。

全面通风系统是对整个室内空间进行空气的置换,即用新鲜空气稀释室内全部的污染物质浓度,使有害物浓度降低至允许浓度以下,把污浊空气排出至室外,故也称为稀释通风,如图 4.1.5～图 4.1.7 所示。

(3) 工作通风和事故通风

工作通风是指室内环境的通风换气过程是持续的,只要室内环境处于使用状态(工作或生活),通风就要持续进行,如教室的自然通风、商场春秋两季的通风系统,均为工作通风。

事故通风是指由于操作事故或设备故障而突然产生大量有害气体或有燃烧、爆炸危险的气体,为防止对人员造成伤害和防止进一步扩大事故,所设置的临时的排风系统。如地下停车场的排烟系统,只有在停车场有火情且形成一定量的烟气后才会启动,属于事故通风。

4.1.3 空调系统的分类和组成

1. 常见的空调系统

常见的空调系统有水冷冷水空调机组、风冷冷水空调机组、多联机式空调机组等。

① 水冷冷水空调机组通过放在室内的主机对水冷却,冷水送到空调末端产生冷风对房间制冷,制热时使用锅炉对水加热。通过对水的冷热处理输送到末端,有一定的冷量损失,只能实现单冷,制热还需另外配置锅炉等加热装置,如图 4.1.8 所示。

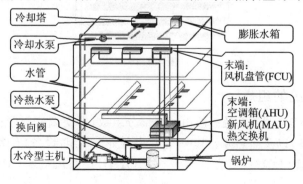

图 4.1.8

② 风冷冷水空调机组通过放在室外主机产生空调冷/热水,由管路系统输送至室内的各末端装置产生冷/热风。它是一种集中处理各房间负荷的空调系统型式,不过也是对水进行冷热处理,故换热效率低,如图 4.1.9 所示。

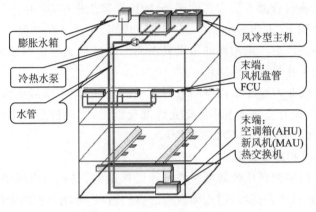

图 4.1.9

③ 多联机式空调机组是通过室外机对冷媒进行冷却,冷媒经铜管通至室内机,与空气换热对房间制冷/制热,如图 4.1.10 所示。多联机式空调机组俗称"一拖多",指的是一台室外机通过配管连接两台或两台以上室内机。多联机系统目前在中小型建筑和部分公共建筑中得到日益广泛的应用,其具有以下特点:系统简单(只需用冷媒铜管连接室内外机);冷媒与空气直接换热,故换热效率高;可对各个房间单独控制。

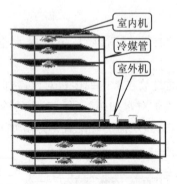

图 4.1.10

2. 空调系统的组成

一个完整的空气调节系统一般由四个部分组成,即空调房间、空气输送管道、空气处理机组(设备)以及冷热源。其中,常见空气处理机组(设备)有多联式空调机组、冷却塔、风机盘管(FCU)、组合式空调机组(AHU)、新风机组(MAU)、新风交换机等。

(1) 多联式空调机组

多联式空调机组主要由室内机和室外机组成,如图 4.1.11 所示。室内机(见图 4.1.12)是多联式空调机组的室内组件,它通过循环室内空气与室外机(见图 4.1.13)接入室内的热交换器进行热交换来达到制冷或制热的效果(注意:管道内的介质是氟利昂)。

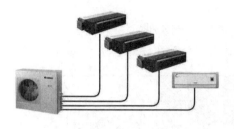

图 4.1.11

图 4.1.12

(2) 冷却塔

冷却塔通过热水在塔内喷水,与周围空气进行热交换(包括显热交换和水蒸发引进的潜热交换),使水的温度降低,如图 4.1.14 所示。

(3) 风机盘管(FCU)

风机盘管是中央空调系统使用最广的末端设备,风机盘管的全称为中央空调风机盘管机组。冷凝管(凝水管)的作用:使中央空调主机上面的冷水在里面流通。接水盘(凝水盘)的作用:接从冷凝管旁边蒸发出来的水分,再经排水管流走,如图 4.1.15 和图 4.1.16 所示。

图 4.1.13

图 4.1.14

图 4.1.15

图 4.1.16

(4) 组合式空调机组(AHU)

组合式空调机组是由各种空气处理功能段组装而成的一种空气处理设备,其抽取室内空气(return air)和部分新风以控制出风温度和风量来维持室内温度,如图 4.1.17 和图 4.1.18 所示。

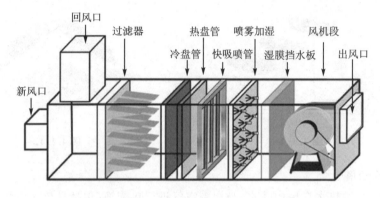

图 4.1.17

图 4.1.18

(5) 新风机组(MAU)

MAU 是提供新鲜空气的一种空气调节设备。其功能:按使用环境的要求可达到恒温恒湿或者单纯提供新鲜空气;工作原理:在室外抽取新鲜空气经过除尘、除湿(或加湿)、降温(或升温)等处理后通过风机送到室内,在进入室内空间时替换室内的原有空气。

(6) 新风交换机

新风交换机是一种含有全热交换芯体的新风、排风换气设备,一方面把室内污浊的空气排出室外,另一方面把室外新鲜的空气经过杀菌、消毒、过滤等措施后,再输入到室内。在空气交换的过程中,采用先进的热交换技术,从而实现能量回收的功能,减少室内的能量损耗,使房间里每时每刻都是新鲜干净的空气。

4.1.4 暖通专业图纸识读

门诊楼项目图纸中涉及通风专业的图纸共有8张，表4.1.1所列为暖施-02中的图纸目录表。

(1) 暖施-01

阅读"暖施-01暖通设计施工总说明"，分析本项目所包含的暖通专业设计范围。

暖通专业图纸识读

根据暖施-01中的"三、设计范围"可知，本项目暖通系统由多联式空调系统、通风系统和防排烟系统三部分组成。

表 4.1.1

图 号	图纸名称	图纸线路
01	暖通设计施工总说明	A1+1/4
02	材料表、图例、图纸目录	A1+1/4
03	一层多联式空调系统平面图	A1+1/2
04	二～五层多联式空调系统平面图	A1+1/2
05	屋顶空调机组平面图	A1+1/2
06	一层多联式空调风系统平面图	A1+1/2
07	二～五层多联式空调风系统平面图	A1+1/2
08	多联式空调系统原理图	A2

根据暖施-01中的"六、通风系统"可知，本项目通风系统包括自然通风和机械通风两类，其中自然通风利用建筑结构实现，不需要绘制机电模型。

根据暖施-01中的"七、防烟、排烟系统"可知，本项目均采用自然通风和自然排烟来实现。

(2) 暖施-02

关注通风、防排烟系统主要设备材料表中的通风机，空调室内机、室外机外形尺寸，以及设备风量参数信息，可得专用门诊病房楼项目的屋顶有室外机8台，每层有新风机组1台，每个房间有室内机1台，无法与室外连通的卫生间设有吊顶通风器，与室外相通的卫生间外墙上设有轴流风机，如图4.1.19所示。

(3) 暖施-03、暖施-04和暖施-05

① 关注每层空调平面图中空调设备类型、型号规格及安装位置；
② 关注冷媒管的尺寸及路径；
③ 关注冷凝管的尺寸及路径。

(4) 暖施-06和暖施-07

① 关注风管系统类型、尺寸、高程、对齐方式和路径；
② 关注每层风口类型、规格尺寸及安装位置；

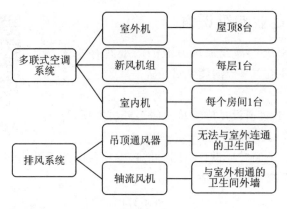

图 4.1.19

③ 关注通风机的类型、规格及安装位置；
④ 关注新风系统冷媒管的尺寸及路径。

4.2 Revit 暖通专业基础操作

4.2.1 HVAC 功能面板介绍

暖通专业的命令主要集中在"系统"选项卡上的 HAVC 和"机械"面板上，如图 4.2.1 所示。

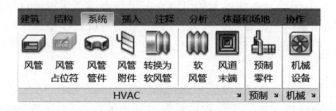

图 4.2.1

4.2.2 风管选项栏设置

选择"风管"工具后，在选项栏中对风管的以下属性进行设置，如图 4.2.2 所示。

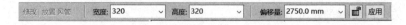

图 4.2.2

标高：(仅限三维视图、立面视图和剖面视图)指定风管的参照标高。
宽度：指定矩形或椭圆形风管的宽度。

第 4 单元　暖通专业建模

高度：指定矩形或椭圆形风管的高度。

直径：指定圆形风管段的直径。

偏移量：指定风管相对于当前标高的垂直高程。可以输入偏移量的值或从"偏移量"下拉列表框中选择相应的值。

🔓🔒：锁定/解锁管段的高程。锁定后，管段会始终保持原高程，不能连接处于不同高程的管段。

应用：应用当前选项栏的设置。当指定偏移量以在平面视图中绘制垂直管道时，单击"应用"按钮将在原始偏移高程和所应用的设置之间绘制垂直管道。

4.2.3　放置风管工具

选择"风管"或"风管占位符"工具后，"修改|放置风管"选项卡会提供下列用于放置风管的选项：

"对正"：打开"对正设置"对话框，用于指定风管的"水平对正"、"水平偏移"和"垂直对正"。如果"风管占位符"工具处于选中状态，则此选项不可用。

"自动连接"：在开始或结束风管管段时，可以自动连接构件上的捕捉。该选项对于连接不同高程的管段非常有用。但是，当沿着与另一条风管相同的路径以不同偏移量绘制风管时，请取消选中"自动连接"，以避免生成意外连接。

"继承高程"：继承捕捉到的图元的高程。

"继承大小"：继承捕捉到的图元的大小。

"添加垂直"：倾斜圆形风管使用当前的坡度值进行连接。

"更改坡度"：倾斜圆形风管忽略坡度值直接连接。

"在放置时进行标记"：在视图中放置风管管段时，将默认注释标记应用到风管管段。

4.3　暖通风系统前期准备工作

4.3.1　暖通风系统施工图详读

本项目暖通风系统施工图有两张，即"暖施-06 一层多联式空调风系统平面图"和"暖施-07 二～五层多联式空调风系统平面图"。

① 关注风管系统类型、尺寸和路径。

图 4.3.1 所示为一层多联式空调风系统平面图，可见新风系统，在公共卫生间和值班室卫生间设置有卫生间排风系统。二～五层多联式空调风系统平面图与一层的类似。

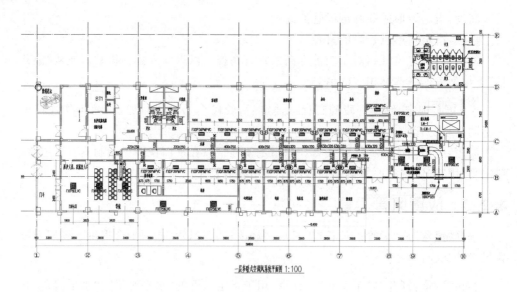

图 4.3.1

其中,一层新风系统风管形状为矩形,尺寸有 1 200×320、1 000×320、630×320、400×250、500×320、200×120、320×250 和 162×120,单位为 mm,如图 4.3.2～图 4.3.6 所示。

一层排风系统风管形状为圆形,直径为 150 mm。

② 关注风管的高程和对齐方式。

一层排风系统风管底部标高为 3.800 m,如图 4.3.7 所示。当风管尺寸发生变化时,采取底部对齐,保证风管底部标高一致,如图 4.3.8 所示。

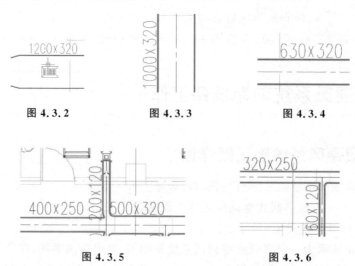

图 4.3.2　　　　图 4.3.3　　　　图 4.3.4

图 4.3.5　　　　　　　图 4.3.6

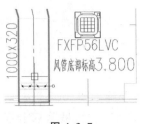

图 4.3.7

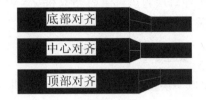

图 4.3.8

③ 关注通风系统的类型、规格及安装位置。

在卫生间区域设有轴流排风机排风系统和吊顶通风器排风系统,分别如图 4.3.9 和图 4.3.10 所示。

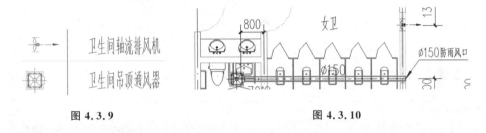

图 4.3.9　　　　　　　　　　　　图 4.3.10

④ 关注每层风口类型、规格及安装位置。

在一层多联式空调风系统平面图中,有圆形防雨风口、防雨百叶风口、散流器和多叶送风口四种类型,分别如图 4.3.11～图 4.3.14 所示。

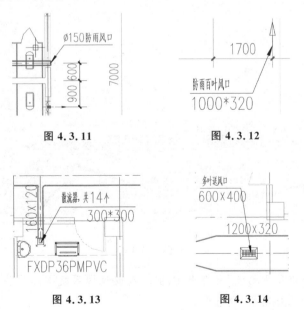

图 4.3.11　　　　　　　　　　　　图 4.3.12

图 4.3.13　　　　　　　　　　　　图 4.3.14

⑤ 关注每层新风机组的类型和安装位置。
⑥ 关注每层风机的安装位置。

4.3.2 链接 CAD 图纸

这里以一层暖通风系统平面图为例讲解暖通专业施工图纸的链接。

步骤1 在"项目浏览器"对话框中选择"楼层平面"→"机械",双击打开"一层暖通风系统平面图"。

步骤2 在用户界面下方的状态栏右侧的"工作集"下拉列表框中选择"暖通风",如图4.3.15所示。

| 单击可进行选择; 按 Tab 键并单击可选择其他项目; 按 Ctrl 键并单击可将亲 | 暖通风 | ∨ |

图 4.3.15

步骤3 选择"插入"选项卡→"链接"面板→"链接 CAD"。

步骤4 在弹出的"链接 CAD 格式"对话框中执行以下操作,如图4.3.16所示。

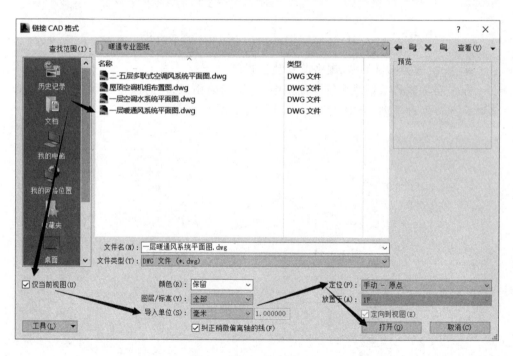

图 4.3.16

① 选择"暖通专业图纸"文件夹中的"一层暖通风系统平面图";
② 选中"仅当前视图"复选框;
③ 设置"导入单位"为"毫米";

④ 设置"定位"为"手动-原点";

⑤ 单击"打开"按钮。

步骤5 选择"修改"选项卡→"修改"面板→"对齐" (快捷键 AL),对齐 CAD 图纸轴网和 Revit 模型中的轴网。

步骤6 选择"一层给排水平面图",选择"修改"选项卡→"修改"面板→"锁定"。

步骤7 在"属性"对话框中设置"绘制图层"为"前景"。

4.3.3 风管尺寸设置

在 Revit 软件中,风管是可以在现场加工制作的,因此风管设计尺寸比较灵活。但是,为了便于标准化加工与安装,矩形风管有常用的边长规格。

步骤1 选择"管理"选项卡→"设置"面板→"MEP 设置"→"机械设置",如图 4.3.17 所示。

步骤2 在弹出的"机械设置"对话框中,选择"风管设置"下的"矩形"、"椭圆形"或"圆形",这里以"矩形"风管为例,如图 4.3.18 所示。

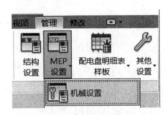

图 4.3.17

步骤3 单击"删除尺寸"按钮可以删除不需要的风管的尺寸。本项目风管的最大尺寸为 1 200 mm,故删除 1 200 mm 以上的尺寸。例如:选择"尺寸"中的"1250.00",单击"删除尺寸"按钮,如图 4.3.19 所示,然后单击"是"按钮,如图 4.3.20 所示。

图 4.3.18

图 4.3.19

图 4.3.20

步骤4 单击"新建尺寸"按钮,可添加项目需要但列表中没有的尺寸。根据 4.3.1 小节可知,本项目矩形风管的尺寸有 1 200×320、1 000×320、630×320、400×250、500×320、200×120、320×250、160×120,单位为 mm。需添加的尺寸为 1 200。单击"新建尺寸"按钮,在弹出的对话框中的"尺寸"文本框中输入 "1200",单击"确定"按钮,如图 4.3.21 所示。

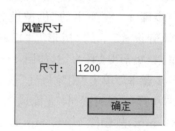

图 4.3.21

步骤5 最后结果如图 4.3.22 所示,单击"确定"按钮,退出尺寸设置。

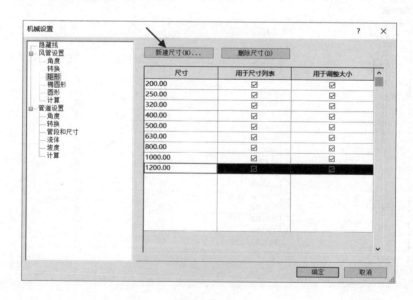

图 4.3.22

4.3.4 设置风管管道类型

【任务说明】

在 Revit 软件中打开"门诊楼项目机电模型中心文件"项目文件,根据门诊楼暖通图纸,完成风管类型的设置。

设置暖通风系统管道
类型和系统类型

【任务目标】

① 学习使用"编辑类型"中的"复制"命令创建风管类型;
② 学习使用"布管系统配置"命令设置风管管件配置。

【任务分析】

根据 4.3.1 小节可知本项目暖通系统有新风系统和排风系统两类。其中,新风系统为矩形风管,底部对齐;排风系统为圆形风管。

风管类型的设置主要是设置风管的布管系统配置,指定每个管件的连接方式。在 Revit 风管建模过程中,风管主管和支管首选连接方式有两种,分别为接头和 T 形三通,分别如图 4.3.23 和图 4.3.24 所示。因此,风管类型的命名方式为"风管系统类型-竖向对齐方式-首选连接类型"。

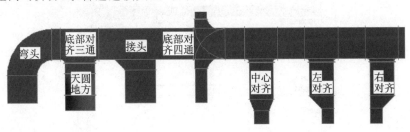

图 4.3.23

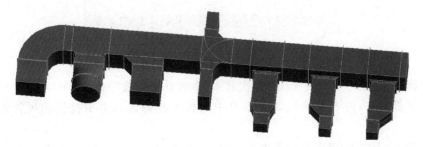

图 4.3.24

【任务实施】

(1) 设置"新风管-底部对齐-三通"风管类型

步骤1 在"项目浏览器"对话框中选择"族"→"风管"→"矩形风管"。

步骤2 右击"默认",在弹出的快捷菜单中选择"复制",右击生成的"默认2",在弹出的快捷菜单中选择"重命名",将其重命名为"新风管-底部对齐-三通",如图4.3.25所示。

步骤3 双击"新风管-底部对齐-三通",弹出"类型属性"对话框,如图4.3.26所示。

步骤4 单击"编辑"按钮,弹出"布管系统配置"对话框。

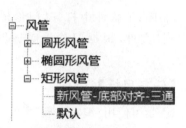

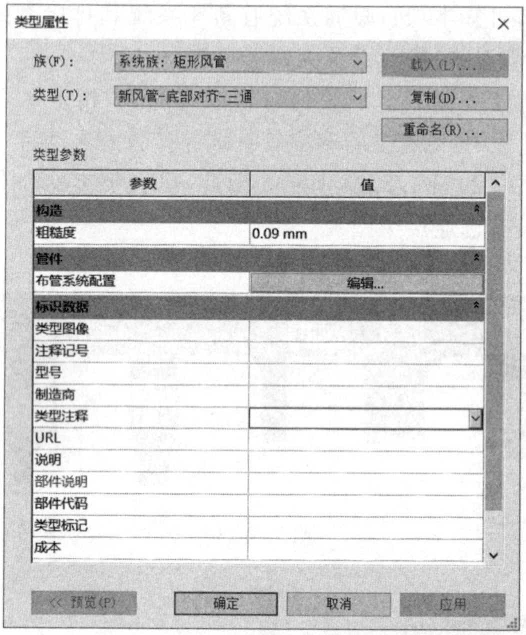

图4.3.25

图4.3.26

步骤5 单击"载入族"按钮,依次载入"布管系统配置"对话框中显示的管件,注意选择底部对齐;或者参考3.2.4小节中的相关步骤载入本书提供的风管管件族构件。

步骤6 依次设置各管件族类型,如图4.3.27所示。注意,首选连接方式为"T形三通"。

注意:由于部分风管管件族无法自动生成,因此在设置"布管系统配置"时,一定要按照图中所示选择对应的管件(可自动生成)。若自动生成的管件与CAD图纸不

第4单元 暖通专业建模

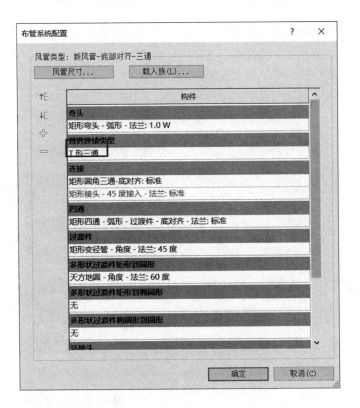

图 4.3.27

一致,可在生成后进行更改。

(2) 设置"新风管-底部对齐-接头"风管类型

步骤 1 在"项目浏览器"对话框中选择"族"→"风管"→"矩形风管"。

步骤 2 右击"新风管-底部对齐-三通",在弹出的快捷菜单中选择"复制",右击生成的"新风管-底部对齐-三通 2",在弹出的快捷菜单中选择"重命名",将其重命名为"新风管-底部对齐-接头",如图 4.3.28 所示。

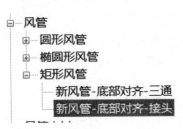

图 4.3.28

步骤 3 双击修改布管系统配置,弹出如图 4.3.29 所示的对话框,首选连接方式为"接头"。

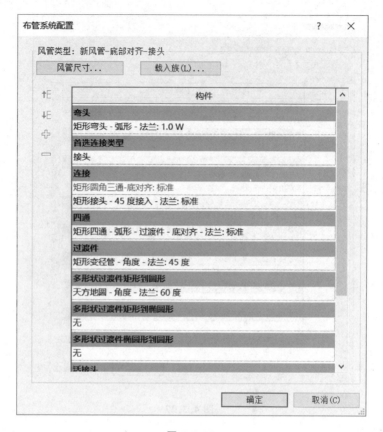

图 4.3.29

(3) 设置"排风管-中心对齐-三通"风管类型

步骤1 在"项目浏览器"对话框中选择"族"→"风管"→"圆形风管"。

步骤2 右击"默认",在弹出的快捷菜单中选择"复制",右击生成的"默认2",在弹出的快捷菜单中选择"重命名",将其重命名为"排风管-中心对齐-三通",如图4.3.30所示。

步骤3 双击修改布管系统配置,弹出如图4.3.31所示的对话框,首选连接方式为"T形三通"。

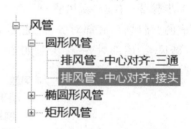

图 4.3.30

(4) 设置"排风管-中心对齐-接头"风管类型

步骤1 在"项目浏览器"对话框中选择"族"→"风管"→"圆形风管"。

步骤2 右击"排风管-中心对齐-三通",在弹出的快捷菜单中选择"复制",右击生成的"排风管-中心对齐-三通2",在弹出的快捷菜单中选择"重命名",将其重命名为"排风管-中心对齐-接头"。

第4单元 暖通专业建模

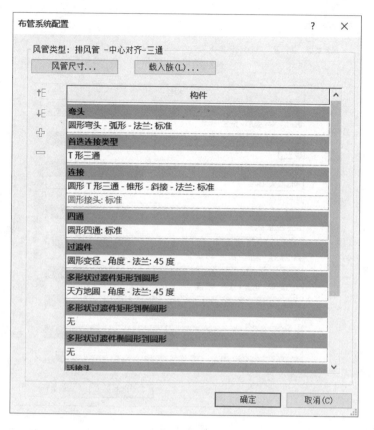

图 4.3.31

步骤3 双击修改布管系统配置,弹出如图 4.3.32 所示的对话框,首选连接方式为"接头"。

【步骤总结】

上述 Revit 软件绘制通风管材类型的步骤主要分为三步:第一步,判断风管形状;第二步,复制并新建风管类型;第三步,设置风管类型的布管系统配置。

【业务扩展】

风管制作与安装所用板材、型材以及其他主要成品材料,应符合设计及相关产品国家现行标准的规定,并应有出厂检验合格证明,材料进场时应按国家现行有关标准进行验收。

风管可按截面形状和材质分类。按截面形状,风管可分为圆形风管、矩形风管、椭圆形风管等。其中,圆形风管阻力最小,但高度最大,制作复杂,所以应用以矩形风管为主。

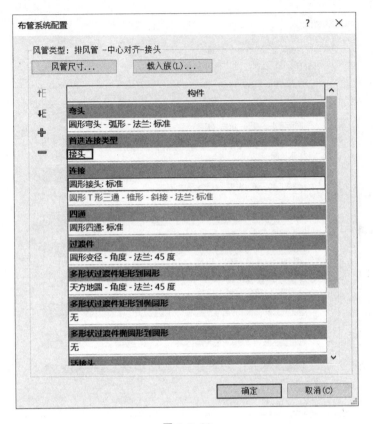

图 4.3.32

目前,常见的风管主要有 4 种:镀锌薄钢板风管、无机玻璃钢风管、复合玻纤板风管和纤维织物风管。

4.3.5　设置风管系统类型

【任务说明】

在 Revit 软件中打开"门诊楼项目机电模型中心文件"项目文件,根据门诊楼暖通图纸,完成风管系统类型的设置。

【任务目标】

学习设置风管系统类型。

【任务分析】

Revit 软件自带有 3 种系统分类:送风、回风和排风。在绘制系统类型时,需要选择对应的系统分类。根据 4.1.2 小节可知,本项目暖通系统有新风系统和排风系统两类,其中,新风系统属于送风系统分类,排风系统属于排风系统分类。

第4单元 暖通专业建模

【任务实施】

（1）绘制新风系统类型

步骤1 在"项目浏览器"对话框中选择"族"→"风管系统"→"风管系统"，如图4.3.33所示。

步骤2 右击"送风"，在弹出的快捷菜单中选择"复制"，右击生成的"送风2"，在弹出的快捷菜单中选择"重命名"，将其重命名为"新风系统"，如图4.3.34所示。

图 4.3.33　　　　　图 4.3.34

步骤3 双击"新风系统"，弹出"类型属性"对话框。

步骤4 单击"编辑"按钮，弹出"线图形"对话框，设置"颜色"为"绿色"，单击"确定"按钮，如图4.3.35所示。

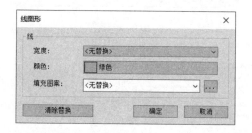

图 4.3.35

步骤5 返回"类型属性"对话框，单击"材质"右侧的选择栏，如图4.3.36所示。

步骤6 在弹出的"材质浏览器-新风系统"对话框中，设置新风系统的材质，图形颜色设置为"绿色"（材质设置的具体步骤参考3.3.2小节的相关内容），单击"确定"按钮，如图4.3.37所示。

步骤7 返回"类型属性"对话框，设置"缩写"为"XF"，如图4.3.36所示。

（2）绘制排风系统类型

步骤1 在"项目浏览器"对话框中选择"族"→"风管系统"→"风管系统"。

步骤2 右击"排风"，在弹出的快捷菜单中选择"复制"，右击生成的"排风2"，在弹出的快捷菜单中选择"重命名"，将其重命名为"排风系统"，如图4.3.38所示。

步骤3 双击"排风系统"，弹出"类型属性"对话框。

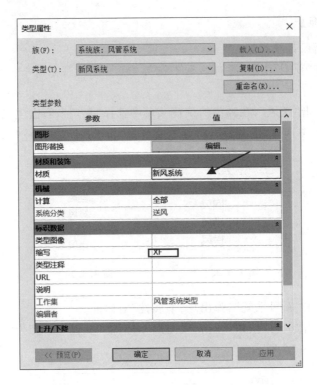

图 4.3.36

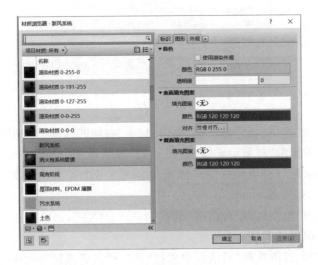

图 4.3.37

步骤 4 单击"编辑"按钮,弹出"线图形"对话框,设置"颜色"为"RGB 255－191－127",单击"确定"按钮,如图 4.3.39 所示。

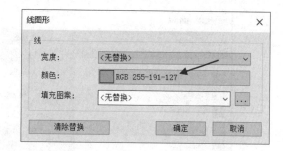

图 4.3.38　　　　　　　　　　　图 4.3.39

步骤 5　返回"类型属性"对话框,单击"材质"右侧的选择栏,如图 4.3.40 所示。

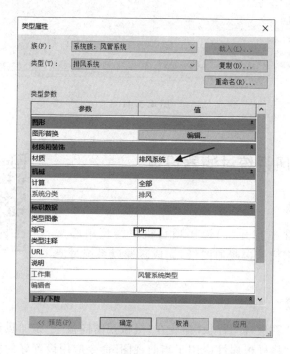

图 4.3.40

步骤 6　在弹出的"材质浏览器-排风系统"对话框中,设置排风系统的材质,图形颜色设置为"RGB 255 191 127"(材质设置的具体步骤参考 3.3.2 小节的相关内容),单击"确定"按钮,如图 4.3.41 所示。

步骤 7　返回"类型属性"对话框,设置"缩写"为"PF",如图 4.3.40 所示。

【步骤总结】

上述 Revit 软件绘制通风系统类型的步骤主要分为三步:第一步,根据对应系统分类复制出需要的系统类型;第二步,重命名系统类型;第三步,设置图形替换、材质

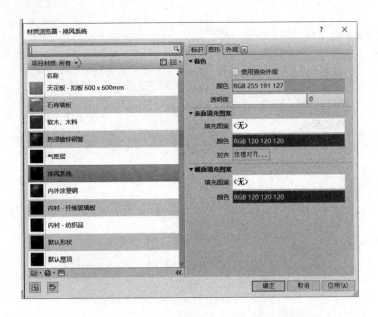

图 4.3.41

和缩写。

4.3.6 暖通风系统过滤器设置

【任务说明】

在 Revit 软件中打开"门诊楼项目机电模型中心文件"项目文件,根据门诊楼暖通图纸,完成暖通风系统过滤器的设置。

暖通风系统过滤器设置

【任务目标】

① 学习使用"管理视图样板"命令在"机械视图样板"中添加暖通风系统过滤器;
② 学习使用"将样板属性应用于当前视图"命令应用设置好的视图;
③ 学习使用"可见性/图形"命令设置当前视图过滤器的可见性。

【任务分析】

根据 4.3.1 小节可利用本项目暖通系统有新风系统和排风系统两类,通过过滤器可以实现机电各专业管线模型在不同视图下的显示状态。在 2.6.1 小节中利用"视图样板"功能新建了"暖通风系统样板",在本小节中新建暖通风系统过滤器时,可以直接打开此样板,在其中添加暖通风系统过滤器,最后将添加完成的暖通风系统过滤器的"暖通风系统样板"应用到平面视图中。

第4单元 暖通专业建模

【任务实施】

步骤1　选择"视图"选项卡→"图形"面板→"视图样板"→"管理视图样板",如图4.3.42和图4.3.43所示。

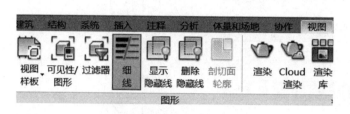

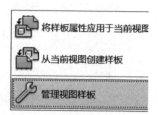

图4.3.42　　　　　　　　　　　　图4.3.43

步骤2　在"视图样板"对话框中选择"暖通风系统",如图4.3.44所示。

图4.3.44

步骤3　在"视图属性"中单击"V/G替换过滤器"右侧的"编辑"按钮,如图4.3.44所示。

步骤4　在"机械平面的可见性/图形替换"对话框中的"过滤器"选项卡中单击"编辑/新建"按钮,如图4.3.45所示。

步骤5　新建"新风系统"过滤器,具体操作如下:

① 在"过滤器"对话框中单击左下角"新建"图标新建"新风系统",如图4.3.46所示;

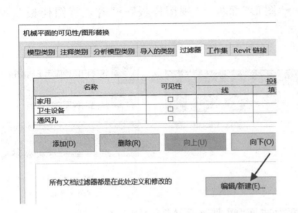
图 4.3.45

图 4.3.46

② 选择"新风系统",在"类别"中的列表框中选中"风管""风管内衬""风管占位符""风管管件""风管附件""风管隔热层""风道末端"复选框,如图 4.3.47 所示;

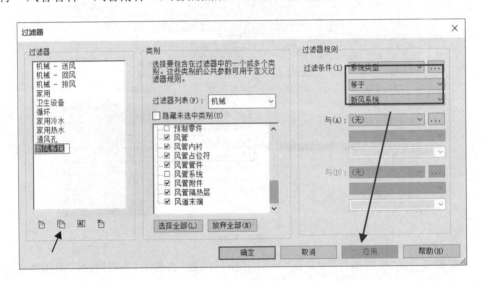
图 4.3.47

③ "过滤条件"选择"系统类型""等于""新风系统",如图 4.3.47 所示;
④ 单击"应用"按钮完成"新风系统"过滤器的添加。

步骤 6 添加"排风系统"过滤器,具体操作如下:
① 选中"新风系统",单击"复制"图标,如图 4.3.47 所示;
② "过滤条件"选择"系统类型""等于""排风系统",如图 4.3.48 所示;
③ 单击"应用"按钮完成"排风系统"过滤器的添加;

第4单元 暖通专业建模

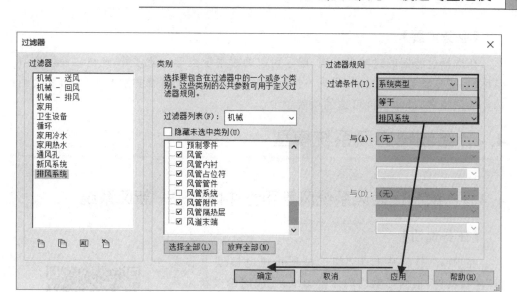

图 4.3.48

④ 单击"确定"按钮,退出"过滤器"对话框。

步骤 7 在"暖通风系统的可见性/图形替换"对话框中单击"添加"按钮,选中"新风系统"和"排风系统",并删除不需要的过滤器,如图 4.3.49 所示。

图 4.3.49

步骤 8 单击"确定"按钮,完成视图样板过滤器的设置。

步骤 9 应用视图样板:在"项目浏览器"对话框中选择"一层暖通"平面图等其他需要应用该样板的视图,右击,在弹出的快捷菜单中选择"应用样板属性"。

【步骤总结】

上述 Revit 软件设置暖通风系统过滤器的步骤主要分为三步:第一步,在"视图样板"中添加暖通风系统过滤器;第二步,在"暖通风系统的可见性/图形替换"对话框中添加和删除过滤器;第三步,将视图样板应用于暖通风平面图和三维视图中。按照本操作流程,读者可以完成本项目暖通风系统过滤器的设置。

【业务扩展】

在选择过滤器的过滤条件时,除了可以通过系统类型过滤之外,还可以使用类型名称、系统分类等进行过滤;另外,过滤条件的选择取决于过滤类别的选择,过滤类别选择的项越多,过滤条件可选的项就越少。

4.4 绘制暖通风系统模型

4.4.1 绘制暖通风系统风管和管件模型——新风系统

【任务说明】

在 Revit 软件中打开"门诊楼项目机电模型中心文件"项目文件,根据提供的门诊楼图纸,完成门诊楼新风系统风管和管件模型的绘制。

绘制暖通风系统风管和管件模型

【任务目标】

① 学习使用"风管"命令绘制新风系统风管模型;
② 学习使用"自动连接"命令连接新风系统主管与新风系统支管;
③ 修改管件类型。

【任务分析】

根据"暖施-06 一层空调风管平面图"可知,新风系统主管连接到室外,经过新风机组后将室外新鲜空气补充到室内,以满足室内要求。绘制风管模型时一般按照从大到小的顺序,也就是从新风入口处开始绘制,如图 4.4.1 所示。下面以一层暖通风系统为例来讲解新风系统模型的绘制方法。

【任务实施】

步骤1 视图设置,具体操作如下:

① 在"项目浏览器"对话框中选择"楼层平面"→"机械",双击"一层暖通风系统"平面图;

② 在用户界面下方的"状态栏"右侧的"工作集"下拉列表框中,选择工作集为"暖通"。

步骤2 风管命令和属性设置,具体操作如下:

① 选择"系统"选项卡→HVAC 面板→"风管"(快捷键 DT),如图 4.4.2 所示;
② 选择"修改|放置风管"选项卡→"放置工具"面板→"自动连接",如图 4.4.3 所示;

第4单元 暖通专业建模

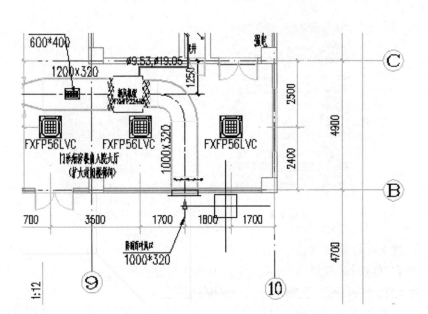

图 4.4.1

图 4.4.2

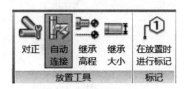

图 4.4.3

③ 在"修改|放置风管"选项栏中设置"宽度"为"1000","高度"为"320","偏移量"为"3800.0 mm";

④ 在"属性"对话框(见图 4.4.4)中进行如下设置:
- "风管类型"选择"矩形风管"→"新风管-底部对齐-三通";
- "垂直对正"选择"底";
- "系统类型"设置为"新风系统"。

步骤3 绘制新风系统主管,具体操作如下:

① 根据"暖施-06 一层空调风管平面图"风管走向绘制尺寸为 1 000×320 的风管,风管将根据管路布局自动添加在"布管系统配置"中预设好的风管管件,如图 4.4.5 和图 4.4.6 所示;

图 4.4.4

图 4.4.5

② 按 Esc 键断开管道绘制；
③ 在"修改|放置风管"选项栏中修改风管尺寸：

；

④ 根据图纸风管走向绘制尺寸为 1 200×320 的风管，如图 4.4.7 所示；

图 4.4.6

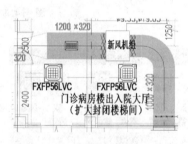

图 4.4.7

⑤ 在"修改|放置风管"选项栏中修改风管尺寸：

；

⑥ 根据图纸风管走向绘制尺寸为 630×320 的风管，如图 4.4.8 所示；

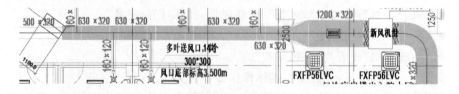

图 4.4.8

注意：在风管尺寸变化处有三通管件，需要预留足够空间，630×320 风管可以多画一段，如图 4.4.8 所示。

第 4 单元　暖通专业建模

⑦ 在"修改|放置风管"选项栏中修改风管尺寸：

修改|放置风管　宽度：500　高度：320　偏移量：3800.0 mm　；

⑧ 根据图纸风管走向绘制尺寸为 500×320 的风管，如图 4.4.9 所示；

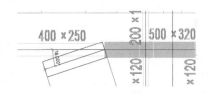

图 4.4.9

⑨ 在"修改|放置风管"选项栏中修改风管尺寸：

修改|放置风管　宽度：400　高度：250　偏移量：3800.0 mm　；

⑩ 根据图纸风管走向绘制尺寸为 400×250 的风管，如图 4.4.10 所示；

图 4.4.10

⑪ 在"修改|放置风管"选项栏中修改风管尺寸：

修改|放置风管　宽度：320　高度：250　偏移量：3800.0 mm　；

⑫ 根据图纸风管走向绘制尺寸为 320×250 的风管，如图 4.4.11 所示。按两次 Esc 键退出风管命令。

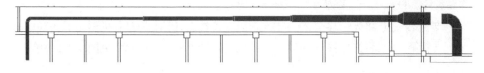

图 4.4.11

步骤 4　绘制新风系统三通接口的支管，具体操作如下：

① 视图平移至办公 1 位置，如图 4.4.12 所示；
② 输入风管快捷键 DT；
③ 在"属性"对话框中的设置与步骤 2 相同；
④ 在"修改|放置风管"选项栏中修改风管尺寸：

修改|放置风管　宽度：160　高度：120　偏移量：3800.0 mm　；

⑤ 支管第一点：将光标移至新风支管端点，识别端点后(见图 4.4.13)单击；

⑥ 支管第二点：将光标移至支管和新风管的交点，识别交点后（见图 4.4.14）单击，支管和主管完成连接，形成三通；

⑦ 选中支管左侧风管，在"修改|放置风管"选项栏中修改尺寸：

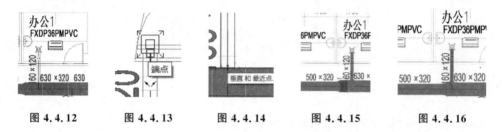

，修改前如图 4.4.15 所示，修改后如图 4.4.16 所示；

图 4.4.12　　图 4.4.13　　图 4.4.14　　图 4.4.15　　图 4.4.16

⑧ 按照以上步骤完成其他三通接口支管的绘制，如图 4.4.17 所示。

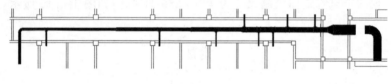

图 4.4.17

步骤 5　绘制新风系统四通接口的支管，具体操作如下：

① 将视图平移至团体治疗室和电针室位置，如图 4.4.18 所示；支管管件由 200×120 和 160×120 两种，优选绘制大尺寸。

② 输入风管快捷键 DT。

③ 在"属性"对话框中的设置与步骤 2 相同。

④ 在"修改|放置风管"选项栏中修改风管尺寸：

⑤ 支管第一点：将光标移至 200×120 新风支管端点，识别端点后（见图 4.4.19）单击。

⑥ 支管第二点：将光标移至 160×120 新风支管端点，识别交点后（见图 4.4.20）单击。

图 4.4.18　　　　图 4.4.19　　　　图 4.4.20

⑦ 支管和主管完成连接,形成四通。如图 4.4.21 所示,四通方向与新风方向不一致,按 Ctrl+Z 快捷键撤回,修改绘制方向。

⑧ 输入风管快捷键 DT。

⑨ 支管第一点:将光标移至 160×120 新风支管端点,识别端点后(见图 4.4.20)单击。

⑩ 支管第二点:将光标移至 200×120 新风支管端点,识别交点后(见图 4.4.19)单击;完成支管和主管的连接,生成四通,如图 4.4.22 所示。

图 4.4.21

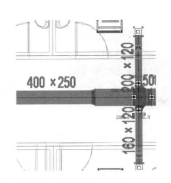

图 4.4.22

⑪ 选中支管左侧风管,在"修改|放置风管"选项栏中修改尺寸:

⑫ 选中南侧支管,在"修改|放置风管"选项栏中修改尺寸:

,修改前的三维视图如图 4.4.23 所示,修改后的三维视图如图 4.4.24 所示。

⑬ 按照以上步骤完成其他四通接口支管的绘制,如图 4.4.25 所示。

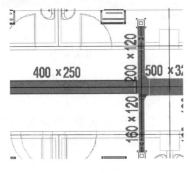

图 4.4.23

图 4.4.24

步骤 6 修改管件类型,具体操作如下:

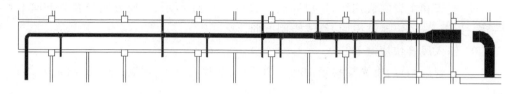

图 4.4.25

① 检查自动生成的管件与 CAD 图纸是否一致,如图 4.4.26 和图 4.4.27 所示,位置风管变径管、三通与 CAD 图纸不一致,需要修改。

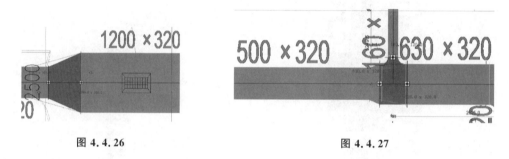

图 4.4.26　　　　　　　　　　图 4.4.27

② 选中风管变径管,在"属性"对话框中修改其类型为"30 度",如图 4.4.28 所示。

③ 选中三通,在"属性"对话框中修改其类型为"矩形圆角变径三通_水平中_竖直底对齐_法兰",如图 4.4.29 所示。

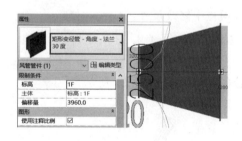
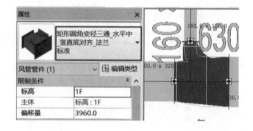

图 4.4.28　　　　　　　　　　图 4.4.29

【步骤总结】

上述 Revit 软件绘制新风系统模型的步骤主要分为五步:第一步,设置视图;第二步,设置风管属性;第三步,绘制新风系统主管;第四步,绘制新风系统支管;第五步,修改风管管件族类型。

第4单元 暖通专业建模

【业务扩展】

(1) 绘制立管

具体如下：

单击"风管"工具，或快捷键 DT，输入风管的尺寸值、标高值，绘制一段风管，然后输入变高程后的标高值。继续绘制风管，在变高程的地方就会自动生成一段风管的立管。立管的连接形式会因弯头的不同而不同，下面是立管的两种形式，如图 4.4.30 所示。

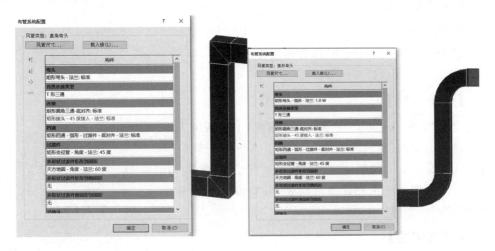

图 4.4.30

(2) 手动绘制管件

具体如下：

绘制风管时，如果有无法自动生成的风管管件，可通过以下方法绘制风管管件。在"系统"选项卡中的 HVAC 面板中单击"风管管件"按钮(快捷键 DF)，如图 4.4.31 所示，在左侧的属性栏中，通过下三角按钮找到需要的风管管件类型；或者在"项目浏览器"对话框中找到需要的风管管件类型，直接拖拽到工作区内。插入的风管管件(见图 4.4.32)，通过"镜像""旋转（90°旋转快捷键：空格）"等命令调整到合适的位置，各个接口的尺寸与对应的风管一致，然后再与各风管连接。

图 4.4.31

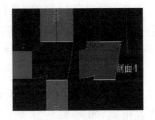

图 4.4.32

4.4.2 绘制新风机组

【任务说明】

在 Revit 软件中打开"门诊楼项目机电模型中心文件"项目文件,根据提供的门诊楼图纸,完成新风机组模型的绘制。

绘制新风机组

【任务目标】

① 学习使用"机械设备"命令布置风机;
② 学习修改"新风机组"风管连接件尺寸;
③ 学习连接风机与风管。

【任务分析】

根据"暖施-06 一层空调风管平面图"中的新风入户主管位置可知,在新风主管室内位置上布置有新风机组"FXMFP224AB",如图 4.4.33 所示。结合暖施-2 中"通风、防排烟系统主要设备材料表"可知该风机的型号和性能参数,如图 4.4.34 所示。

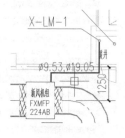

图 4.4.33

【任务实施】

步骤1 在"项目浏览器"对话框中选择"一层暖通风系统"平面图。

3	空调新风机	FXMFP224AB			
		额定制冷量:	22.4 kW	额定制热量:	13.9 kW
		制冷耗电功率	548 W	制热耗电功率	548 W
		单相 220 V	风量 1680 m³/h		

图 4.4.34

步骤2 载入"新风机组"族构件(具体步骤详见 3.2.4 小节中的相关内容)。
步骤3 放置新风机组,具体操作如下:
① 选择"系统"选项卡→"机械"面板→"机械设备",如图 4.4.35 所示;
② 在"属性"对话框中,选择"新风机组 FXMFP224AB",设置"偏移量"为"3500.0",如图 4.4.36 所示;
③ 把"新风机组"族构件移至对应位置,按空格键调整风机方向,确保冷媒管连接件位置正确,如图 4.4.36 所示;
④ 当拾取到风管中心线时,单击完成新风机组的添加,如图 4.4.37 所示。

图 4.4.35

图 4.4.36

步骤 4 选中风机,单击需要修改的连接件尺寸,输入所连接风管的尺寸,如图 4.4.38 所示。

图 4.4.37

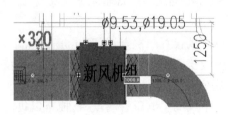

图 4.4.38

步骤 5 连接风管和风机,具体操作如下:
① 删除一小段分管,如图 4.4.39 所示。

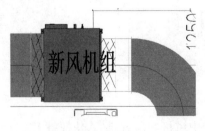

图 4.4.39

② 选中风机,单击风管右边连接件绘制一小段风管,如图 4.4.40 所示。

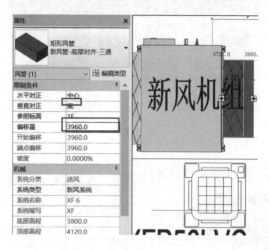

图 4.4.40

③ 选中绘制好的风管,修改"垂直对正"为"底";修改"偏移量"为"3960.0"。

注意:要连接风管和风机,就必须确保风机风管连接件标高和风管标高一致。选中风管时,"属性"对话框和选项栏中显示的是管道中心偏移量,在"属性"对话框中也可查看风管底部标高。

④ 单击风管右侧端点,如图 4.4.41 所示。

⑤ 拖拽至右侧弯头端点,如图 4.4.42 所示,单击完成连接。

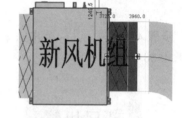

图 4.4.41

⑥ 选中风机左侧风管端点,拖拽至风机连接件,拾取连接件后单击"确定"按钮,如图 4.4.43 所示。

图 4.4.42

图 4.4.43

步骤 6 从左往右选中风机和风管,输入快捷键 BX 查看三维视图,如图 4.4.44 所示。

第 4 单元　暖通专业建模

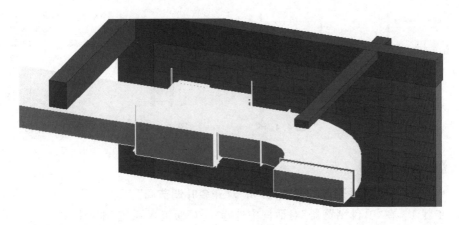

图 4.4.44

【步骤总结】

上述 Revit 软件布置风机的步骤主要分为四步：第一步，载入"新风机组"族；第二步，布置"新风机组"族；第三步，修改风机连接件尺寸；第四步，连接风机与风管。

【业务扩展】

上述讲解的是不能自动剪切风管的风机布置方法，对于能够自动剪切风管的风机，只需将风机拖拽到对应的风管上，风机就会自动剪切风管。

4.4.3　绘制暖通风系统附件——新风系统

【任务说明】

在 Revit 软件中打开"门诊楼项目机电模型中心文件"项目文件，根据提供的门诊楼图纸，完成新风系统风管附件的绘制。

绘制暖通风系统
附件——新风系统

【任务目标】

学习使用"风管附件"命令布置风管附件。

【任务分析】

根据暖施-02 中的"图例"分析暖施-06 和暖施-07 空调风管平面图中的新风系统可知，本项目新风系统在入口位置设有电动对开多叶调节阀，如图 4.4.45 所示；在新风机组和风管连接处有风管金属软接头，如图 4.4.46 所示；在新风支管处设有对开多叶调节阀，如图 4.4.47 和图 4.4.48 所示。下面以一层新风系统为例来讲解风管附件的绘制方法。

·233·

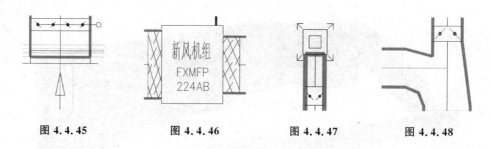

图 4.4.45　　　　　图 4.4.46　　　　　图 4.4.47　　　　　图 4.4.48

【任务实施】

(1) 绘制"电动对开多叶调节阀"和"对开多叶调节阀"

步骤 1　在"项目浏览器"对话框中选择"一层暖通风系统"平面图。

步骤 2　载入本项目需要的风管附件族,详细步骤参见 3.2.4 小节中的相关内容。

步骤 3　选择"系统"选项卡→HVAC 面板→"风管附件"(快捷键 DA),如图 4.4.49 所示。

步骤 4　在"属性"对话框中的下拉列表框中选择"电动对开多叶调节阀",如图 4.4.50 所示。若找不到所需要的类型,则单击"属性"对话框中的"编辑类型"按钮打开"类型属性"对话框,然后单击"载入"按钮找到所需要的风管附件族并将其载入。

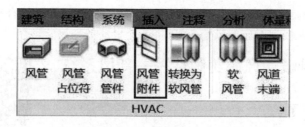

图 4.4.49

图 4.4.50

步骤 5　根据底图位置单击放置"电动对开多叶调节阀",当附件捕捉到风管中心线(高亮显示)时单击,完成附件绘制,附件自动剪切风管,如图 4.4.51 和图 4.4.52 所示。

第 4 单元　暖通专业建模

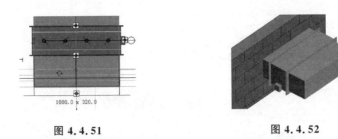

图 4.4.51　　　　　　　　　　图 4.4.52

步骤 6　按照上述步骤完成一层新风系统"对开多叶调节阀"的绘制,如图 4.4.53 所示。

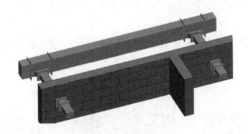

图 4.4.53

(2) 绘制"风管金属软接"

步骤 1　输入风管附件快捷键 DA。

步骤 2　在"属性"对话框中的下拉列表框中选择"矩形风管软接",如图 4.4.54 所示;若找不到所需要的类型,单击"属性"对话框中的"编辑类型"按钮打开"类型属性"对话框,单击"载入"按钮找到所需要的风管附件族并将其载入。

图 4.4.54

步骤 3　根据底图位置单击放置"矩形风管软接",当附件捕捉到风管中心线(高亮显示)时单击,弹出错误提示对话框,如图 4.4.55 所示,单击"取消"按钮。

注意:放置风管附件时,需预留足够多的空间。

步骤 4　输入风管附件快捷键 DA,将"矩形风管软接"放在距离风机一段距离的位置,如图 4.4.56 所示。

步骤 5　单击完成"矩形风管软接"的绘制。

·235·

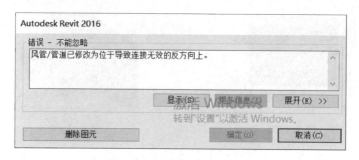

图 4.4.55

步骤 6 选中"矩形风管软接",按键盘上的方向键调整附件位置,如图 4.4.57 所示。

步骤 7 按照步骤 4~步骤 6 完成新风机组另一侧"矩形风管软接"的绘制,如图 4.4.58 所示。

图 4.4.56　　　　　　　图 4.4.57　　　　　　　图 4.4.58

4.4.4　绘制暖通风系统末端——新风系统

【任务说明】

在 Revit 软件中打开"门诊楼项目机电模型中心文件"项目文件,根据提供的门诊楼图纸,完成新风系统风口(风道末端)的绘制。

绘制暖通风系统
末端——新风系统

【任务目标】

① 学习使用"风道末端"命令布置风管附件;
② 学习在"编辑类型"中新建风口尺寸;
③ 学习在三维视图中选中"风道末端"安装方向。

【任务分析】

根据暖施-02 中的"图例"分析暖施-06 和暖施-07 空调风管平面图中的新风系统可知,本项目新风系统新风入口处设有防雨百叶风口,如图 4.4.59 所示;在出入院大厅位置设有多叶送风口,如图 4.4.60 所示;在各房间里设有散流器,如图 4.4.61

所示。下面以一层新风系统为例来讲解风口的绘制方法。

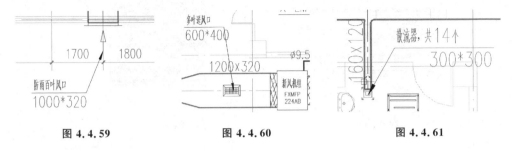

图 4.4.59　　　　　　　图 4.4.60　　　　　　　图 4.4.61

【任务实施】

（1）绘制防雨百叶风口（1 000×320）

步骤 1　在"项目浏览器"对话框中选择"一层暖通风系统"平面图。

步骤 2　载入本项目需要的"风口"族，详细步骤参见 3.2.4 小节中的相关内容。

步骤 3　选择"系统"选项卡→HAVC 面板→"风道末端"（快捷键 AT），如图 4.4.62 所示。

步骤 4　在"属性"对话框中的下拉列表框中选择"矩形防雨百叶风口"，如图 4.4.63 所示。

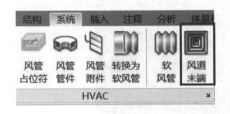

图 4.4.62　　　　　　　　　　　　　　　图 4.4.63

注意：判断风口安装位置，根据施工图可知"矩形防雨百叶风口"安装在风管入口处。

步骤 5　选择"修改|放置风管末端装置"选项卡→"布局"面板→"风道末端安装到风管上"，如图 4.4.64 所示。

步骤 6　把"防雨百叶风口"族构件移至对应位置，按空格键调整风口方向，如图 4.4.65 所示。

步骤 7　单击完成风口的添加（见图 4.4.66），三维视图如图 4.4.67 所示。

（2）绘制多叶送风口（600×400）

步骤 1　在"项目浏览器"对话框中选择"一层暖通风系统"平面图。

步骤 2　选中需要安装风口的风管，在"属性"对话框中修改管道类型为"矩形风管新风管-底部对齐-接头"，如图 4.4.68 所示。

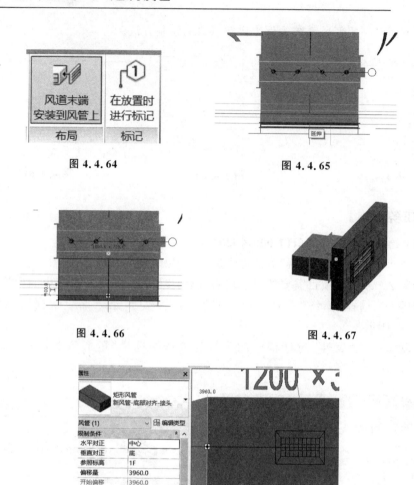

图 4.4.64

图 4.4.65

图 4.4.66

图 4.4.67

图 4.4.68

注意：连接风口和风管时，要判断风口连接管和主管的连接方式。如图 4.4.69 所示，左侧为"三通"连接方式，右侧为"接头"连接方式。

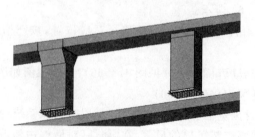

图 4.4.69

步骤3 选择"系统"选项卡→HAVC 面板→"风道末端"（快捷键 AT），如

图 4.4.70 所示。

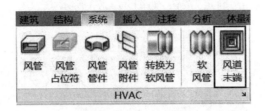

图 4.4.70

步骤 4 在"属性"对话框中的下拉列表框中选择"双层多叶送风口-矩形 300 * 300",如图 4.4.71 所示。

图 4.4.71

注意：没有"600 * 400",需要新建对应尺寸。

步骤 5 单击"属性"对话框中的"编辑类型"按钮打开"类型属性"对话框,单击"复制"按钮,在弹出的对话框中的"名称"文本框中输入"600 * 400",单击"确定"按钮,如图 4.4.72 所示。

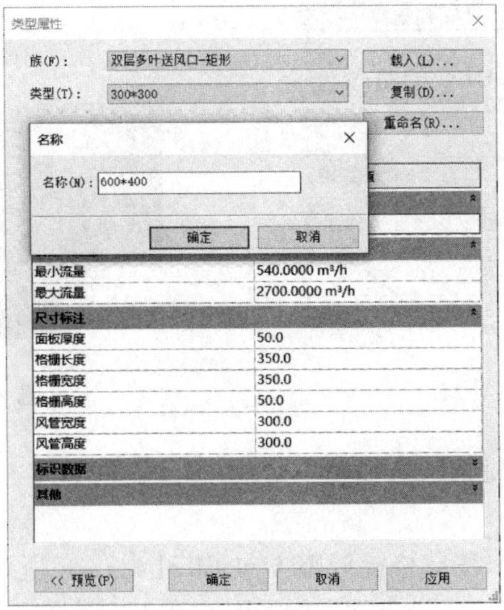

图 4.4.72

步骤6 在"类型属性"对话框中依次设置"风管宽度"和"风管高度"分别为"600.0"和"400.0",单击"确定"按钮,如图4.4.73所示。

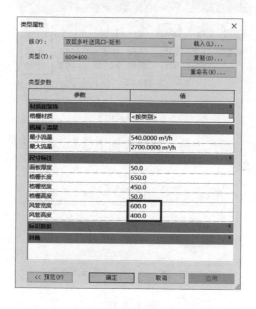

图 4.4.73

步骤7 在"属性"对话框中设置"偏移量"为"3500.0",如图4.4.74所示。

步骤8 根据底图位置单击放置,风口自动支管连接至风管,查看三维视图,自动连接出现错误,如图4.4.75所示。

图 4.4.74

图 4.4.75

步骤9 按住Ctrl键依次选择图中的接口和风管,如图4.4.76所示,按Delet键删除。

步骤10 选中风口,按空格键调整方向,如图4.4.77所示。

步骤11 选择"修改|风道末端"选项卡→"布局"面板→"连接到",如图4.4.78所示。

第4单元 暖通专业建模

步骤12 单击风管,完成连接,如图4.4.79所示。

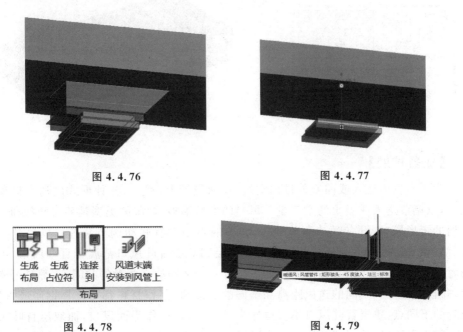

图4.4.76

图4.4.77

图4.4.78

图4.4.79

注意:检查接口过渡段的方向是否与新风输送方向一致,图4.4.79所示的方向是不正确的。

步骤13 选中接口,单击旋转符号(见图4.4.80)进行调整,直到接口过渡方向与新风输送方向一致,如图4.4.81所示。

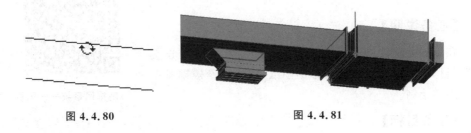

图4.4.80

图4.4.81

【任务总结】

风口可以通过风管连接到风管,也可以直接安装在风管上:在平面视图、剖面视图或三维视图中,选择"系统"选项卡→HAVC面板→"风道末端",在"修改|放置风管末端装置"中的"布局"面板中,选择"风道末端安装到风管上"时,如图4.4.82所示,风口将直接附着于风管上,如图4.4.83所示。

图 4.4.82

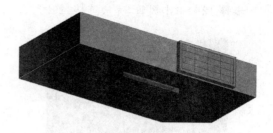

图 4.4.83

【业务扩展】

为了向室内送入或向室外排出空气,在通风管上设置了各种形式的送风口或回风口,以调节送入或吸出的空气量。风口的类型很多,常用的类型是装有网状和条形格栅的矩形风口,设有联动调节装置,其他的类型没有联动调节装置。风口分为单层、双层、三层以及不同形式的散流器。单层和双层百叶风口都属于百叶风口,虽然两者只有一字之差,但是在某些方面还是有一定区别的。两者的共同点:都是可调叶片,并且能够得到不同的送风距离和不同的扩散角,制作材料都可选择铝质或铁质。两者的不同点:单层百叶风口不仅可作为送风口,还可作为回风口,而双层百叶风口只可作为送风口;单层百叶风口作为送风口时分别与调节阀配合使用,双层也可以,但是单层百叶风口作为回风口时,可制成可开结构,与滤网配合使用;单层百叶风口只能上下调节风向,而双层百叶风口可上下左右调节风向,这也是两者最主要的区别。

4.4.5 绘制排风系统

【任务说明】

在 Revit 软件中打开"门诊楼项目机电模型中心文件"项目文件,根据提供的门诊楼图纸,完成门诊楼排风系统模型的绘制。

绘制排风系统——风机

【任务目标】

① 学习使用"机械设备"命令绘制吊顶通风机和轴流风机;
② 学习使用"自动连接"命令连接新风系统主管和新风系统支管;
③ 修改管件类型。

【任务分析】

根据暖施-06 可知在卫生间区域设有卫生间轴流排风机排风系统和吊顶通风器排风系统,一层排风系统所在位置如图 4.4.84 和图 4.4.85 所示;根据暖施-02 可知风机对应型号和规格,如图 4.4.86 所示。

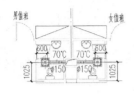

图 4.4.84

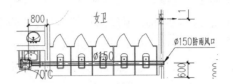

图 4.4.85

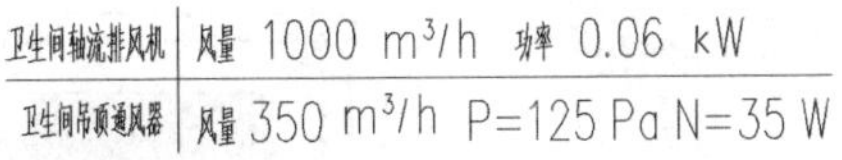

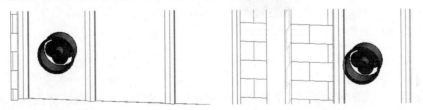

图 4.4.86

【任务实施】

(1) 绘制公共卫生间轴流排风机

步骤 1　载入轴流排风机族构件(具体步骤详见 3.2.4 小节中的相关内容)。

步骤 2　选择"系统"选项卡→"机械"面板→"机械设备"。

步骤 3　在"属性"对话框中,选择"轴流式风机-壁装式 1000m³/h",设置"偏移量"为"3500.0",如图 4.4.87 所示。

步骤 4　放置位置设置为"放置在垂直面上",如图 4.4.88 所示。

图 4.4.87

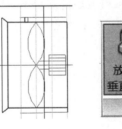

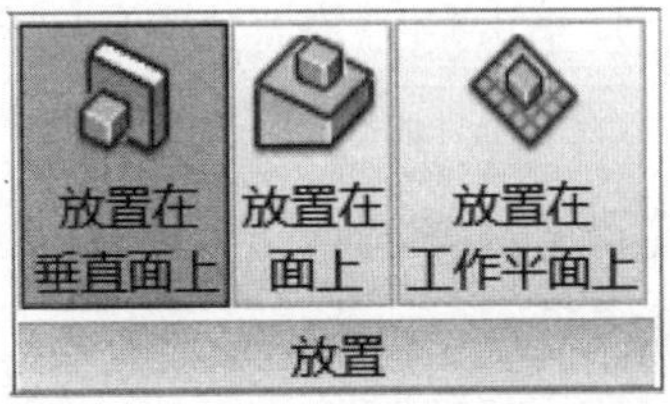

图 4.4.88

步骤 5　在底图对应位置上单击放置,三维视图如图 4.4.89 所示。

图 4.4.89

(2) 绘制无障碍卫生间排风系统

步骤1　绘制卫生间吊顶风扇,具体操作如下:

① 载入卫生间吊顶风扇族构件(具体步骤详见3.2.4小节中的相关内容);

② 选择"系统"选项卡→"机械"面板→"机械设备";

③ 在"属性"对话框中,选择"卫生间吊顶风扇 350m³/h",设置"偏移量"为"3500.0",如图4.4.90所示;

④ 拾取风扇图例中心点,如图4.4.91所示,单击放置风扇。

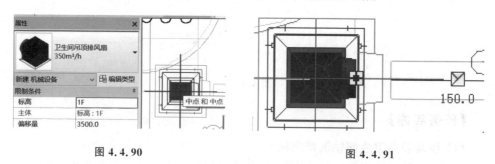

图4.4.90　　　　　　　　　图4.4.91

步骤2　绘制排风管,具体操作如下:

① 选中风扇,单击风管连接件;

② 按Esc键,在"属性"对话框中设置"风管类型"和"系统类型",如图4.4.92所示;

③ 单击风管起点:拾取风扇连接件并单击,如图4.4.93所示;

④ 单击风管终点:将光标移至终点,当边界线高亮显示时单击,如图4.4.94所示。

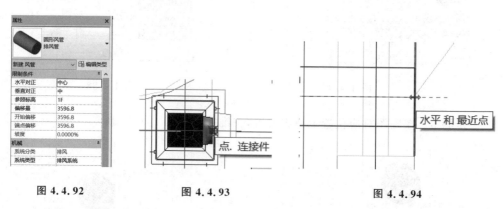

图4.4.92　　　　　图4.4.93　　　　　图4.4.94

步骤3　绘制风管附件,排风管上有附件"止回阀"和"70℃圆形防火阀",具体操作如下:

① 载入风管附件族构件(具体步骤详见3.2.4小节中的相关内容)。

② 选择"系统"选项卡→HVAC 面板→"风管附件"（快捷键 DA）。

③ 在"属性"对话框中的下拉列表框中选择"止回阀圆形 D150"，如图 4.4.95 所示。若找不到所需要的类型，单击"属性"对话框中的"编辑类型"按钮打开"类型属性"对话框，然后单击"载入"按钮找到所需要的风管附件族并将其载入。

④ 拾取风管中心线，在对应位置单击完成止回阀绘制，如图 4.4.95 所示。

⑤ 根据以上步骤，完成"70℃圆形防火阀"的绘制，如图 4.4.96 所示。

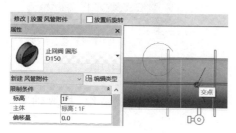

图 4.4.95

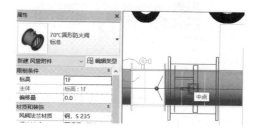

图 4.4.96

步骤 4 绘制"防雨风口"，具体操作如下：

① 载入本项目需要的"风口"族（详细步骤参见 3.2.4 小节中的相关内容）；

② 选择"系统"选项卡→HAVC 面板→"风道末端"（快捷键 AT）；

③ 在"属性"对话框中的下拉列表框中选择"圆形防雨风口"，如图 4.4.97 所示；

④ 选择"修改 | 放置风管末端装置"选项卡→"布局"面板→"风道末端安装到风管上"，如图 4.4.98 所示；

图 4.4.97

图 4.4.98

⑤ 把"防雨百叶风口"族构件移至对应位置，单击完成，如图 4.4.99 所示。

图 4.4.99

(3) 绘制男值班室卫生间排风系统

按照上述步骤完成男值班室卫生间排风系统模型的绘制,如图4.4.100所示。

(4) 绘制女值班室卫生间排风系统

步骤1 从左往右选中男值班室卫生间排风系统模型,如图4.4.101所示。

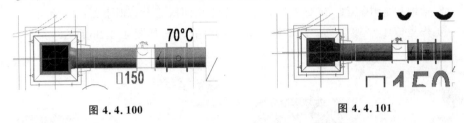

图4.4.100　　　　　　　　图4.4.101

步骤2 选择"修改|选择多个"选项卡→"修改"面板→"镜像-拾取轴",如图4.4.102所示。

步骤3 单击对称轴,完成后如图4.4.103所示。

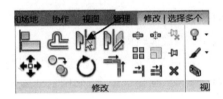

图4.4.102

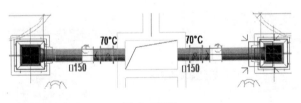

图4.4.103

4.5　空调水系统

4.5.1　空调水系统施工图识读

专用门诊病房楼项目图纸中涉及空调水系统的共有8张,分别为暖施-01到暖通-08,在空调专业建模中主要关注以下图纸信息:

(1) 暖施-01至暖施-02

① 关注暖施-01中冷媒管和冷凝管的管材和接口信息。

② 关注暖施-02"图例"中的空调管道与管件的图例。

③ 关注暖施-02 中的"通风、防排烟系统主要设备材料表"中的空调室内机和室外机的型号。

④ 关注暖施-02"图例"中的空调室内机的图例。

(2) 暖施-03 至暖施-05

① 关注空调室内机的型号和安装位置。

② 关注一层空调管路平面图中室内空调机冷媒管和冷凝水管的接口位置。

③ 关注冷媒管和冷凝水管的管径及管道路径。

④ 关注冷凝水管泄水点位置。

⑤ 关注室外机的型号和安装位置。

(3) 暖施-06 至暖施-07

关注每层楼新风机组冷媒管的管径及管道路径。

(4) 暖施-8

关注空调系统原理图中冷媒立管的管径和标高信息。

4.5.2 建模流程讲解

门诊楼项目空调系统为室内多联机系统,根据本门诊楼项目提供的图纸信息并结合 Revit 软件的建模工具,归纳出本项目空调水系统建模的流程,如图 4.5.1 所示。

图 4.5.1

4.5.3 绘制空调室内外机

【任务说明】

在 Revit 软件中打开"门诊楼项目机电模型中心文件"项目文件,根据提供的门诊楼图纸,完成本项目空调室内外机模型的绘制。

【任务目标】

① 学习使用"机械设备"命令布置空调室内外机;

② 学习使用"空格"键调整空调管道连接方向;

③ 学习使用"复制"和"阵列"命令布置相同类型和规格的空调设备。

【任务分析】

根据暖施-02"图例"、暖施-02 中的"通风、防排烟系统主要设备材料表"、暖施-

03和暖施-04多联式空调系统平面图可知,本项目空调室内机有两种类型,分别是"天花板嵌入式"和"天花板内藏直吹式"。根据"暖施-05屋顶空调机组平面图"可知,本项目空调室外机安装在屋顶上,具体规格参数可从暖施-02中的"通风、防排烟系统主要设备材料表"中查阅。

绘制空调室内机

【任务实施】

下面以一层空调系统为例,讲解空调内机的绘制方法;以屋顶空调系统为例,讲解室外机的创建方法。

(1) 绘制"天花板嵌入式(环绕气流)"室内机

该类型空调机主要安装在门诊病房楼出入院大厅和门诊大厅,如图4.5.2所示。

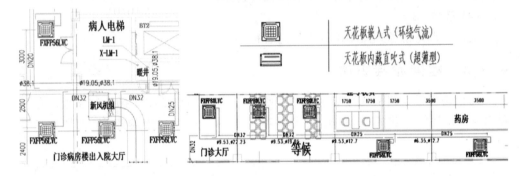

图 4.5.2

步骤1 在"项目浏览器"对话框中选择"一层空调水系统平面图"。

步骤2 链接CAD底图。选择"插入"选项卡→"链接"面板→"链接CAD",将"一层空调水系统平面图"链接到"一层空调水系统"平面图中,对齐CAD图纸轴网与项目Revit轴网并锁定。

步骤3 载入空调室内机族。选择"插入"选项卡→"从库中载入"面板→"载入族",载入本书提供的"族文件\空调设备"文件夹中的族。

步骤4 布置空调室内机,具体操作如下:

① 选择"系统"选项卡→"机械"面板→"机械设备";

② 在"属性"对话框中选择对应型号的"天花板嵌入式(环绕气流)";设置"偏移量"为"3500.0";

③ 按空格键调整室内机冷媒管接口方向;

④ 完成后的三维视图如图4.5.3和图4.5.4所示。

(2) 绘制"天花板内藏直吹式(超薄型)"室内机

该类型空调机主要安装在各房间内。从平面图可以看出,天花板内藏直吹式(超薄型)布置具有一定的规律,如图4.5.5所示,可采用"阵列"命令绘制类型和间距一致的室内机。这里以平面图中南边一排"天花板内藏直吹式(超薄型)"室内机的布置

第 4 单元　暖通专业建模

为例进行讲解。

图 4.5.3　　　　　　　　　　图 4.5.4

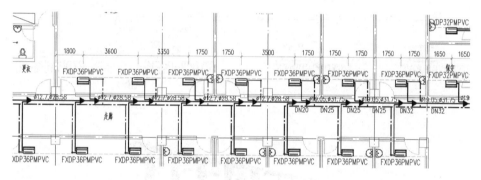

图 4.5.5

步骤 1　输入"机械设备"的快捷键 ME；在"属性"对话框中选择对应型号的"天花板内藏直吹式（超薄型）"；设置"偏移量"为"3500.0"。

步骤 2　按空格键调整室内机冷媒管接口方向，单击完成第一台室内机的布置。

步骤 3　选中"室内机"，选择"修改|机械设备"选项卡→"修改"面板→"阵列"，如图 4.5.6 所示。

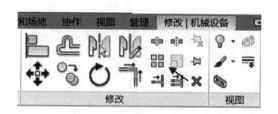

图 4.5.6

步骤 4　在选项栏中设置：　　　□成组并关联　项目数：9　　　移动到：●第二个 ○最后一个　　☑约束。

步骤 5　单击阵列起点，如图 4.5.7 所示；单击阵列第二个点，执行"阵列"命令，如图 4.5.8 所示，最后结果如图 4.5.9 所示。

•249•

步骤 6 完成其他室内机的模型绘制。

(3) 布置空调室外机

根据"暖施-5 屋顶空调机组布置图"和暖施-2 可知，本门诊楼项目空调水系统屋顶设置有 8 台室外机，布置、型号和规格参数分别如图 4.5.10 和图 4.5.11 所示。

绘制空调室外机

步骤 1 在"项目浏览器"对话框中选择"屋顶-暖通"平面图。

步骤 2 链接 CAD 底图。选择"插入"选项卡→"链接"面板→"链接 CAD"，将"屋顶空调机组布置图"链接到"屋顶空调机组布置图"平面图中，对齐 CAD 图纸轴网与项目轴网并锁定（详见 2.8.2 小节中的相关内容）。

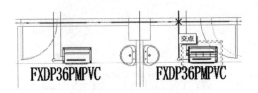

图 4.5.7

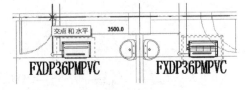

图 4.5.8

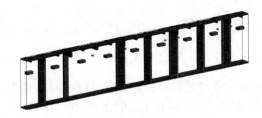

图 4.5.9

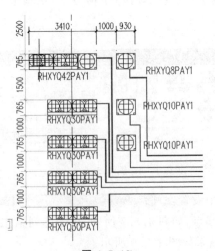

图 4.5.10

第4单元 暖通专业建模

名称及规格	名称及规格	单位	数量
空调室外机	RHXYQ42PAY1	台	1
	制冷量：118.0 kW 制热量：131.5 kW		
	制冷功率：35.8 kW 制热功率：33.5 kW		
	RHXYQ30PAY1	台	4
	制冷量：85 kW 制热量：95 kW		
	制冷功率：26.6 kW 制热功率：24.2 kW		
	RHXYQ10PAY1	台	2
	制冷量：28 kW 制热量：31.5 kW		
	制冷功率：7.42 kW 制热功率：7.7 kW		
	RHXYQ8PAY1	台	1
	制冷量：22.4 kW 制热量：25 kW		
	制冷功率：5.36 kW 制热功率：5.97 kW		

图 4.5.11

步骤3 载入空调室外机族。选择"插入"选项卡→"从库中载入"面板→"载入族",载入本书提供的"族文件\空调设备"文件夹中的"空调室外机"族,如图 4.5.12 所示。

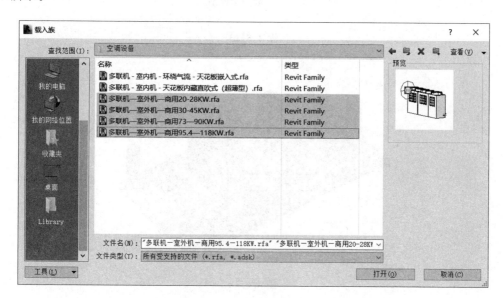

图 4.5.12

步骤4 布置空调室外机。选择"系统"选项卡→"机械"面板→"机械设备",在"属性"对话框中选择相关"空调室外机",移动光标,按照 CAD 图纸所示位置布置 8 台空调室外机,如图 4.5.13 所示,三维视图如图 4.5.14 所示。

注意： 选择对应制冷量和型号的空调室外机。

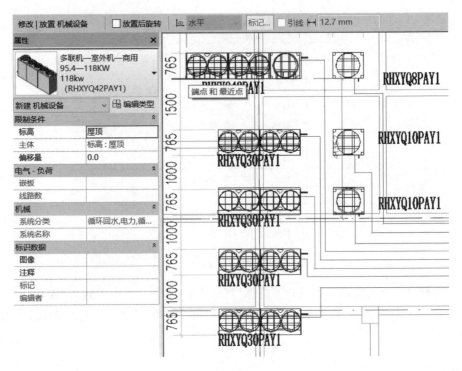

图 4.5.13

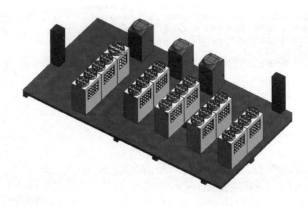

图 4.5.14

【步骤总结】

上述 Revit 软件布置空调室内外机的步骤主要分为五步：第一步，查看"通风、防排烟系统主要设备材料表"，了解本项目空调室内机型号、参数和数量；第二步，打开模型绘制平面视图；第三步，链接 CAD 图纸；第四步，载入"空调设备"族；第五步，布置空调机组。

【业务扩展】

本门诊楼项目为直流变频多联机空调系统,也称 VRV 系统,由室外机、室内机和冷媒配管三部分组成。VRV 多联机中央空调是中央空调的一种类型,俗称"一拖多",指的是一种一台室外机通过配管连接两台或两台以上的室内机,室外侧采用风冷换热形式、室内侧采用直接蒸发换热形式的制冷剂空调系统。多联机系统目前在中小型建筑和部分公共建筑中得到日益广泛的应用。与传统的中央空调系统相比,VRV 多联机中央空调具有以下特点:

① 节约能源、运行费用低;
② 控制先进,运行可靠;
③ 机组适应性好,制冷制热温度范围大;
④ 设计自由度高,安装和计费方便。

4.5.4 设置空调水系统管道类型

【任务说明】

在 Revit 软件中打开"门诊楼项目机电模型中心文件"项目文件,根据提供的门诊楼图纸设计说明,完成门诊楼空调管道类型的绘制。

设置空调水系统管道
类型和系统类型

【任务目标】

① 学习使用"编辑类型"中的"复制"命令绘制空调管道类型;
② 学习使用"布管系统配置"命令设置空调冷媒管管件配置。

【任务分析】

本项目空调管道有 3 种,分别为冷媒液管、冷媒气管和冷媒凝水管,如图 4.5.15 所示。根据"暖施-01 暖通设计及施工说明"可知,空调冷媒管管材为去磷无缝紫铜管,冷凝水管管材为 U-PVC 管。根据暖施-03、暖施-04、暖施-05 空调平面图可知,空调冷媒管各分支由分歧管连接,如图 4.5.16 和图 4.5.17 所示。一般地,铜管直径小于 15 mm 用胀口连接,大于 15 mm 用丝扣连接或氧乙炔焊接(设计说明中没有指定连接方式,此处采用焊接)。

图 4.5.15

图 4.5.16

图 4.5.17

【任务实施】

下面以某医院门诊楼项目为例,讲解新建空调冷媒管和冷凝管管道类型的操作步骤。

(1) 新建空调冷媒管管道类型

步骤 1 在"项目浏览器"对话框中选择"一层空调水系统平面图"。

步骤 2 右击"默认",在弹出的快捷菜单中选择"复制",右击生成的"默认 2",在弹出的快捷菜单中选择"重命名"并将其重命名为"冷媒管(去磷无缝紫铜管)"。

步骤 3 双击"冷媒管(去磷无缝紫铜管)",打开"类型属性"对话框。

步骤 4 单击"类型属性"对话框中的"布管系统配置",在弹出的"布管系统配置"对话框中单击"载入族"按钮,将本书提供的"族文件\暖通族"文件夹中的"分歧管"族载入项目中。

步骤 5 设置布管系统配置。在"布管系统配置"对话框中的"管段"中选择"铜-去磷无缝紫铜管","活接头"设置为"分歧管:标准",其他位置选择焊接连接方式,如图 4.5.18 所示。

图 4.5.18

(2) 新建空调冷凝管管道类型

冷凝管采用 U-PVC 材质,一般采用承插粘结连接方式,管段材料和连接方式与污废水管相同,直接复制重命名即可,布管系统配置如图 4.5.19 所示。

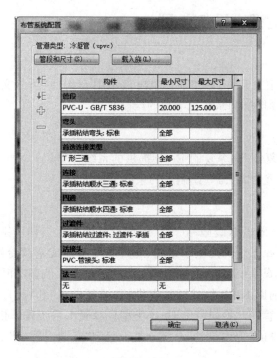

图 4.5.19

步骤 1 右击"污水管(硬聚氯乙烯(PVC-U))",在弹出的快捷菜单中选择"复制",右击生成的"污水管(硬聚氯乙烯(PVC-U))2",在弹出的快捷菜单中选择"重命名"并将其重命名为"冷凝管(硬聚氯乙烯(PVC-U))"。

步骤 2 单击 Revit 左上角的快速访问栏中的"保存"按钮保存项目文件。

【步骤总结】

上述 Revit 软件绘制空调冷媒管管道类型的步骤主要分为三步:第一步,复制新建"空调冷媒管"管道类型;第二步,载入"分歧管"族;第三步,设置"布管系统配置"。按照本操作流程,读者可以完成门诊楼项目空调管道类型的绘制。

【业务扩展】

多联机分歧管也叫空调分歧管或分支管等,是用于 VRV 多联机空调系统,连接主机和多个末端设备(蒸发器)的连接管,分为气管和液管。其中,气管口径一般比液管要粗。空调分歧管相当于水管的分叉头,用来分流,冷媒多联机分歧管是串联几个风口的配件。分歧管的选型是根据每个分歧管后连接的室内机的容量确定的。

空调分歧管可以横向或竖向安装。横向安装时分管口与水平线的夹角须小于

15°;竖向安装时,面对两个分管口,任何一个分管口与垂直线的夹角都须小于15°;两个分管口以后的管路须保证 60 cm 以上的直管段。小分歧管不可以代替大分歧管。分歧管的进口和出口均由经过变径的多节铜管组成,这更增加了选型的灵活性。

4.5.5 设置空调水系统类型

【任务说明】

在 Revit 软件中打开"门诊楼项目机电模型中心文件"项目文件,根据提供的门诊楼图纸,完成门诊楼空调水系统类型的绘制。

【任务目标】

① 学习使用"复制"命令复制 Revit 提供的系统分类;
② 学习使用"重命名"命令绘制新的系统类型。

【任务分析】

根据"暖施-02 图例",暖施-03、暖施-04、暖施-05 空调水系统平面图可知,空调水系统中含有冷媒系统和冷凝水系统,通过本小节完成空调冷媒系统和冷凝水系统类型的绘制。冷媒系统属于封闭循环系统,分为"冷媒液管"和"冷媒气管"两个循环系统类型,可分别以 Revit 软件默认提供的"循环供水"和"循环回水"系统分类为基础,新建"冷媒液管"和"冷媒气管"系统类型。冷凝水系统属于排水系统,可以使用 Revit 软件默认提供的"卫生设备"系统分类来绘制"空调冷凝水"系统类型。

【任务实施】

下面以门诊楼项目为例,讲解空调水系统类型绘制的操作步骤。

(1) 新建"冷媒液管系统"系统类型

步骤1 在"项目浏览器"对话框中展开"族"类别,在"族"类别中选择"管道系统",复制"循环供水",并将其重命名为"冷媒液管系统"。

步骤2 修改图形替换,设置"颜色"为"红色"。

步骤3 设置"系统材质"为"冷媒液管系统"。

步骤4 设置"缩写"为"LMY"。

(2) 新建"冷媒气管系统"系统类型

步骤1 在"项目浏览器"对话框中展开"族"类别,在"族"类别中选择"管道系统",复制"循环回水",并将其重命名为"冷媒气管系统"。

步骤2 修改图形替换,设置"颜色"为"黄色"。

步骤3 设置"系统材质"为"冷媒气管系统"。

步骤4 设置"缩写"为"LMQ"。

(3) 新建"空调冷凝水系统"系统类型

步骤1 复制"卫生设备",新建"空调冷凝水系统"系统类型。

第 4 单元　暖通专业建模

步骤 2　修改图形替换,设置"颜色"为"蓝色"。
步骤 3　设置"系统材质"为"冷凝水系统"。
步骤 4　设置"缩写"为"LN"。

(4) 保存项目文件

单击 Revit 左上角的快速访问栏中的"保存"按钮保存项目文件。

【步骤总结】

总结上述 Revit 软件新建空调水系统类型的步骤主要分为三步:第一步,根据已有系统分类复制出需要的系统类型;第二步,重命名系统类型;第三步,设置系统类型的图形替换、材质和缩写。

【业务扩展】

空调冷媒管系统是指在空调水系统中,制冷剂流经的连接换热器、阀门、压缩机等主要制冷部件的管路,通常采用铜管。空调水系统把冷或者热输送到末端,按输送的介质分有 3 种方式:直接送风、输送冷/热水、直接走制冷剂。

4.5.6　新建空调水系统过滤器

【任务说明】

在 Revit 软件中打开"门诊楼项目机电模型中心文件"项目文件,根据门诊楼图纸,完成空调水系统过滤器的设置。

【任务目标】

学习使用"V/G 替换过滤器"设置视图样板的过滤器。

【任务分析】

为了建模界面更清晰,在空调水系统建模时,需要在"空调水系统平面"样板中设置过滤器,用以设置不同水系统的可见性。在该视图中,不显示暖通风系统、电气系统和给排水相关系统模型,只显示空调水系统和暖通机械设备。

【任务实施】

步骤 1　选择"视图"选项卡→"图形"面板→"视图样板"→"管理视图样板"。
步骤 2　在"视图样板"对话框中选择"空调水系统平面图",如图 4.5.20 所示。
步骤 3　在"视图属性"中单击"V/G 替换过滤器"右侧的"编辑"按钮。
步骤 4　在弹出的"空调水系统样板的可见性/图形替换"对话框(见图 4.5.21)中单击"编辑/新建"按钮打开"过滤器"对话框,如图 4.5.22 所示。

① 单击"过滤器"对话框中的"新建"图标,在弹出的"过滤器名称"对话框中新建"冷媒液管",如图 4.5.23 所示。

图 4.5.20

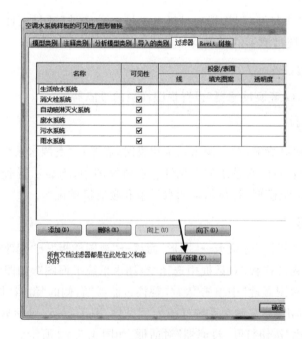

图 4.5.21

第 4 单元　暖通专业建模

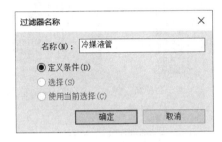

图 4.5.22　　　　　　　　　　　图 4.5.23

②　在"过滤器"选项组中选择"冷媒液管",在"类别"选项组中选中"管件""管道""管道占位符""管道附件""管道隔热层",过滤条件设置为"系统类型""等于""冷媒液管",如图 4.5.24 所示。

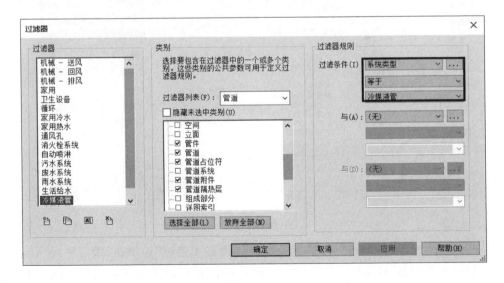

图 4.5.24

步骤 5　按照步骤 4 的操作方法,新建"冷媒气管",如图 4.5.25 所示;新建"空调冷凝水系统",如图 4.5.26 所示。

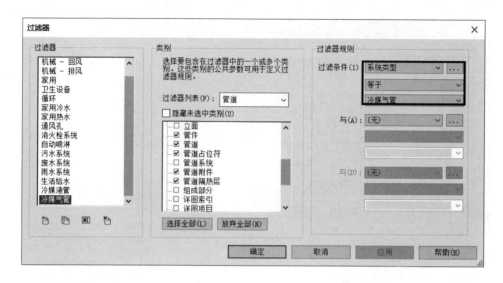

图 4.5.25

图 4.5.26

步骤 6 将"冷媒液管""冷媒气管""空调冷凝水系统"添加到"楼层平面:1F 的可见性/图形替换"对话框中的"过滤器"选项卡中,最终结果如图 4.5.27 所示,单击"确定"按钮完成过滤器的设置。

【业务扩展】

在选择过滤器的过滤条件时,除了可以通过系统类型过滤之外,还可以使用类型名称、系统分类等过滤;另外,过滤条件的选择取决于过滤类别的选择,过滤类别选择

第4单元 暖通专业建模

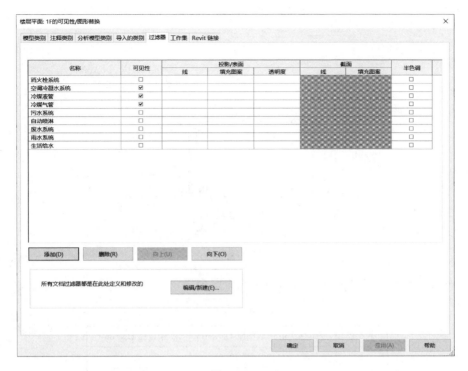

图 4.5.27

的项越多,过滤条件可选的项就越少。

4.5.7 绘制空调冷媒管

【任务说明】

在 Revit 软件中打开"门诊楼项目机电模型中心文件"项目文件,根据提供的门诊楼图纸,完成门诊楼空调冷媒管模型的绘制。

绘制空调冷媒管——液管

【任务目标】

① 学习使用"链接 CAD"命令链接空调水系统平面图;
② 学习使用"管道"命令绘制冷媒管;
③ 学习使用"拆分图元"命令在冷媒管上添加"分歧管"。

【任务分析】

根据暖施-03、暖施-04 空调管路平面图(见图 4.5.28)可知,空调室内机连接的冷媒管有两条管,一条为由室外机向室内机供液的,管道直径较小,称为冷媒液管;另一条为冷媒在室内机中制冷吸热汽化后送回压缩机的,管道直径较粗,称为冷媒气

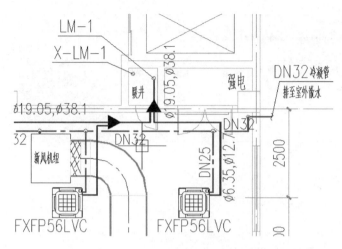

图 4.5.28

管。外径与公称直径的对应关系如表 4.5.1 所列。

表 4.5.1

序 号	外径 Φ/mm	壁厚 DN/mm	公称直径 DN/mm
1	6.35	0.6	6
3	9.53	0.7	8
4	12.7	0.7	10
6	15.88	1	12
7	19.05	1	15
8	22.2	1.2	20
9	25.4	1.2	22
10	28.6	1.2	25
11	31.75	1.2	30
12	34.9	1.2	32
13	38.1	1.3	35

【任务实施】

以一层空调水系统为例讲解冷媒管的绘制方法。由暖施-03 空调管路平面图可知,图中并没有给出空调冷媒管安装高度,结合机电其他各专业安装标高和建筑标高,暂定空调冷媒液管安装高度为(H+4 500)mm,冷媒气管安装高度为(H+4 400)mm。

(1) 绘制 LM-1 冷媒液管立管和主管起始段(见图 4.5.29)

步骤 1　选择"系统"选项卡→"卫浴和管道"面板→"管道"。

第 4 单元　暖通专业建模

步骤 2　在"属性"对话框中设置"管道类型"为"冷媒管（去磷无缝紫铜管）"，设置"系统类型"为"冷媒液管"，如图 4.5.30 所示。

图 4.5.29

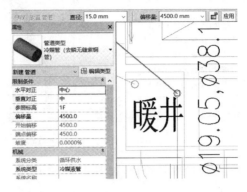

图 4.5.30

步骤 3　从暖井位置开始绘制，外径为 φ19.05，根据表 4.5.1，在选项栏中设置"公称直径"为"15.0 mm"，设置立管顶部的"偏移量"为"20500 mm"。单击立管中心，如图 4.5.30 所示。

步骤 4　设置立管底部的"偏移量"为"4500.0 mm"，双击"应用"按钮。

步骤 5　单击冷媒液管水平管终点，完成第一段冷媒管液管立管和主管起始段的绘制，如图 4.5.31 所示。

步骤 6　选中冷媒液管（见图 4.5.32），选择"修改|管道"选项卡→"修改"面板→"拆分图元"。

步骤 7　单击冷媒液管（见图 4.5.33），生成"分歧管"三通，如图 4.5.34 所示。

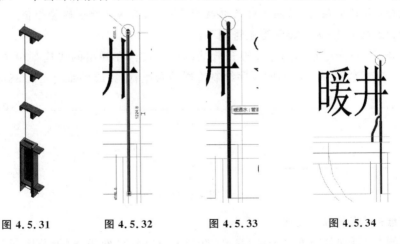

图 4.5.31　　　　图 4.5.32　　　　图 4.5.33　　　　图 4.5.34

步骤 8　选中"分歧管"，在"属性"对话框中设置分歧管各公称直径，如图 4.5.35 所示，"冷媒管接管管径"为"15.0"，"冷媒管 1 接管管径"为"6.0"，"冷媒管 2 接管管径"为"15.0"。

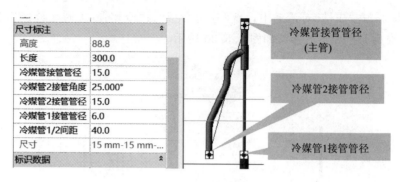

图 4.5.35

步骤 9 修改冷媒管管径,如图 4.5.36 所示。通过"绘制管道"命令进行修改,如图 4.5.37 所示。

图 4.5.36

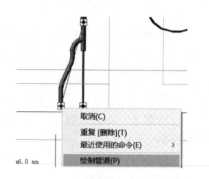

图 4.5.37

注意:修改管径时,必须先修改分歧管管径,然后再修改冷媒管管径。

(2) 绘制 LM-1 冷媒液管主管剩下部分

步骤 1 将光标移动到分歧管开放端端点,右击,在弹出的快捷菜单中选择"绘制管道",按照管径从大到小的顺序绘制冷媒液管主管,完成后如图 4.5.38 所示。

图 4.5.38

注意:观察管径的变化。

步骤 2 添加分歧管。选择"修改"选项卡→"修改"面板→"拆分图元",移动光标,单击,在冷媒管道上按照 CAD 图纸中的位置依次按照管径从小到大的顺序(与管道绘制方向相反)为冷媒管添加"分歧管"接头,如图 4.5.39 所示。

第 4 单元　暖通专业建模

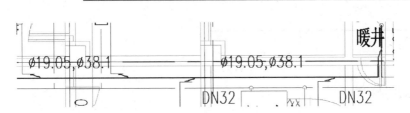

图 4.5.39

注意：

① 分歧管添加顺序方向必须与管道绘制方向相反。

② 选中分歧管后，单击分歧管附件的选择符号旋转分歧管方向，如图 4.5.40 所示；然后单击两次旋转符号，如图 4.5.41 所示。

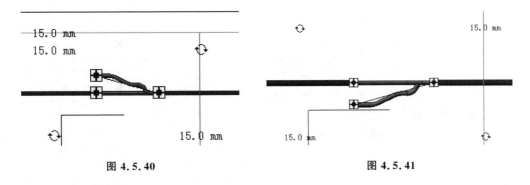

图 4.5.40　　　　　　　　　　　　　图 4.5.41

步骤 3　修改分歧管和冷媒管主管接口尺寸。根据 CAD 图纸中所标注的冷媒管管径，参考表 4.5.1 中的管径对应关系和图 4.5.35 所示的分歧管各接口属性名称，在"属性"对话框中修改分歧管接口管径尺寸；修改完分歧管接口管径尺寸后再修改分歧管所接冷媒管管径尺寸。

注意：修改管径时，必须先修改分歧管管径，然后再修改冷媒管管径。

(3) 绘制冷媒液管支管

将光标移动到分歧管开放端端点，右击，在弹出的快捷菜单中选择"绘制管道"，如图 4.5.42 所示，按照 CAD 图纸绘制冷媒管支管，如图 4.5.43 和图 4.5.44 所示。

(4) 连接空调室内机与冷媒液管支管

步骤 1　选中空调室内机，选择"修改|机械设备"选项卡→"布局"面板→"连接到"，如图 4.5.45 所示。

步骤 2　选择"连接件 7：循环供水：图形：6 mm"，单击"确定"按钮，如图 4.5.46 所示。

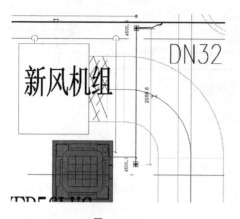
图 4.5.42

图 4.5.43

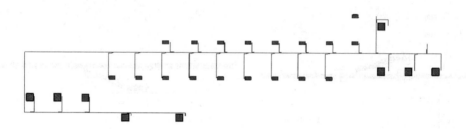
图 4.5.44

图 4.5.45

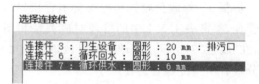
图 4.5.46

步骤 3 单击所连接的管道,如图 4.5.47 所示,完成后如图 4.5.48 所示。

图 4.5.47

图 4.5.48

第4单元 暖通专业建模

步骤4 按照上述步骤完成一层所有室内机和冷媒液管的连接,如图4.5.49所示。

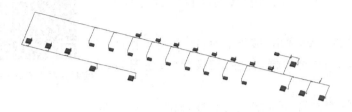

图 4.5.49

(5) 连接空调室外机和冷媒液管立管

步骤1 在"项目浏览器"对话框中选择"屋顶暖通水系统"平面图。

步骤2 由"多联式空调系统原理图"可知,LM-1冷媒液管与"RHXYQ42PAY1"相连,如图4.5.50所示;选中空调室外机"RHXYQ42PAY1",如图4.5.51所示。

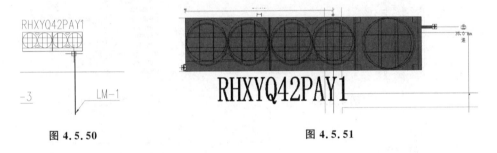

图 4.5.50　　　　　　　　　　图 4.5.51

步骤3 单击"绘制管道"图标,在弹出的对话框中选择"连接件3:循环供水:圆形:15 mm@20650",如图4.5.52所示。

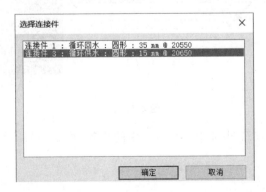

图 4.5.52

步骤4 按照施工图纸绘制管道,与LM-1立管相连,如图4.5.53所示。

(6) 绘制空调冷媒气管

步骤 1 设置冷媒液管不可见,具体操作如下:

① 在"属性"对话框中设置"视图样板"为"无",如图 4.5.54 所示;

② 输入快捷键 VV,弹出"楼层平面:1F 的可见性/图形替换"对话框,单击"过滤器"标签,切换到"过滤器"选项卡;

绘制空调冷媒管——气管

③ 只保留"冷媒气管"过滤器的可见性,如图 4.5.55 所示。

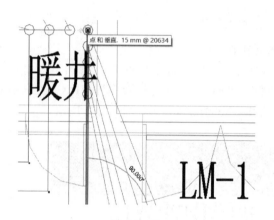

图 4.5.53

图 4.5.54

图 4.5.55

步骤 2 参考 4.5.7 小节中(2)~(5)中的步骤,绘制一层冷媒气管主管和支管,如图 4.5.56 所示。

注意:

① 为避免冷媒气管立管和冷媒液管立管重合,可设置其间距为"70 mm",如图 4.5.57 所示。

第4单元 暖通专业建模

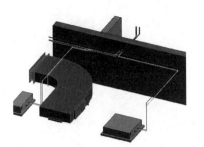

图 4.5.56

图 4.5.57

② "系统类型"设置为"冷媒气管",冷媒气管标高为 4 400 mm。

③ 使用"连接到"命令时,连接件选择"连接件 6:循环回水:圆形:10 mm",如图 4.5.58 所示。

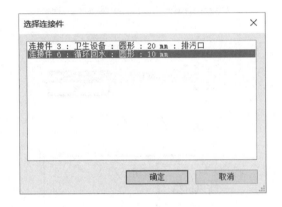

图 4.5.58

步骤 3 参考 4.5.7 小节中(6)中的步骤,完成冷媒气管和室外空调机组的连接,如图 4.5.59 所示。

步骤 4 单击 Revit 左上角快速工具栏中的"保存"按钮更新项目模型。

(7) 绘制冷媒管保温层

根据暖通图纸"暖施-01 暖通设计及施工说明"中的"九、空调、通风系统安装"可知,冷媒管应采用难燃 B1 级橡塑材料保温,保温厚度为 20 mm 的厚离心玻璃棉。下面以一层冷媒管为例,讲解管道隔热层的添加。

步骤 1 在"项目浏览器"对话框中选择"一层空调水系统"平面图。

步骤 2 输入快捷键 VV,弹出"楼层平面:1F 的可见性/圆形替换"对话框,在"过滤器"选项卡中只设置"冷媒液管"和"冷媒气管"可见,如图 4.5.60 所示。

步骤 3 将光标放置在任何一根冷媒管上,按 Tab 键,直到空调内机显示高亮,如图 4.5.61 所示。

步骤 4 选中全部冷媒管和空调机组,输入快捷键 BX,如图 4.5.62 所示。

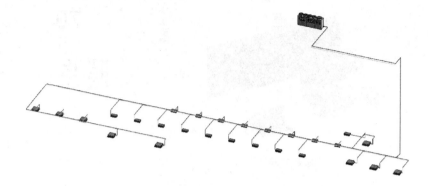

图 4.5.59

图 4.5.60

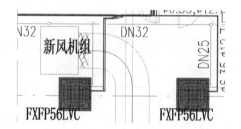

图 4.5.61

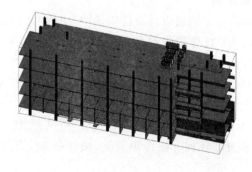

图 4.5.62

第4单元 暖通专业建模

步骤5 选择"视图控制栏"→"临时隐藏|隔离"→"隔离图元",如图 4.5.63 所示。

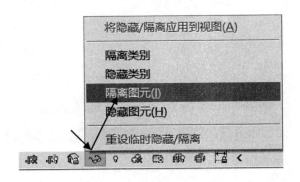

图 4.5.63

步骤6 选择"修改|选择多个"选项卡→"选择"面板→"过滤器",如图 4.5.64 所示。

步骤7 保留"管件"和"管道"类别,如图 4.5.65 所示。

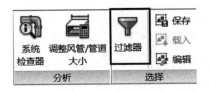

图 4.5.64

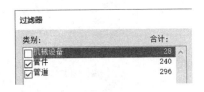

图 4.5.65

步骤8 选择"修改|选择多个"选项卡→"管道隔热层"面板→"添加隔热层",如图 4.5.66 所示。

步骤9 在"添加管道隔热层"对话框中,单击"编辑类型"按钮,如图 4.5.67 所示。

图 4.5.66

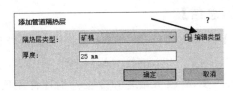

图 4.5.67

步骤10 在"类型属性"对话框中单击"复制"按钮,如图 4.5.68 所示;在"名称"文本框中输入"离心玻璃棉",单击"确定"按钮,如图 4.5.69 所示。

步骤11 在"类型属性"对话框中将"材质"设置为"隔热层-离心玻璃棉",单击

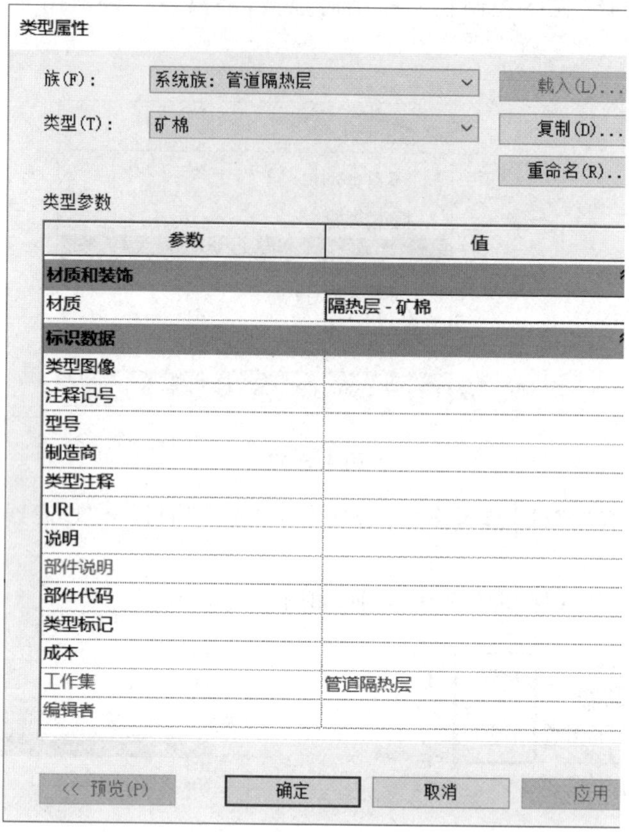

图 4.5.68

"确定"按钮,如图 4.5.70 所示。

步骤 12 在"添加管通隔热层"对话框中设置"厚度"为"20 mm",单击"确定"按钮,如图 4.5.71 所示。完成隔热层的添加,如图 4.5.72 所示。

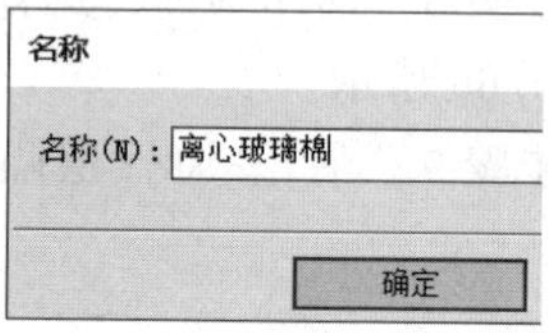

图 4.5.69

【步骤总结】

上述 Revit 软件绘制空调冷媒管模型的步骤主要分为八步:第一步,链接 CAD 图纸;第二步,绘制冷媒管主管;第三步,添加分歧管接头;第四步,修改分歧管和冷媒管主管管径尺寸;第五步,绘制冷媒管支管;第六步,连接空调室内机与冷媒管支管;第七步,连接空调室外机与冷媒管立管;第八步,添加隔热层。

【业务扩展】

冷媒,又可称载冷剂,是在制冷过程中的一种中间物质,它先接受制冷剂的冷量而降温,然后再去冷却其他的被冷却物质。冷媒有气体冷媒、液体冷媒和固体冷媒。

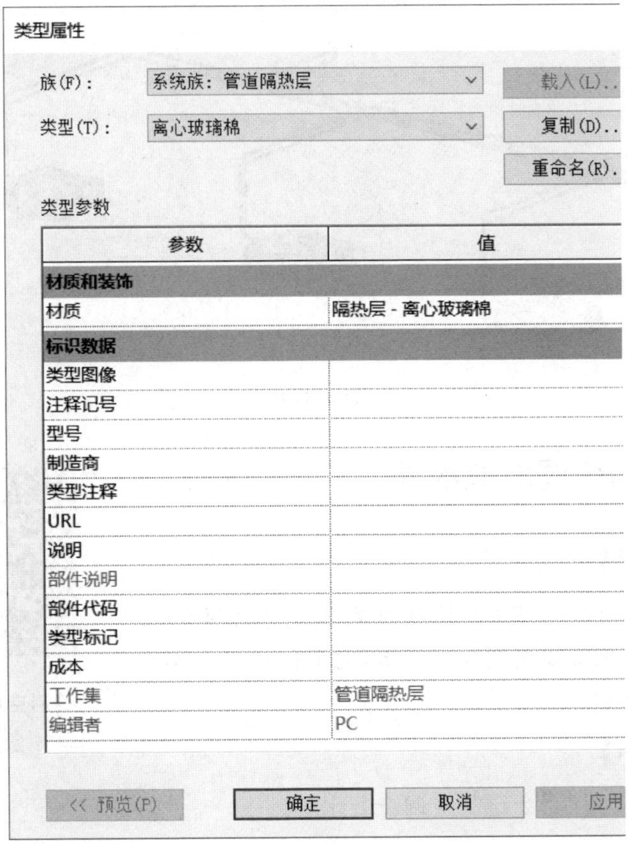

图 4.5.70

其中,气体冷媒主要有空气等;液体冷媒有水、盐水等;固体冷媒有冰和干冰等。在空调工程中常用的冷媒有水和空气。日常生活中使用的冰箱、冷冻柜,商业中的冷库等,在循环制冷过程中均靠空气作为冷媒将制冷过程中的冷量传递给食物,使食物在冷冻室内(或冷库冷藏间内)冻结而保存。

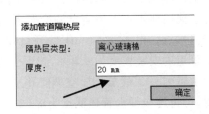

图 4.5.71

在空调系统中,通过制冷机组的运转,进入蒸发器内的制冷剂蒸发而吸热,当通入蒸发器内的冷水很快在蒸发器内进行热量交换,热量被制冷剂吸收而温度下降成为冷冻水,然后冷冻水通过空调设备中的表冷器与被处理的空气进行热交换,使空气温度降低。

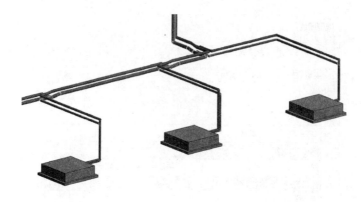

图 4.5.72

4.5.8　绘制空调冷凝水管

【任务目标】

在 Revit 软件中打开"门诊楼项目机电模型中心文件"项目文件,根据提供的门诊楼图纸,完成门诊楼空调冷凝水管模型的绘制。

绘制空调冷凝水管

【任务目标】

学习使用"管道"命令绘制空调冷凝水管。

【任务分析】

空调冷凝水管内的流体为空调室内多联机凝结水,凝结水靠重力作用顺着冷凝水管道流向泄水点。所有空调冷凝水都属于排水系统,其管道安装应设置坡度,坡度坡向泄水点。根据"暖施-01 暖通设计说明"可知,本门诊楼项目空调系统中空调冷凝水管道的安装坡度为 0.3%,就近引入卫生间或冷凝水排水管。

由暖施-03、暖施-04 空调管路平面图可知,图中并没有给出空调冷凝水管安装高度,可暂定冷凝水管最低点为 3 520 mm。由于冷凝水管是重力水管,在建模初期冷凝水干管需设在尽可能的低点,也就是刚好高于天花板,如图 4.5.73 所示。

图 4.5.73

如图 4.5.74 所示,一层冷凝水有三个排水点,其中第一个位于 10 轴交 C 轴处,经 LNL-1 立管排至室外散水;第二个位于 3 轴交 D 轴处,直接排至室外散水;第三个位于 1-2 轴交 A 轴处。

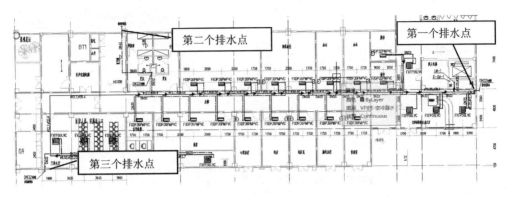

图 4.5.74

【任务实施】

下面以门诊楼项目一层 6~10 轴范围内冷凝水系统为例,讲解空调冷凝水管绘制的步骤。该范围冷凝水经 LNL-1 立管排至室外散水,如图 4.5.75 所示。

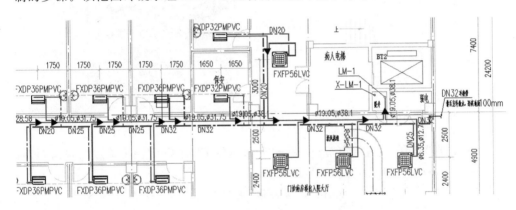

图 4.5.75

(1) 绘制冷凝水 LNL-1 立管及排出管

步骤 1 在"项目浏览器"对话框中选择"一层空调水系统"平面图。

步骤 2 设置坡度,具体操作如下:

① 选择"管理"选项卡→"设置"面板→"MEP 设置"→"机械设置",如图 4.5.76 所示;

② 在弹出的"机械设置"对话框中选择"坡度",如图 4.5.77 所示;

③ 单击"新建坡度"按钮,在弹出的"新建坡度"对话框中的"坡度值"文本框中输入"0.3",单击"确定"按钮,如图 4.5.78 所示。

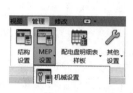

图 4.5.76

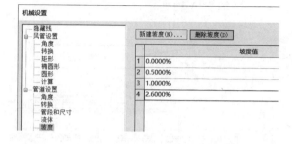

图 4.5.77

步骤 3 选择"系统"选项卡→"卫浴和管道"面板中→"管道"。

步骤 4 设置管道属性,具体操作如下:

① 在"属性"对话框中设置"管道类型"为"空调冷凝管(硬聚氯乙烯(PVC-U))","系统类型"为"空调冷凝水系统",如图 4.5.79 所示;

图 4.5.78

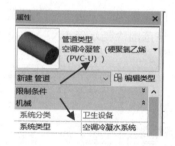

图 4.5.79

② 选择"修改|放置管道"选项卡→"带坡度管道"面板→"向上坡度",设置"坡度值"为"0.3000%",如图 4.5.80 所示;

③ 设置"直径"为"32.0 mm","偏移量"为"100.0 mm",如图 4.5.81 所示。

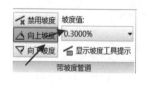

图 4.5.80

图 4.5.81

步骤 5 绘制管道,具体操作如下:

① 从室外往室内方向绘制 LNL-1 立管排出管,如图 4.5.82 所示;

② 设置"偏移量"为"22400.0 mm",双击"应用"按钮,完成 LNL-1 立管的绘制,如图 4.5.83 所示。

图 4.5.82

图 4.5.83

（2）绘制冷凝水干管

步骤1　输入快捷键 PI，在选择栏中修改管道尺寸和标高：

步骤2　绘制管道，如图 4.5.84 所示。

注意：绘制过程中注意管径的变化，注意预留三通安装空间，如图 4.5.85 所示。当有坡度的管道绘制过程中断，然后继续绘制管道时，注意"继承高程"。

图 4.5.84　　　　　　　　　　图 4.5.85

（3）绘制冷凝水支管

步骤1　输入快捷键 PI，设置管径为"25.0 mm"，采用"继承高程"。

步骤2　从左往右绘制支管，如图 4.5.86 所示。

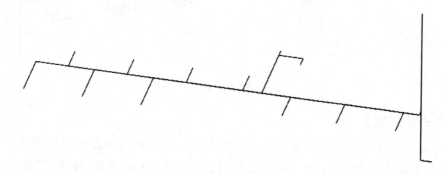

图 4.5.86

注意：根据室内机冷凝水出口位置，调整支管路径，如图 4.5.87 所示。

（4）绘制冷凝水连接管

步骤1　选中"空调室内机"，单击"连接到"图标，如图 4.5.88 所示。

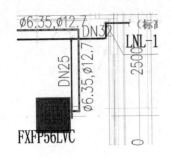

图 4.5.87

图 4.5.88

步骤 2 单击要连接的支管,如图 4.5.89 所示,完成后如图 4.5.90 所示。

图 4.5.89　　　　　　　　　　图 4.5.90

步骤 3 相同步骤完成其他室内机冷凝水连接管的绘制,如图 4.5.91 所示。

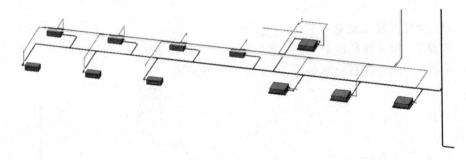

图 4.5.91

【步骤总结】

空调冷凝水管模型的步骤主要分为四步:第一步,绘制冷凝水立管和排出管;第二步,绘制冷凝水主管;第三步,绘制冷凝水支管;第四步,采用"连接到"命令连接室内机和冷凝水支管,完成连接管的绘制。

【业务扩展】

空调冷凝水形成的原因:

整个空调系统的冷凝水主要产生在两个地方,一是空气处理机组的表冷器,二是空调末端(如湿式风机盘管)。冷凝水产生的机理都是相同的,空气处理机组和空调末端分别是因为干燥新风和消除室内湿负荷而产生冷凝水。具体分析如下:

① 空气处理机组产生冷凝水的原因。当室外空气(或新风与回风混合后)与空气处理机组的表冷器进行热交换冷却除湿空气时,因表冷器的壁面温度低于室外空气(或混合风)露点温度,室外空气(或混合风)所含的水蒸气在表冷器壁面析出而结露,当露珠增大到一定程度时会滑落到表冷器下方的冷凝水盘,从而形成冷凝水。冷凝水的处理是在冷凝水盘处接冷凝水管,将冷凝水就近排到合适的地方。

② 空调末端产生冷凝水的原因。当空调末端与室内空气进行换热冷却除湿空气时,因空调末端壁面温度低于室内空气露点温度,室内空气所含有的水蒸气就会在空调末端壁面析出而结露,当露珠增大到一定程度时会滑落到空调末端下方的冷凝水盘,从而形成冷凝水。冷凝水的处理是在空调系统里由专门的冷凝水系统将空调末端产生的冷凝水排出。

第 5 单元

电气专业建模

【职业能力目标】

(1) 掌握 Revit 软件电气专业基础操作

① 设置电缆桥架类型；

② 设置桥架配件；

③ 绘制电缆桥架；

④ 布置照明专业设备构件。

(2) 能够绘制建筑电气专业模型

① 读懂电气图纸；

② 绘制电缆桥架模型；

③ 绘制照明系统模型。

5.1 电气专业基础

5.1.1 建筑电气系统的作用

建筑电气以电能、电气设备和电气技术为手段,创造、维持与改善室内外空间的电、光、热、声等环境,以提高人们的生活、工作和学习质量。建筑电气为建筑创造了良好、舒适的环境(包括良好的视觉光环境、舒适的温湿度环境、空气环境、声音环境),使建筑物便于使用,加快建筑物内信息的传递,增强建筑物内人身安全保护,提高设备控制性能。

5.1.2 建筑电气系统的分类

根据建筑物用电设备和系统所传输的电压高低和电流大小,人们习惯将建筑电气分为"强电"系统和"弱电"系统。从整体上看,"强电"处理的对象是能源(电能),"弱电"处理的对象是信号(如语音、图像、数据以及控制信号)。建筑强电和建筑弱电具体包含的内容如表 5.1.1 所列。

表 5.1.1

项 目	内 容
建筑强电	供电系统
	照明系统
	电力系统(动力系统)
	低压配电线路
	建筑物防雷、接地系统
建筑弱电	火灾报警系统
	电话系统
	广播音响系统
	有线电视系统
	安全防范系统
	智能建筑自动化系统
	医护对讲系统
	⋮

强电工程把电能引入建筑物后进行再分配,并通过用电设备将电能转换成机械能、热能和光能等。强电部分包括:供电、配电、动力、照明、自动控制与调节、建筑物防雷保护等。弱电工程是实现建筑物内部以及内部和外部之间的信息交换、信息传递及信息控制等。弱电部分主要指承载语音、图像、数据等信息的电气系统,包括通信、电缆电视、建筑设备计算机管理系统、有线广播和扩声系统、呼叫信号、公共显示及时钟系统、计算机经营管理系统、火灾自动报警及消防联动控制系统、安保系统。

5.1.3 建筑照明的种类

(1) 正常照明

正常情况下,使用的室内外照明都属于正常照明。《民用建筑电气设计规范》(GB 51348—2019)规定:所有使用房间以及供工作、运输、人行的屋顶、室外庭院和场地,皆应设置正常照明。

(2) 应急照明

在正常照明因故障熄灭的情况下,供继续工作或人员疏散用的照明称为应急照明。民用建筑内的下列场所应设置应急照明:高层建筑的疏散楼梯、消防电梯及其前室、配电室、消防控制室、消防水泵房、自备发电机房以及建筑高度超过 24 m 的公共建筑内的疏散走道;观众厅、展览厅、餐厅和商业营业厅等人员密集的场所;医院手术室、急救室等。

(3) 值班照明

在非工作时间内供值班用的照明,称为值班照明。

(4) 警卫照明

根据警戒任务的需要,在厂区、仓库区域等其他设施警卫范围内装设的照明,称为警卫照明。

(5) 障碍照明

在建筑上装设的作为障碍标志的照明,称为障碍照明。

5.1.4 电缆和导线铺设装置

(1) 电缆桥架

电缆桥架是使电线、电缆、管缆铺设达到标准化、系列化、通用化的电缆铺设装置,适用于电压为 10 kV 以下的电力电缆、控制电缆和照明配线等室内、室外架空电缆沟、隧道的铺设。桥架具有品种全、应用广、强度大、结构轻、造价低、施工简单、配线灵活、安装标准、外形美观、维护检修方便等优点。电缆桥架结构分为槽式(见图 5.1.1(a))、托盘式(见图 5.1.1(b))、梯级式(见图 5.1.1(c))和网格式(见图 5.1.1(d))等。常用的电缆桥架材质分为镀锌、不锈钢、铝合金和玻璃钢等。

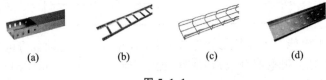

(a)   (b)   (c)   (d)

图 5.1.1

(2) 母线槽

母线干线系统(简称母线槽)是低压供电系统中一种负责传输电能、分配电能的设备。由于母线槽具有载流能力大、防护等级高、分配电能方便、安全可靠等优点而被广泛应用于宾馆、厂矿及大型高层建筑中,如图 5.1.2 所示。

(3) 线 槽

线槽又名走线槽、配线槽、行线槽(因地方而异),是用来将电源线、数据线等线材规范的整理,固定在墙上或者天花板上的导线铺设装置,如图 5.1.3 所示。根据材质的不同,线槽可划分多种,常用的有环保 PVC 线槽、无卤 PPO 线槽、无卤 PC/ABS 线槽、钢铝等金属线槽等。

图 5.1.2   图 5.1.3

5.1.5 电气专业图纸解析

门诊楼电气图纸从电施-01～电施-19共计19张,对应图纸内容见图纸目录,如表5.1.2所列。在电气专业建模中主要关注以下图纸信息。

(1) 电施-01

① 关注设备的安装方式,如图5.1.4所示。

电气专业图纸解析

表 5.1.2

图 号	图 名
电施-01	电气设计总说明、图纸目录
电施-02	设备及主要材料表、宽带网、电话系统图
电施-02	配电干线系统图
电施-03	配电箱系统图一,监控系统图
电施-04	配电箱系统图二,医护对讲系统图
电施-05	火灾自动报警系统图
电施-06	电气火灾监控系统,防火门监控系统图,消防设备电源监控系统图
电施-07	一层配电平面图
电施-08	二～五层配电平面图
电施-09	机房层配电照明平面图
电施-10	一层照明平面图
电施-11	二～五层照明平面图
电施-12	一层弱电平面图
电施-13	二～五层弱电平面图
电施-14	二～五层医护对讲平面图
电施-15	一层火灾自动报警平面图
电施-16	二～五层火灾自动报警平面图
电施-17	机房层火灾自动报警平面图
电施-18	屋面防雷平面图
电施-19	基础接地平面图

② 关注图例表以及表中电气设备图例所对应的名称和设备安装高度,其中包括开关插座等电位的安装高度;灯具安装为吸顶安装,也就是安装在天花板上。设备及主要材料表如表5.1.3所列。

4.3 各层照明配电箱,除竖井内明装外,其他均为暗装;安装高度均为底边距地1.8 m。
应急照明箱箱体应作防火处理(刷防火漆)。

4.4 控制箱在竖井内明装,挂墙安装高度:底边距地1.5 m;电表箱选双开门箱型,底边距地1.4 m。预分支电缆始端箱底边距地0.5 m。

图 5.1.4

表 5.1.3

序号	名称	设备图例	型号及规格	单位	备注
1	动力照明配电箱			台	按系统图订货
2	照明配电箱			台	按系统图订货
3	应急照明配电箱			台	按系统图订货
4	双管荧光灯		2 * 36MYZ	盏	吸顶安装
5	单管荧光灯		1 * 36MYZ	盏	吸顶安装
6	地灯		1 * 18MYU	盏	距地 0.5 m
7	吸顶灯		1 * 22MYU	盏	吸顶安装
8	吸墙灯(带防水防尘罩)		E27	盏	门头上 0.2 m
9	单联翘板开关		250 V 10 A	个	距地 1.3 m
10	双联翘板开关		250 V 10 A	个	距地 1.3 m
11	三联翘板开关		250 V 10 A	个	距地 1.3 m
12	双联翘板暗装开关		250 V 10 A	个	距地 1.3 m
13	热水器断路器盒		内装 BM-63D25/2	个	距地 2.2 m
14	风机盘管开关		250 V 10 A	个	距地 1.3 m
15	单相二三极暗插座		250 V 10 A	个	距地 1.3 m
16	带保护接点密闭插座		250 V 10 A	个	距地 1.3 m,带保护门
17	排气扇		250 V 10 A	台	详见展施
18	风机盘管		250 V 10 A	台	详见展施

③ 关注配电箱尺寸及安装高度,如图 5.1.4 所示。

(2) 电施-04 和电施-05

① 关注医护对讲系统组成和图例,如图 5.1.5 所示。

② 关注火灾自动报警系统组成和图例,如图 5.1.6 所示。

(3) 电施-07~电施-19

关注平面图中的桥架和线槽信息。本项目设有电缆桥架的系统是配电系统、弱电系统、医护对讲系统,分别对应的是强电桥架、弱电桥架、医护对讲桥架。除了屋顶配电系统采用的是"玻璃钢桥架"之外,其他均采用"防火桥架"。

① 电施-07、电施-08 和电施-09:关注每层强电桥架的尺寸、位置及安装标高。

第 5 单元　电气专业建模

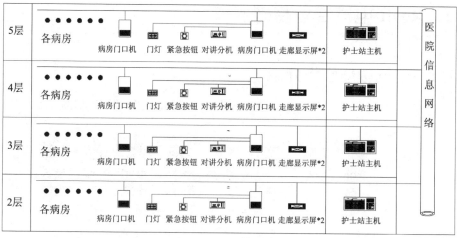

医护对讲系统图

图 5.1.5

17		火灾报警控制器(联动型)	TX3016A	台	立柜或琴台安装
16		湿式报警阀	见水图	个	
15		水流指示器	见水图	个	
14		信号阀	见水图	个	
13		扬声器	TX3353型	个	吸顶安装
12		感温探测器	TX3111型		吸顶安装
11		火灾显示盘	TX3403型	个	安装高度1.8 m
10		火灾声光警报器	TX3301型	个	安装高度2.5 m
9		消火栓启泵按钮	TX3403型	个	消火栓箱内
8		消防线路端子箱	TX6961型	个	安装高度1.5 m
7		报警电话	HY5716B型		安装高度1.5 m
6		隔离模块	TX3219型	个	接线箱内安装
5		输入模块	TX3200A型	个	专用金属模块箱中内安装
4		输出模块	TX3214A型	个	专用金属模块箱中内安装
3		输入/输出模块	TX3208A型	个	专用金属模块箱中内安装
2		手动报警按钮(带电话插孔)	TX3140型	个	安装高度1.5 m
1		感烟探测器	TX3100A型	个	吸顶安装

图 5.1.6

② 电施-12 和电施-13：关注每层弱电桥架的尺寸、位置及安装标高。

③ 电施-14：关注每层医护对讲桥架的尺寸、位置及安装标高。

5.2 Revit 电气专业基础操作

5.2.1 电气功能面板介绍

电气专业的命令主要集中在"系统"选项卡中的"电气"面板上,如图 5.2.1 所示。

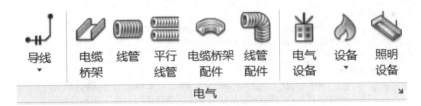

图 5.2.1

5.2.2 Revit 自带桥架形式

Revit 提供了两种不同的电缆桥架形式:带配件的电缆桥架和无配件的电缆桥架。其实除了梯级式的电缆桥架的形状为梯形之外,其余的均为槽型。带配件的电缆桥架和无配件的电缆桥架的区别主要在于其管件的种类,带配件的电缆桥架多了"交叉线(四通)"和"T形三通"两种管件,如图 5.2.2 和图 5.2.3 所示。

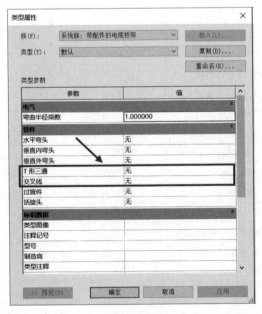

图 5.2.2

第 5 单元 电气专业建模

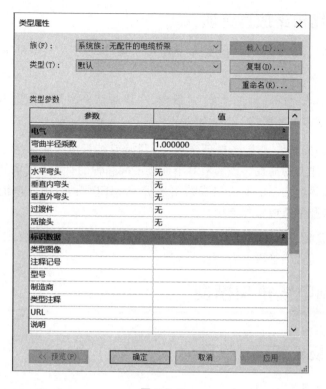

图 5.2.3

5.2.3 "电缆桥架"选项栏

选择"系统"选项卡→"电气"面板→"电缆桥架",会在界面左上角出现"电缆桥架"选项栏,如图 5.2.4 所示。

图 5.2.4

宽度:指定电缆桥架的宽度。

高度:指定电缆桥架的高度。

偏移量:指定电缆桥架相对于当前标高的垂直高程,可以直接输入偏移值,也可以从"偏移量"下拉列表框中选择。

🔒/🔓:锁定或解锁管段的高程。锁定后,管段会始终保持原高程,不能连接处于不同高程的管段。

弯曲半径:指定电缆桥架管件的弯曲半径。默认弯曲半径被设置为电缆桥架的宽度(在两个内部边缘之间测量得出)。我们还可以在"类型属性"对话框中指定其他的弯曲半径系数。

5.2.4 电缆桥架放置选项

选择"电缆桥架"工具时,"修改|放置电缆桥架"选项卡中将提供用于放置电缆桥架的选项如下:

- "对正":打开"对正设置"对话框,在该对话框中可以指定电缆桥架的"水平对正"、"水平偏移"和"垂直对正"。
- "自动连接":如果选择该选项,在开始或结束电缆桥架管段时,可以自动连接构件上的捕捉。该选项对于连接不同高程的管段非常有用。但是,若以不同偏移量绘制电缆桥架或禁用捕捉非 MEP 图元,则应取消选中"自动连接",以避免造成意外连接。
- "在放置时进行标记":在视图中放置电缆桥架管段时,将默认注释标记应用到电缆桥架管段上。

5.3 绘制电缆桥架模型

5.3.1 电缆桥架尺寸设置

【任务实施】

步骤1 选择"管理"选项卡→"MEP 设置"→"电气设置",如图 5.3.1~图 5.3.3 所示。

图 5.3.1

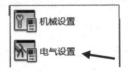

图 5.3.2

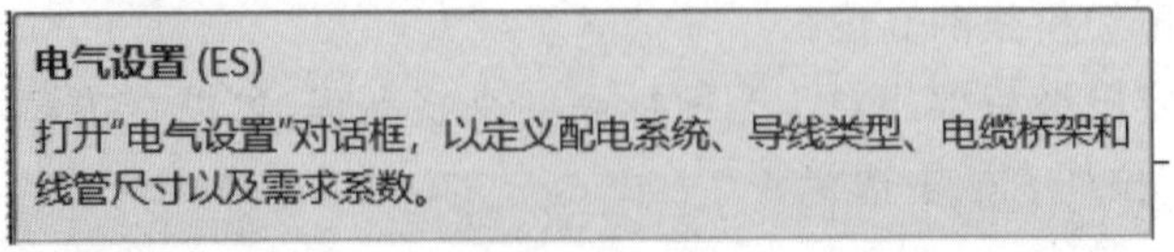

电气设置 (ES)
打开"电气设置"对话框,以定义配电系统、导线类型、电缆桥架和线管尺寸以及需求系数。

图 5.3.3

步骤2 打开"电气设置"对话框,选择"电缆桥架设置"→"尺寸"(见图5.3.4),然后在右侧列表框中分别选中项目所需的尺寸。

步骤3 单击"新建尺寸"按钮可添加尺寸。

第 5 单元　电气专业建模

图 5.3.4

5.3.2　创建电缆桥架类型

【任务分析】

根据电施-07～电施-19 可知,本项目电缆桥架类型如表 5.3.1 所列。桥架类型命名一般要包含桥架的系统信息和材质信息。接下来根据表 5.3.1 中的"桥架类型名称"来创建本项目需要的桥架类型。

创建电缆桥架类型

表 5.3.1

图　　纸	电气系统	桥架材质	桥架类型名称
电施-07 和电施-08	配电系统	防火桥架	强电防火桥架
电施-09	配电系统	玻璃钢桥架	强电玻璃钢桥架
电施-12 和电施-13	弱电系统	防火桥架	弱电防火桥架
电施-14	医护对讲系统	防火桥架	医护对讲防火系统

【任务实施】

(1) 创建电缆桥架

步骤 1　在"项目浏览器"对话框中选择"族"→"电缆桥架"→"带配件的电缆桥架",右击"默认",在弹出的快捷菜单中选择"复制",如图 5.3.5 所示。

步骤 2　右击"默认 2"(见图 5.3.6),在弹出的快捷菜单中选择"重命名",如图 5.3.7 所示,然后将其重命名为"强电防火桥架"。

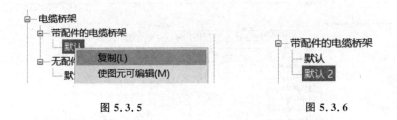

图5.3.5　　　　　　　　　图5.3.6

步骤3　按照上述步骤1和步骤2,完成"强电玻璃钢桥架""弱电防火桥架""医护对讲防火桥架"的创建,完成后如图5.3.8所示。

注意: 根据电施-07～电施-19可知,本项目电缆桥架有"三通"管件,创建电缆桥架时须选择"带配件的电缆桥架"。

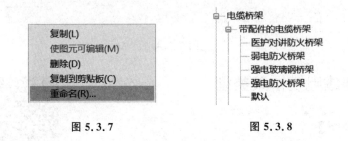

图5.3.7　　　　　　　　　图5.3.8

因电缆桥架/线管和风管/水管不同,没有管道系统,所以只能通过在电缆桥架及配件的类型名称上体现不同系统的区别。后期可以通过过滤器来给不同类型的电缆桥架/线管分别配色,这样就能更直观地区分电缆桥架/线管系统了。

(2) 创建电缆桥架配件

步骤1　选择"插入"选项卡→"从库中载入"面板→"载入族"。

步骤2　在"载入族"对话框中双击要载入的族的类别:打开"机电"→"供配电"→"配电设备"→"电缆桥架配件"文件夹,然后选择"槽式电缆桥架"的全部管件,如图5.3.9所示。

步骤3　单击"打开"按钮将管件载入项目中,各配件样式如图5.3.10所示。

(3) 创建电缆桥架配件类型

在"(1)创建电缆桥架"中电缆桥架通过类型名称来命名不同系统的桥架类型,桥架配件也需要通过类型名称进行重命名,与电缆桥架的类型名称保持一致。

步骤1　在"项目浏览器"对话框中选择"族"→"电缆桥架配件",完成后如图5.3.11所示。

步骤2　右击"电缆桥架配件"中的"槽式电缆桥架垂直等径上弯通"下的"标准",右击在弹出的快捷菜单中选择"复制"。

第 5 单元　电气专业建模

图 5.3.9

图 5.3.10

步骤3　右击生成的"标准2",在弹出的快捷菜单中选择"重命名",将其重命名为"强电防火桥架",完成后如图5.3.12所示。

步骤4　重复上述操作创建"强电玻璃钢桥架""弱电防火桥架""医护对讲防火桥架",完成后如图5.3.13所示。

步骤5　重复上述操作创建其他槽式配件的类型,完成后如图5.3.14所示。

(4) 设置电缆桥架类型属性

步骤1　设置"强电防火桥架"类型属性,具体操作如下:

① 在"项目浏览器"对话框中选择"族"→"电缆桥架"→"带配件的电缆桥架",双击"强电防火桥架",弹出"类型属性"对话框,如图5.3.15所示;

图5.3.11　　　　　图5.3.12　　　　　图5.3.13

图5.3.14

② 在"类型属性"对话框中选择同类型管件,单击"确定"按钮完成,如图5.3.16所示。

注意:对桥架配件配置时应记住"内下外上"原则,即在"类型属性"对话框中的"管件"处,"垂直内弯头"应选择为"槽式电缆桥架垂直等径下弯通:强电",而"垂直外弯头"则相反。

步骤2　重复步骤1,双击"弱电防火桥架",弹出"类型属性"对话框,如图5.3.17所示;设置类型属性,配置同类型管件,如图5.3.18所示。

第 5 单元　电气专业建模

图 5.3.15

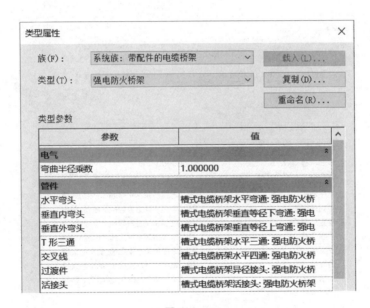

图 5.3.16

步骤 3　重复步骤 1,完成"强电玻璃钢桥架""医护对讲防火系统"的类型属性设置,配置同类型管件,分别如图 5.3.19 和图 5.3.20 所示。

【步骤总结】

上述 Revit 软件创建电气桥架类型的步骤主要分为四步:第一步,复制已有桥架类型,新建所需桥架类型;第二步,载入桥架类型所需配件族;第三步,新建电缆桥架

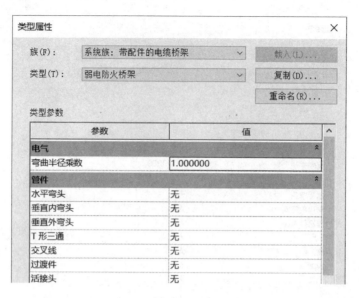

图 5.3.17

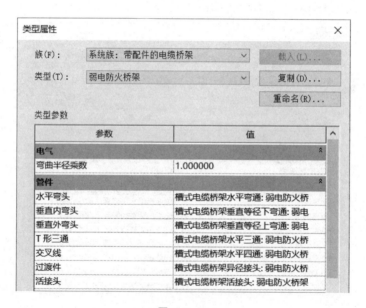

图 5.3.18

配件类型;第四步,在"类型属性"对话框中的"管件"处为桥架配置合适配件。

【业务扩展】

在实际项目中,根据现场环境的技术要求可选用托盘式、槽式、玻璃防腐阻燃电缆桥架或钢制普通型桥架,在容易积灰和其他需加盖的环境或户外场所加盖板,各种材质桥架线槽如图 5.3.21 和图 5.3.22 所示。

第 5 单元　电气专业建模

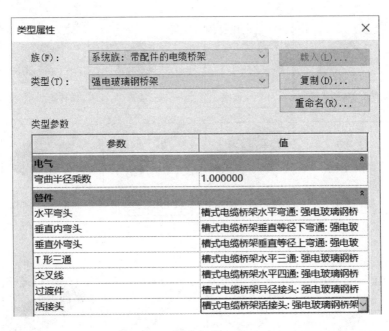

图 5.3.19

图 5.3.20

| 86型开口喷塑线槽 | 不锈钢线槽 | 镀彩线槽 | 镀锌托盘式桥架 |
| 镀锌线筛 | 分隔式铝合金线槽 | 核电用镀彩线槽 | 加强节能型线槽 |

图 5.3.21

   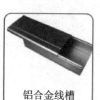

| 铝合金槽式桥架 | 铝合金地下桥架 | 铝合金梯架 | 铝合金线槽 |
| 铝线槽 | 喷塑万能角钢走线架 | 喷涂扁钢走线架 | 喷涂圆钢走线架 |

图 5.3.22

5.3.3 设置电缆桥架过滤器

所有电气平面图都需要设置相同的过滤器,因此在电气平面视图样板中统一设置。

【任务实施】

(1)创建电缆桥架过滤器

步骤1 选择"视图"选项卡→"图形"面板→"视图样板"→"管理视图样板"。

步骤2 在"视图样板"对话框中的"名称"列表框中选择"电气平面",如图 5.3.23 所示。

设置电缆桥架过滤器

第5单元　电气专业建模

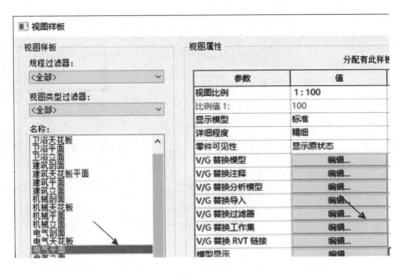

图 5.3.23

步骤3　在"视图属性"选项组中单击"V/G替换过滤器"右侧的"编辑"按钮,如图5.3.23所示。

步骤4　在"电气样板的可见性/图形替换"对话框中的"过滤器"选项卡中的"过滤器"选项组中单击"编辑/新建"按钮,如图5.3.24所示。

步骤5　输入名称"强电防火桥架",然后按图5.3.25所示设置类别和过滤条件,单击"应用"按钮。

步骤6　右击"强电防火桥架",在弹出的快捷菜单中选择"复制",右击生成的"强电防火桥架2",在弹出的快捷菜单中选择"重命名",将其重命名为"弱电防火桥架",然后按图5.3.26所示设置类别和过滤条件,单击"应用"按钮。

图 5.3.24

步骤7　按照上述步骤6,创建"医护对讲防火桥架"和"强电玻璃钢桥架"的过滤器,分别如图5.3.27和图5.3.28所示。

(2)设置桥架过滤器的可见性和图形替换

步骤1　单击"过滤器"对话框中的"确定"按钮,关闭"过滤器"对话框,如图5.3.28所示。

步骤2　在"电气天花板的可见性/图形替换"对话框中的"过滤器"选项卡中,单击"添加"按钮,如图5.3.29所示。

·297·

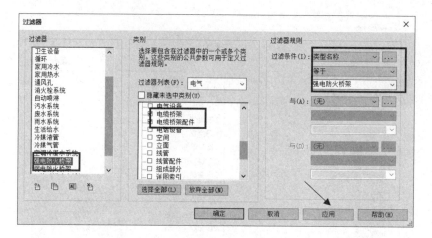

图 5.3.25

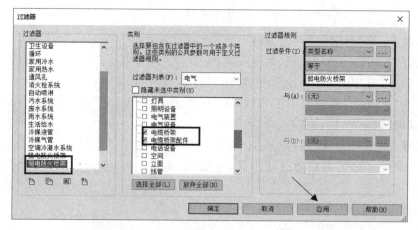

图 5.3.26

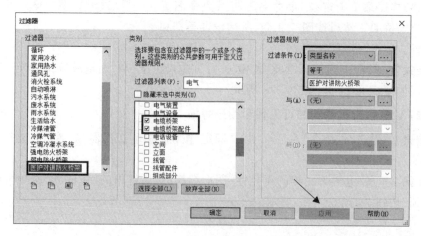

图 5.3.27

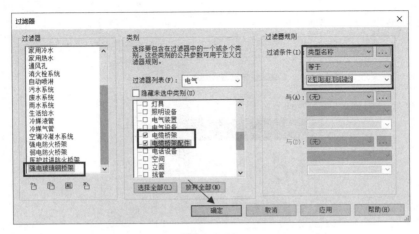

图 5.3.28

图 5.3.29

步骤3 依次选择各桥架过滤器，单击"确定"按钮完成，如图 5.3.30 所示；结果如图 5.3.31 所示。

步骤4 设置"强电防火桥架"的可见性和图形替换，具体操作如下：

① 单击"线"列中的"替换"按钮，如图 5.3.31 所示，弹出"线图形"对话框，将"颜色"设置为"红色"，单击"确定"按钮，如图 5.3.32 所示；

② 单击"填充图案"列中的"替换"按钮，如图 5.3.31 所示，弹出"填充样式图形"对话框，将"颜色"设置为"红色"，"填充图案"设置为"上对角线"，单击"确定"按钮，如图 5.3.33 所示；

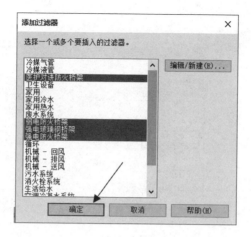

图 5.3.30

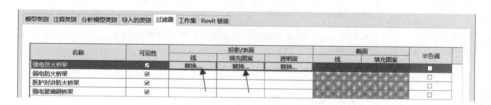

图 5.3.31

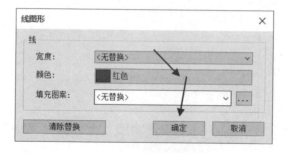

图 5.3.32

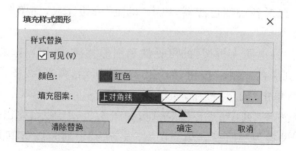

图 5.3.33

③ 结果如图 5.3.34 所示。

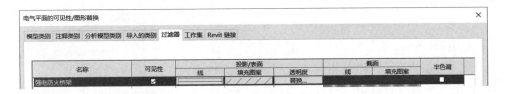

图 5.3.34

步骤 5 参考上述步骤 4 设置"弱电防火桥架"的可见性和图形替换,"颜色"设置为"绿色","填充图案"设置为"交叉填充 1.5 mm",如图 5.3.35 所示。

图 5.3.35

步骤 6 参考上述步骤 4 设置"医护对讲防火桥架"的可见性和图形替换,"颜色"设置为"青色","填充图案"设置为"对角交叉线",如图 5.3.36 所示。

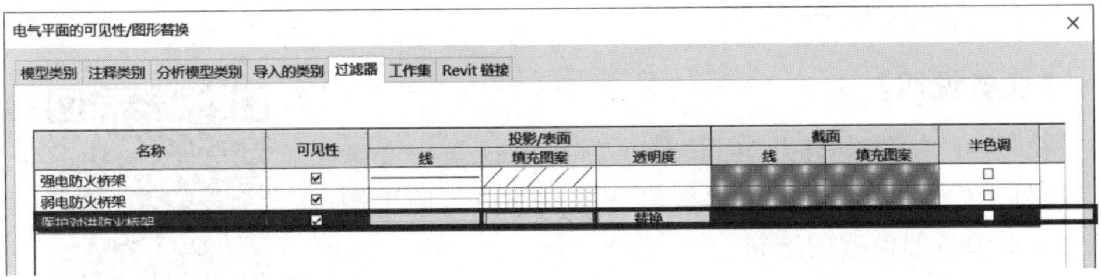

图 5.3.36

步骤 7 参考上述步骤 4 设置"强电玻璃钢桥架"的可见性和图形替换,"颜色"设置为"紫","填充图案"设置为"交叉线",如图 5.3.37 所示。

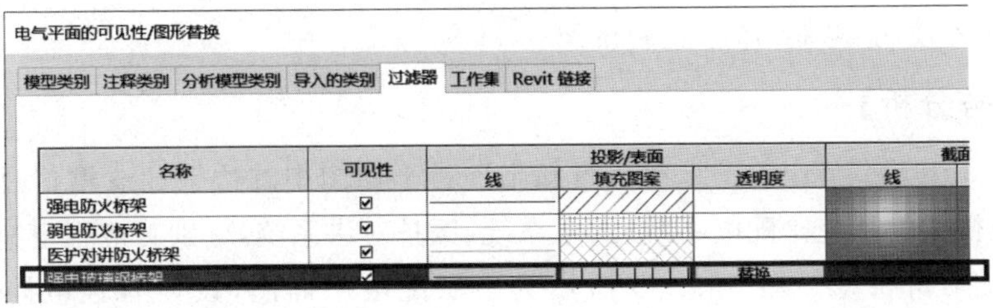

图 5.3.37

步骤8 单击"确定"按钮,完成"电气平面"样板过滤器的设置。

步骤9 应用视图样板,如图5.3.38所示。

① 按住Shift键依次选择"一层电气"、"二层电气"、"三层电气"、"四层电气"、"五层电气"和"屋顶电气平面",右击,在弹出的快捷菜单中选择"应用视图样板";

② 选择"电气平面样板"。

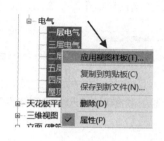

图 5.3.38

【步骤总结】

上述Revit软件设置电气系统过滤器的步骤主要分为五步:第一步,选择"管理视图样板"工具;第二步,在"电气平面"样板中创建"桥架过滤器";第三步,在"电气平面"样板的"过滤器"选项卡中添加"桥架过滤器";第四步,设置"桥架过滤器"的可见性和图形替换;第五步,将视图样板应用到电气平面视图中。

【业务扩展】

在选择过滤器的过滤条件时,除了可以通过系统类型过滤之外,还可以使用类型名称、系统分类等过滤;另外,过滤条件的选择取决于过滤类别的选择,过滤类别选择的项越多,过滤条件可选的项就越少。

5.3.4 绘制电缆桥架

【任务说明】

在Revit软件中打开"门诊楼项目机电模型中心文件"项目文件,根据提供的门诊楼电气图中的电气施工图纸完成电缆桥架模型的绘制。

绘制电缆桥架

【任务目标】

① 学习使用"链接CAD"命令链接CAD图纸;

② 学习使用"可见性/图形替换"命令设置导入CAD图纸的可见性;

③ 学习使用"电缆桥架"命令绘制电缆桥架;

④ 学习使用"复制"命令复制桥架。

【任务分析】

根据5.1.5小节中的图纸解析可知本项目平面图中的桥架和线槽信息,本项目设有电缆桥架的系统是配电系统、弱电系统、医护对讲系统,分别对应强电桥架、弱电桥架、医护对讲桥架。图5.3.39所示为一层配电平面图,设计有强电防火桥架;图5.3.40所示为一层弱电平面图,设计有弱电防火桥架。根据电施-7可知强电桥架的尺寸、位置及安装标高,根据电施-12可知弱电桥架的尺寸、位置及安装标高。

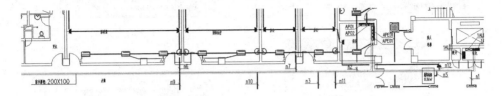

图5.3.39　一层配电平面图-强电防火桥架

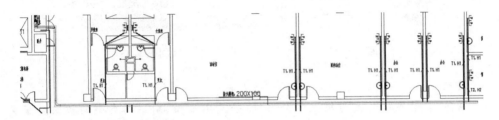

图5.3.40　一层弱电平面图-弱电防火桥架

【任务实施】

(1) 链接一层配电平面图

步骤1　在"项目浏览器"对话框中选择"一层电气系统"平面图。

步骤2　设置视图范围,设置当前工作集为"电气",设置本层所有桥架可见。

步骤3　选择"插入"选项卡→"链接"面板→"链接CAD",将"一层配电平面图"链接到"一层电气系统"平面图中。

步骤4　对齐CAD图纸轴网与项目轴网并锁定。

(2) 绘制一层强电防火桥架

步骤1　选择"系统"选项卡→"电气"面板→"电缆桥架",如图5.3.41所示。

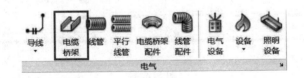

图5.3.41

步骤2　设置电缆桥架属性,具体操作如下:

① 在"属性"对话框中的"类型选择器"中选择电缆桥架类型为"强电防火桥架",如图5.3.42所示;

② "垂直对正"选择"底",如图5.3.42所示;

③ 在"放置工具"面板上清除"自动连接",如图5.3.43所示;

④ 在"修改|放置电缆桥架"选项栏上指定宽度、高度和偏移量：

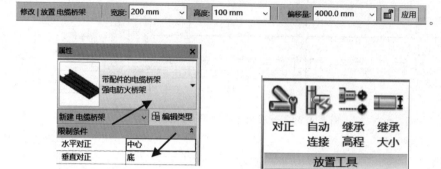

图 5.3.42　　　　　　　　图 5.3.43

注意：

清除"自动连接"，因为桥架不分系统，若是不清除，则不同类型的桥架会交叉连接；

对齐方式的选择：

- 水平对正：使用电缆桥架的中心、左侧或右侧作为参照，水平对齐电缆桥架剖面的各条边。
- 水平偏移：指定在绘图区域中单击位置与电缆桥架绘制位置之间的偏移。如果要在视图中距另一构件固定距离的地方放置电缆桥架，则该选项非常有用。
- 垂直对正：使用电缆桥架的中部、底部或顶部作为参照，垂直对齐电缆桥架剖面的各条边。

步骤 3　执行绘制桥架命令：按照 CAD 桥架路线绘制桥架，如图 5.3.44 所示。

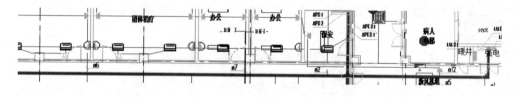

图 5.3.44

步骤 4　使用延伸命令生成三通，具体操作如下：

① 选择"修改"选项卡→"修改"面板→"修剪|延伸单一图元"，如图 5.3.45 所示；

② 选择用作边界的桥架，如图 5.3.46 所示；

③ 选择要延伸的桥架，生成三通，如图 5.3.47 所示；

④ 查看三维视图，效果如图 5.3.48 所示。

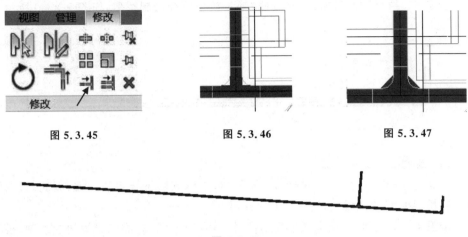

图 5.3.45　　　　　　　图 5.3.46　　　　　　　图 5.3.47

图 5.3.48

（3）绘制一层弱电桥架

步骤 1　选择"插入"选项卡→"链接"面板→"链接 CAD"，将"一层弱电平面图"链接到"一层电气系统"平面图中。

步骤 2　对齐 CAD 图纸轴网与项目轴网并锁定。

步骤 3　输入快捷键 VV，在弹出的对话框中单击"导入的类别"标签，切换到"导入的类别"选项卡，在"可见性"列中取消选中"一层配电平面图"复选框，单击"确定"按钮，如图 5.3.49 所示。

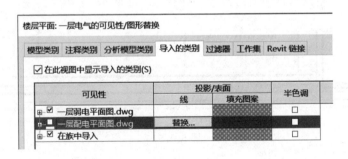

图 5.3.49

步骤 4　选择"系统"选项卡→"电气"面板→"电缆桥架"。

步骤 5　设置电缆桥架的属性，具体操作如下：

① 在"属性"对话框中的"类型选择器"中取消选中电缆桥架类型为"弱电防火桥架"。

② "垂直对正"选择"底"；

③ 在"放置工具"面板上清除"自动连接"；

④ 在"修改|放置电缆桥架"选项栏上指定宽度、高度和偏移量：

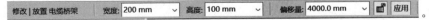

步骤 6 执行绘制桥架命令：按照 CAD 桥架路线绘制桥架，如图 5.3.50 所示。

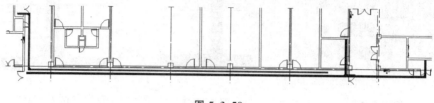

图 5.3.50

（4）绘制二～五层桥架

根据电施-08、电施-13 和电施-14 可知，二～五层桥架布置一致，因此，只需绘制二层桥架模型，然后复制到三～五层即可。

步骤 1 定位到"二层电气平面"，参考上述（1）～（3）完成二层桥架的绘制，桥架底部标高为 2 500 mm，如图 5.3.51 所示。

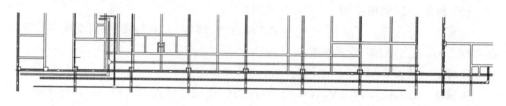

图 5.3.51

步骤 2 从左往右选中所有桥架，如图 5.3.52 所示。

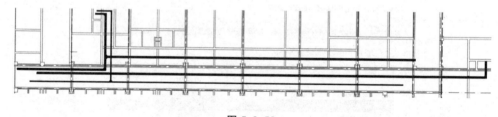

图 5.3.52

步骤 3 选择"修改"选项卡→"剪贴板"面板→"复制"，图标，如图 5.3.53 所示。

步骤 4 选择"修改"选项卡→"剪贴板"面板→"粘贴"（见图 5.3.54）→"与选定的标高对齐"命令，如图 5.3.55 所示。

步骤 5 按住 Ctrl 键，依次选择"3F""4F""5F"，单击"确定"按钮完成复制，如图 5.3.56 所示。

图 5.3.53　　　　　　　图 5.3.54　　　　　　　图 5.3.55

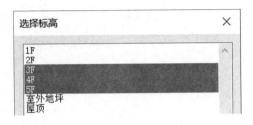

图 5.3.56

(5) 绘制屋顶桥架

步骤 1　定位到"屋顶电气平面",参考上述(1)~(3)完成屋顶桥架的绘制,桥架底部标高为 300 mm,桥架类型为"玻璃钢桥架",如图 5.3.57 所示。

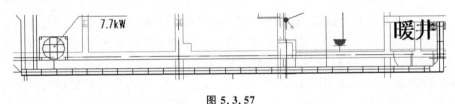

图 5.3.57

步骤 2　选中桥架,输入快捷键 BX,在三维视图的"属性"对话框中取消选中"剖面框"复选框,如图 5.3.58 所示。

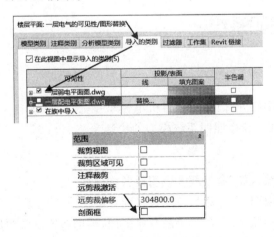

图 5.3.58

步骤3　在三维视图的"属性"对话框中设置"视图样板"为"电气平面",如图5.3.59所示,结果如图5.3.60所示。

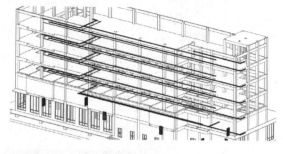

图 5.3.59　　　　　　　　　　　　　图 5.3.60

【步骤总结】

上述 Revit 软件绘制桥架的步骤主要分为五步:第一步,进入对应楼层平面;第二步,链接 CAD 图纸并锁定对齐;第三步,创建一层各类型桥架;第四步,创建标准层电缆桥架;第五步,复制标准层电缆桥架。

【业务扩展】

桥架绘制方法较为简单,根据图纸可找到桥架的高度、宽度、铺设高度以及系统信息,将图纸链接后可沿路径绘制模型。在施工现场安装桥架之前,必须与各专业协调,避免与大口径消防管、喷水管、冷热水管、排水管、空调及排风设备产生矛盾。将桥架安装到预定位置,采用螺栓固定,在转弯处需仔细校核尺寸,桥架宜与建筑物坡度一致。在圆弧形建筑物墙壁上安装的桥架,其圆弧宜与建筑物一致。桥架与桥架之间用连接板连接,连接螺栓采用半圆头螺栓,半圆头在桥架内侧。桥架之间的缝隙须达到设计要求,以确保一个系统的桥架连成一体。

5.4　绘制照明系统

【任务说明】

在 Revit 软件中打开"门诊楼项目机电模型中心文件"项目文件,根据提供的门诊楼电气图纸,完成门诊楼照明系统模型的绘制。

【任务目标】

① 学习使用"载入族"命令载入照明设备构件族;
② 学习使用"视图"命令添加天花板平面;
③ 学习使用"参照平面"命令绘制参照平面,辅助布置设备构件;
④ 学习使用"编辑类型"命令修改编辑配电箱的规格尺寸。

第 5 单元 电气专业建模

【任务分析】

Revit 软件提供的"机械样板"只包含基本的构件族,根据"电施-01 电气设计总说明、图纸目录"中的图例说明表和电施-05 可知,本项目设有"配电箱"、"双管荧光灯"、"吸顶灯"、"开关"、"应急疏散指示灯"、"安全出口灯"和"自带电源照明灯"等照明专业设备,在建模前需要在门诊楼项目机电模型中心文件中先载入项目所需的照明设备构件族。

下面以门诊楼项目"一层照明平面图"为例,讲解"照明设备构件"载入和布置的操作步骤。根据"电施-01 电气设计总说明、图纸目录"可知本项目照明灯具的型号和规格,如表 5.4.1 所列。

表 5.4.1

序 号	名 称	设备图例	型号及规格	单 位	备 注
1	动力照明配电箱	▬		台	按系统图订货
2	照明配电箱	▬		台	按系统图订货
3	应急照明配电箱	▧		台	按系统图订货
4	双管荧光灯	▬	2*36WYU	盏	吸顶安装
5	单管荧光灯	▬	1*36WYU	盏	吸顶安装
6	地灯	▪	1*18WYU	盏	距地 0.5 m
7	吸顶灯	▬	1*22WYU	盏	吸顶安装
8	吸墙灯(带防水防尘罩)	▬	E27	盏	门头上 0.2 m
9	单联翘板开关	▬	250 V 10 A	个	距地 1.3 m
10	双联翘板开关	▬	250 V 10 A	个	距地 1.3 m
11	三联翘板开关	▬	250 V 10 A	个	距地 1.3 m
12	双联翘板暗装开关	▬	250 V 10 A	个	距地 1.3 m

5.4.1 载入照明设备构件族

【任务实施】

(1) 载入"双管荧光灯"(见图 5.4.1)

步骤 1 选择"插入"选项卡→"从库中载入"面板→"载入族"。

步骤 2 在"载入族"对话框中打开"机电"→"照明"→"室内灯"→"导轨和支架式灯具"文件夹。

步骤 3 选择"双管吸顶式灯具"族构件,单击"打开"按钮,将双管荧光灯载入项目中,如图 5.4.2 所示。

(2) 载入"吸顶灯"(见图 5.4.3)

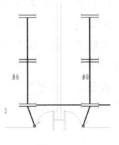

图 5.4.1

图 5.4.2

步骤 1 选择"插入"选项卡→"从库中载入"面板→"载入族"。

步骤 2 在"载入族"对话框中打开"机电"→"照明"→"室内灯"→"环形吸顶灯"文件夹。

步骤 3 选择"环形吸顶灯",单击"打开"按钮,将吸顶灯载入项目中,如图 5.4.4 所示。

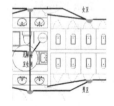

图 5.4.3

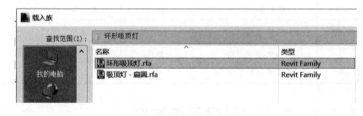

图 5.4.4

(3) 载入"开关"(见图 5.4.5)

步骤 1 选择"插入"选项卡→"从库中载入"面板→"载入族"。

步骤 2 在"载入族"对话框中打开"机电"→"供配电"→"终端"→"开关"文件夹。

步骤 3 选择"单联开关-暗装""双联开关-暗装""三联开关-暗装",单击"打开"按钮,将开关载入项目中,如图 5.4.6 所示。

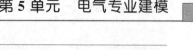

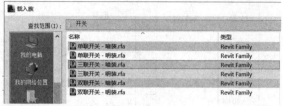

图 5.4.5　　　　　　　　　　　　　图 5.4.6

(4) 载入"应急照明构件"(见图 5.4.7～图 5.4.9)
步骤1　选择"插入"选项卡→"从库中载入"面板→"载入族"。
步骤2　在"载入族"对话框中打开"机电"→"照明"→"特殊灯"文件夹。
步骤3　选择"应急疏散指示灯""自带电源的事故照明灯",单击"打开"按钮,将其载入项目中,如图 5.4.10 所示。

图 5.4.7　　　　　　　　图 5.4.8　　　　　　　　图 5.4.9

图 5.4.10

步骤4　Revit 自带族库中没有"安全出口"族构件,可载入本书提供的族构件。
(5) 载入"配电箱"
根据电施-10 可知一层照明箱编号为"1AL01",根据电施-03 中的"1AL01"配电箱系统图可知 1AL01 的参考尺寸:400×500×120,挂墙明装,安装高度为 1.5 m,如图 5.4.11 所示。图例如图 5.4.12 所示;平面位置如图 5.4.13 所示。
步骤1　选择"插入"选项卡→"从库中载入"面板→"载入族"。
步骤2　在"载入族"对话框中打开"机电"→"供配电"→"配电设备"→"箱柜"文件夹。
步骤3　选择"照明配电箱-明装",单击"打开"按钮,将配电箱载入项目中,如图 5.4.14 所示。

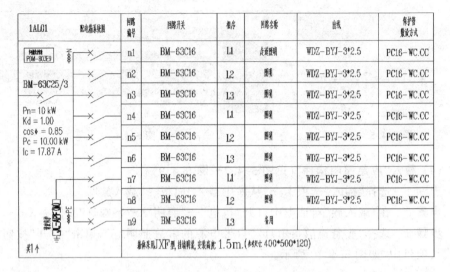

图 5.4.11

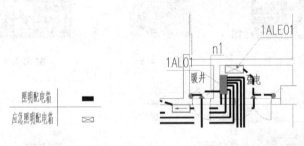

图 5.4.12　　　　　图 5.4.13

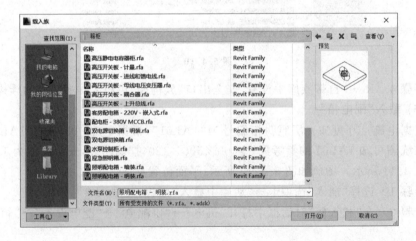

图 5.4.14

5.4.2 新建电气天花板平面

灯具等构件属于在顶面上安装的设备,按照 Revit 软件的原则,必须在天花板或楼板平面图中布置。

【任务实施】

步骤1 选择"视图"选项卡→"创建"面板→"平面视图"→"天花板投影平面",如图 5.4.15 和 5.4.16 所示。

图 5.4.15

图 5.4.16

步骤2 在"新建天花板平面"对话框中单击"编辑类型"按钮,如图 5.4.17 所示。

步骤3 在"类型属性"对话框中选择"电气平面"样板,单击"确定"按钮完成,如图 5.4.18 所示。

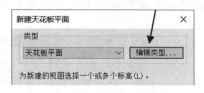

图 5.4.17

步骤4 在"新建天花板平面"对话框中取消选中"不复制现有视图"复选框,选中"1F"、"2F"、"3F"、"4F"和"5F"新建天花板平面,单击"确定"按钮完成,如图 5.4.19 所示。

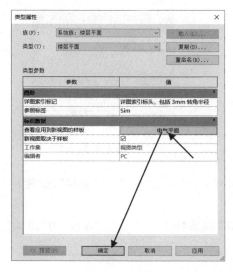

图 5.4.18

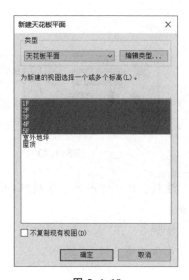

图 5.4.19

步骤5 在"项目浏览器"对话框中的"天花板平面"下修改视图名称,如图5.4.20所示。

5.4.3 新建天花板

【任务实施】

步骤1 双击进入"1F电气天花板"。

步骤2 选择"建筑"选项卡→"构建"面板→"天花板",如图5.4.21所示。

步骤3 Revit自动切换到"修改|放置天花板"选项卡,然后在"修改|放置天花板"选项卡中的"天花板"面板中选择"绘制天花板",如图5.4.22和图5.4.23所示。

步骤4 在"属性"对话框中设置"目标高的高度偏移"为"3500.0"(一层吊顶高度为3 500 mm),如图5.4.24所示。

步骤5 进行天花板外轮廓的绘制,绘制完成后如图5.4.25所示。在"绘制天花板"面板上单击✔图标完成天花板的绘制。

图5.4.21

图5.4.22

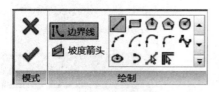

图5.4.23

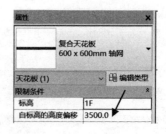

图5.4.24

注意:此时视图为电气规程,天花板不可见,可设置"规程"为"协调",如图5.4.26所示。

步骤6 在"天花板"属性窗口中,设置"视图样板"为"无","规程"为"协调",可见天花板如图5.4.27所示。

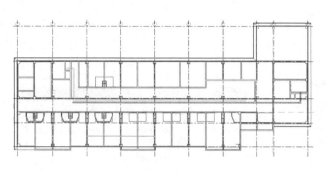

图 5.4.25　　　　　　　　　　　图 5.4.26

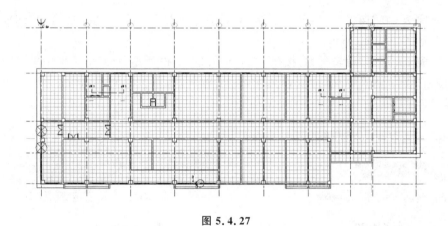

图 5.4.27

5.4.4　布置普通照明设备

以一层照明系统为例讲解照明设备的布置方法。根据电施-01 中的图例表可知本项目双管荧光灯的规格为 $2\times36WYZ$。

【任务实施】

(1) 链接 CAD 图纸

步骤 1　选择"插入"选项卡→"链接"面板→"链接 CAD",将"一层照明平面图"链接到"一层电气天花板"平面图中。

步骤 2　对齐 CAD 图纸轴网与项目轴网并锁定。

步骤 3　选择图纸,在"属性"对话框中设置"绘制图层"为"前景",如图 5.4.28 所示。

(2) 布置"双管荧光灯"

步骤 1　选择"系统"选项卡→"电气"面板→"照明设备",如图 5.4.29 所示。

图 5.4.28

图 5.4.29

步骤 2　在"属性"对话框中选择"双管吸顶式灯具-T8",选择规格为"36W－2盏灯",如图 5.4.30 所示。

步骤 3　单击"编辑类型"按钮(见图 5.4.30),在"类型属性"对话框中单击"重命名"按钮,将"类型"修改为"双管荧光灯 36 W－2",单击"确定"按钮,如图 5.4.31所示。

图 5.4.30

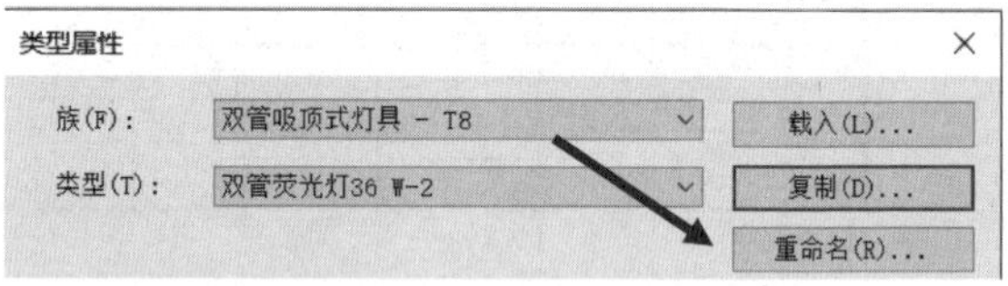

图 5.4.31

步骤 4　选择"修改|放置设备"选项卡→"放置"面板→"放置在面上",如图 5.4.32 所示。

步骤 5　移动光标拾取天花板平面,单击布置"双管荧光灯"(在布置"双管荧光灯"时若出现设备构件与平面图布局方向不一致的情况,可通过按空格键的方式切换设备构件的方向)。

图 5.4.32

步骤 6　若放置时没有完全对齐,则可以通过选择"修改"选项卡→"修改"面板→"对齐"来对齐。绘制结果如图 5.4.33 所示。

步骤 7　当前状态下双管荧光灯显示不明显,可设置"视图控制栏"为"中等",如图 5.4.34 所示。三维视图如图 5.4.35 所示。

第5单元　电气专业建模

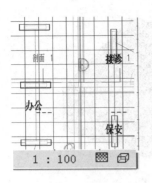

图 5.4.33　　　　　图 5.4.34

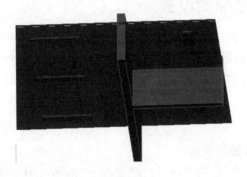

图 5.4.35

(3) 布置"吸顶灯"

根据电施-01中的图例表可知本项目吸顶灯规格为18WYU。

步骤1　选择"系统"选项卡→"电气"面板→"照明设备"。

步骤2　在"属性"对话框中选择"环形吸顶灯"。

步骤3　单击"编辑类型"按钮,在"类型属性"对话框中单击"复制"按钮,然后将"类型"设置为"吸顶灯-18WYU",单击"确定"按钮,如图5.4.36所示。

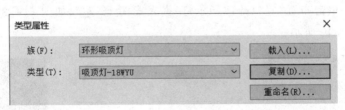

图 5.4.36

步骤4　按照"(2)布置双管荧光灯"中布置"双管荧光灯"的方式为"吸顶灯",在三维视图窗口查看最终结果并保存项目文件,如图5.4.37所示。

图 5.4.37

5.4.5 布置应急照明设备

根据《高层民用建筑设计防火规范》GB 50045—95(2005 年版)《关于疏散指示标志的规定》要求,应急疏散指示灯宜设在墙面上或顶棚上,安全出口标志宜设在出口的顶部,疏散走道的指示标志宜设在疏散走道及其转角处距地面 1.00 m 以下的墙面上。

【任务实施】

(1) 布置"应急疏散指示灯"

步骤 1 选择"插入"选项卡→"链接"面板→"链接 CAD",将"一层照明平面图"链接到"一层电气"平面图中。

步骤 2 对齐 CAD 图纸轴网与项目轴网并锁定。

步骤 3 选择图纸,在"属性"对话框中设置"绘制图层"为"前景"。

步骤 4 选择"系统"选项卡→"电气"面板→"照明设备"。

步骤 5 在"属性"对话框中的"类型选择器"中选择对应方向的应急照明设备:"应急疏散指示灯-嵌入式 矩形 左",在"属性"对话框中的"限制条件"中设置"立面"为"800.0",如图 5.4.38 所示。

步骤 6 单击布置"应急疏散指示灯-嵌入式 矩形 左",如图 5.4.39 所示,三维效果如图 5.4.40 所示。

图 5.4.38

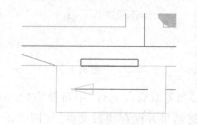

图 5.4.39

图 5.4.40

(2) 布置"事故照明灯"

步骤 1 选择"系统"选项卡→"电气"面板→"照明设备"。

步骤 2 在"属性"对话框中的"类型选择器"中选择"自带电源的事故照明灯",在"限制条件"中设置"立面"为"2400.0",如图 5.4.41 所示。

步骤 3 单击布置"自带电源的事故照明灯",如图 5.4.42 所示。

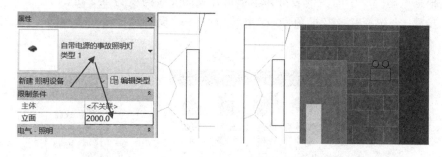

图 5.4.41　　　　　　　　图 5.4.42

(3) 布置"安全出口指示灯"

步骤 1 选择"系统"选项卡→"电气"面板→"照明设备"。

步骤 2 在"属性"对话框中的"类型选择器"中选择"安全出口指示灯",在"限制条件"中设置"立面"为"2400.0",如图 5.4.43 所示。

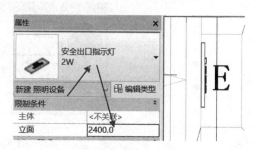

图 5.4.43

步骤 3 单击布置"安全出口指示灯",如图 5.4.44 所示。

图 5.4.44

5.4.6 布置开关和箱柜

【任务实施】

(1) 布置开关

根据电施-01中的图例表可知本项目开关的安装高度为1.3 m。

步骤1 选择"系统"选项卡→"电气"面板→"设备"→"照明",如图5.4.45和图5.4.46所示。

图5.4.45　　　　　　　　　　　　　图5.4.46

步骤2 根据图例(见图5.4.47),在"属性"对话框中选择对应的开关,这里选择"单联开关-暗装 单控",如图5.4.48所示。

图5.4.47　　　　　　　　　　　　　图5.4.48

步骤3 选择"修改|放置灯具"选项卡→"放置"面板→"放置在垂直面上",如图5.4.49所示。

步骤4 单击布置"开关"(在布置"开关"时若设备构件与平面图布局方向不一致,可通过按空格键的方式切换设备构件的方向)。

步骤5 在三维视图窗口查看最终结果(见图5.4.50)并保存项目文件。

(2) 布置箱柜

根据电施-10可知一层照明箱编号为"1AL01",根据电施-03中的"1AL01"配电箱系统图可知1AL01的参考尺寸为400×500×120,挂墙明装,安装高度为1.5 m,分别如图5.4.51和图5.4.52所示。

图 5.4.49

图 5.4.50

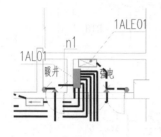

图 5.4.51

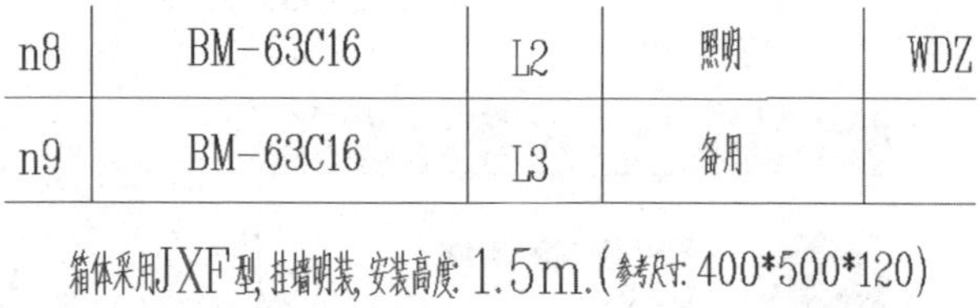

| n8 | BM-63C16 | L2 | 照明 | WDZ |
| n9 | BM-63C16 | L3 | 备用 | |

箱体采用JXF型,挂墙明装,安装高度1.5m.(参考尺寸:400*500*120)

图 5.4.52

步骤1 选择"系统"选项卡→"电气"面板→电气设备",如图 5.4.53 所示。

步骤2 在"属性"对话框中选择"照明配电箱-明装 LB101",单击"编辑类型"按钮,如图 5.4.54 所示。

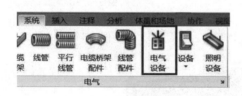

图 5.4.53

图 5.4.54

步骤3 在"类型属性"对话框中单击"复制"按钮,如图 5.4.55 所示,输入类型名称为"1AL01"。

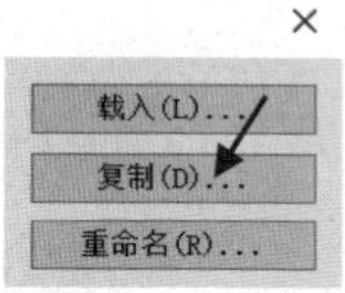

步骤4 在"尺寸标注"中"宽度"为"400.0 mm","高度"为"500.0 mm","深度"为"120.0 mm",单击"确定"按钮,如图 5.4.56 所示。

步骤5 在"属性"对话框中设置"立面"为"1500.0",如图 5.4.57 所示。

步骤6 单击布置箱柜,如图 5.4.58 所示。

图 5.4.55

图 5.4.56

图 5.4.57

图 5.4.58

步骤 7 在三维视图窗口查看最终结果(见图 5.4.59)并保存项目文件。

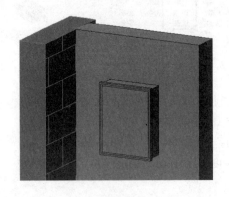

图 5.4.59

【步骤总结】

上述 Revit 软件布置照明设备构件的步骤主要分为七步:第一步,查看设计说明,确定要载入的照明设备构件、规格型号和安装高度;第二步,载入图纸中涉及的几种照明设备、开关、疏散指示和配电箱;第三步,创建构件放置平面(包括天花板平面、

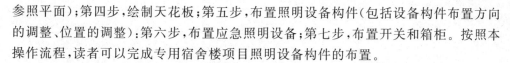

参照平面);第四步,绘制天花板;第五步,布置照明设备构件(包括设备构件布置方向的调整、位置的调整);第六步,布置应急照明设备;第七步,布置开关和箱柜。按照本操作流程,读者可以完成专用宿舍楼项目照明设备构件的布置。

【业务扩展】

在 Revit 模型中放置构件后,有可能出现放置的构件二维图例的大小与 CAD 图纸中构件的图例大小不一致的情况,这是因为 CAD 图纸也只是图例,并不代表构件的实际尺寸,所以放置的构件不一定与 CAD 图例的尺寸完全重合,只要构件放置的位置正确即可。构件没有明确尺寸的,采用 Revit 族库中构件的常规尺寸即可。

# 第 6 单元

BIM 模型综合应用

本书第 2~5 章主要讲解了"门诊楼机电专业"模型的创建,通过前面的学习,读者可掌握使用 Revit 软件创建模型的操作方法。在实际项目中,使用 Revit 软件创建 BIM 模型仅仅是 BIM 技术应用过程中的一部分,在学习过程中,除了应掌握 BIM 建模操作方法之外,还应懂得如何利用 BIM 模型为项目建设提供价值。本章主要讲解在使用 Revit 软件创建完成"门诊楼机电专业"BIM 模型后,通过 Revit 软件对 BIM 模型进行碰撞检查、管综优化、材料统计、施工图标注和施工图出图等操作。

6.1 碰撞检查

在机电工程施工中,水、暖、电、智能化、通信等各种管线错综复杂,各管路走向密集交错,如在施工中发现各专业管路发生碰撞,则会出现大面积拆除返工,甚至会导致整个方案重新修改的情况,这不但会浪费材料,还会大大地延误工期。因此,在施工前,采用 BIM 技术,将机电各个专业和结构模型整合在统一的平台上,进行机电各专业间及与结构间的碰撞检查,提前发现施工现场存在的碰撞和冲突,通过提前预知施工过程中可能存在的碰撞和冲突,来大大减少后期设计的变更,提高施工现场的生产效率。

通过碰撞检查发现原设计中实体之间的"硬碰撞",发现各管线交错时产生的问题,从而形成碰撞报告,及时调整问题管线并进行合理排布,保证设计的可靠性。

6.1.1 机电专业与建筑结构模型碰撞检查

碰撞检查,先将管道、桥架、风管与链接建筑结构模型中的柱、梁、板进行碰撞检查并逐一调整。通过 Revit 软件可以检测机电专业 BIM 模型与外部链接的建筑或结构专业 BIM 模型之间的碰撞。

第6单元　BIM模型综合应用

步骤1　选择"视图"选项卡→"创建"面板→"三维视图"→"默认三维视图"，如图 6.1.1 和图 6.1.2 所示。

图 6.1.1

图 6.1.2

步骤2　设置"属性"对话框中的"规程"为"协调"，取消选中"剖面框"复选框，如图 6.1.3 所示。

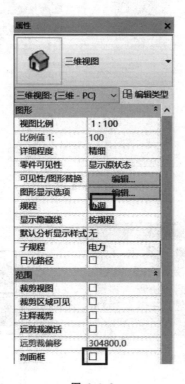

图 6.1.3

步骤3　输入快捷键 VV，在弹出的对话框中的"模型类别"选项卡中，将"可见性"列中的全面选项均选中，单击"确定"按钮，如图 6.1.4 所示。同样设置"过滤器"和"工作集"选项卡中的相关项。

步骤4　选择"协作"选项卡→"坐标"面板→"碰撞检查"→"运行碰撞检查"，如图 6.1.5 和图 6.1.6 所示。

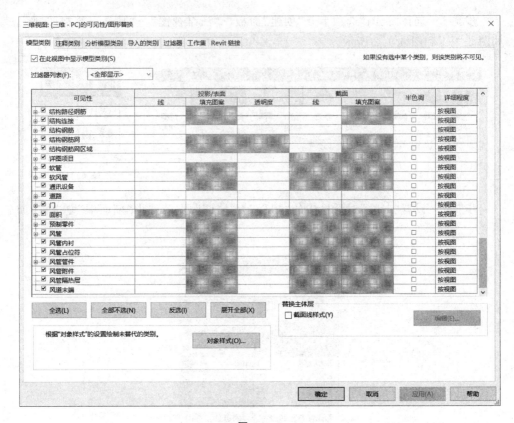

图 6.1.4

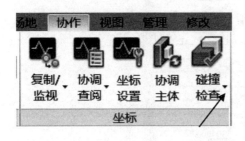

图 6.1.5

图 6.1.6

步骤 5 "碰撞检查"对话框分为左、右两部分,两列的最上方为碰撞检查的对象选择,在这里可以通过"类别来自"下拉列表框选择当前项目或者外部链接进来的项目。在"类别来自"下拉列表框中分别选择"当前项目"和"门诊楼-土建",如图 6.1.7 所示。

步骤 6 可通过选中左右两侧中的类别,选择需要碰撞的构件类型(可多选),如图 6.1.7 所示。

第6单元 BIM模型综合应用

图 6.1.7

步骤 7 单击"确定"按钮,最终的碰撞结果如图 6.1.8 所示。

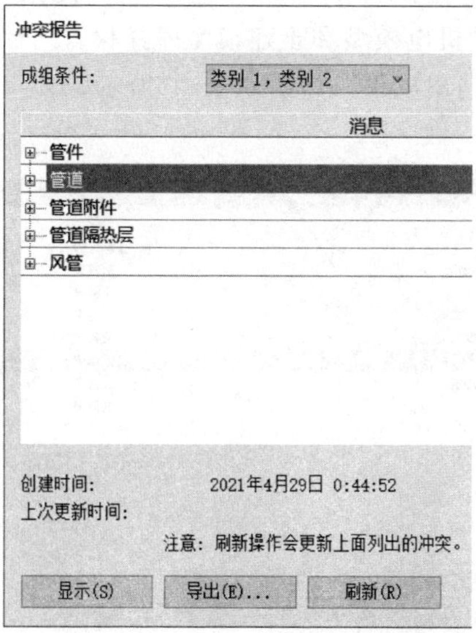

图 6.1.8

步骤8 查看碰撞部位。在"消息"栏中选择任意碰撞报告,单击"＋",会看到碰撞构件的 ID 号。例如,依次单击展开"风管""窗",单击"门诊楼-土建.rvt 窗",单击"显示"按钮,如图 6.1.9 所示。软件会自动跳转至"墙"界面,土建模型会高亮显示,然后就会发现碰撞点,并且可以进行调整。如果单击"显示"按钮,提示"找不到完好的视图",则需要复制构件的 ID 号至"管理"选项卡下"按 ID 选择"进行查找。

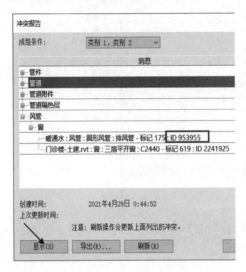

图 6.1.9

步骤9 导出"碰撞报告"。在"冲突报告"对话框中可查看所选择的碰撞类别之间的所有碰撞点,并可将碰撞检查结果导出形成碰撞报告。导出的"碰撞报告"为.html 格式,文件名为"机电模型和土建模型碰撞检查",保存地址为"\门诊楼项目BIM应用_学号＋姓名\输出成果",如图 6.1.10 所示。

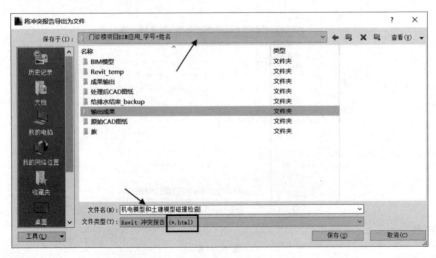

图 6.1.10

6.1.2 机电专业与机电专业模型碰撞检查

步骤1 选择"协作"选项卡→"坐标"面板→"碰撞检查"→"运行碰撞检查" ，如图6.1.5所示。

步骤2 由于这里检测机电各专业间的碰撞，因此选择当前项目与当前项目的碰撞，如图6.1.11所示。

图 6.1.11

步骤3 可通过选中"碰撞检查"对话框中左、右两侧的类别，选择需要碰撞的构件类型(可多选)。例如，检测BIM模型中桥架与风管之间的碰撞，可分别选择如图6.1.11所示的选项。

步骤4 选择完成后单击"确定"按钮，运行碰撞检查命令，最终结果如图6.1.12所示。

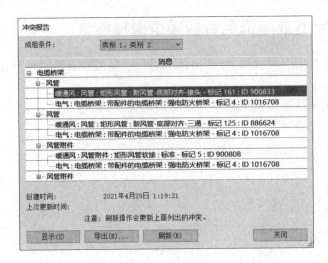

图 6.1.12

6.1.3 重要节点碰撞检查

检查所有消火栓门的开启方位是否有碰撞；检查人防门的开启范围内是否有碰撞。其中，人防门的碰撞范围包括 500 mm、400 mm 或 300 mm，开启碰撞角度包括 180°或 90°；设计人员在管综优化时，管线布置宜避开人防门开启范围。

6.1.4 软碰撞

逐一检查各设备管线之间的"软碰撞"，使每个系统都符合规范与施工要求，实现 BIM 落地的目标，整理软碰撞问题清单，如图 6.1.13 所示。

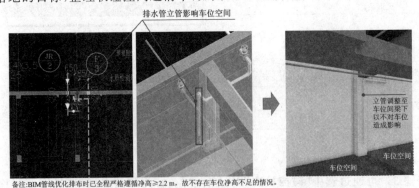

图 6.1.13

6.2 管综优化

6.2.1 管综优化基本原则

(1) 避让原则

① 有压管让无压管,小管线让大管线,施工简单的避让施工难度大的。无压管道内介质仅受重力作用,由高处向低处流,其主要特征是有坡度要求、管道杂质多、易堵塞,所以无压管道要保持直线,满足坡度,尽量避免过多转弯,以保证排水顺畅以及满足空间高度。有压管道是在压力作用下克服沿程阻力沿一定方向流动。一般来说,改变管道走向,交叉排布,绕道走管不会对其供水效果产生影响。因此,当有压管道与无压管道相碰撞时,应首先考虑更改有压管道的路由。

② 小管道避让大管道。通常来说,大管道由于造价高、尺寸大、质量重等原因,一般不会做过多的翻转和移动。我们应先确定大管道的位置,后布置小管道的位置。在两者发生冲突时,应调整小管道,因为小管道造价低且所占空间小,易于更改路由和移动安装。

③ 冷水管道避让热水管道。热水管道需要保温,造价较高,且保温后的管径较大;另外,热水管道翻转过于频繁会导致集气。因此,在两者相遇时,一般调整冷水管道。

④ 附件少的管道避让附件多的管道。安装多附件管道时要注意管道之间留出足够的空间(需考虑法兰、阀门等附件所占的位置),这样有利于施工操作以及今后的检修、更换管件。

⑤ 临时管道避让永久管道。新建管道避让原有管道,低压管道避让高压管道,空气管道避让水管道。

(2) 垂直面排列管道原则

热介质管道在上,冷介质管道在下;无腐蚀介质管道在上,腐蚀介质管道在下;气体介质管道在上,液体介质管道在下;保温管道在上,不保温管道在下;高压管道在上,低压管道在下;金属管道在上,非金属管道在下;不经常检修的管道在上,经常检修的管道在下。

(3) 管道间距

考虑到水管外壁、空调水管、空调风管保温层的厚度,电气桥架、水管、外壁距离墙壁的距离,最小应为 100 mm,直管段风管距墙的距离最小应为 150 mm,沿构造墙需要风道 90°拐弯及有消声器、较大阀部件等区域,根据实际情况确定距墙、柱的距离,管线布置时考虑无压管道的坡度。不同专业管线间的距离,尽量满足现场施工的规范要求。

我们可以将单根管道、桥架并列布置,以便于做整体综合吊架。DN150 与

DN150 的管道中心距离为 300 mm，与其他管径的管道中心距离为 200 mm，管道水平外边距不小于 120 mm；管道与桥架、风管的净距离为 100 mm 左右，最佳管中心离桥架、风管边缘的距离取整数以便于施工，管道与墙、柱的净距离至少为 100 mm；桥架之间的净距离为 100～150 mm，强电桥架与弱电桥架的净距离至少保证 300 mm，若叠加布置强电桥架，则应在上侧的净距离不少于 300 mm；桥架与风管的净距离至少为 100 mm，桥架与墙、柱的净距离至少保证 100 mm，如图 6.2.1 所示。

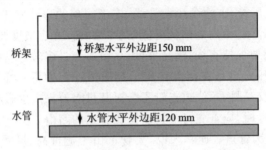

图 6.2.1

(4) 考虑安装空间

在整个管线的布置过程中，考虑以后送回风口、灯具、烟感探头、喷洒头等的安装，合理布置吊顶区域机电各末端在吊顶上的分布，以及电气桥架安装后防线的操作空间和以后的维修空间，电缆布置的弯曲半径不小于电缆直径的 15 倍。

上述为管线布置的基本原则，在管线综合协调的过程中，根据实际情况综合布置，管间距离以便于安装、维修为原则。

6.2.2 分组要求

① 风管独立走管，采用独立支架，独立安装。

② 水管、桥架分组布管，以形成清晰的安装工作界面，并尽可能采用共同支架，安装时统一协调。

③ 水管根据种类（如消防给水、生活给水）的不同，进一步分组，便于安装及后期围护，如图 6.2.2 所示。

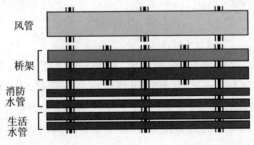

图 6.2.2

6.2.3 重点优化部位

① 水管、桥架、风管等机电管线,宜在人防门开启范围之外布置。

② 管件、管道附件、风管管件、风管附件、风道末端、机械设备等模型实例,不应影响车位或车道净高。

③ 压力排水管、消防栓、排水泵、闸阀等图元,不应放置在车位范围内。

6.2.4 管综初步优化实操

(1) 新建管综协调平面视图样板和平面视图

管综优化需要在同一视图里显示所有专业模型,因此需要新建一个协调规程的视图样板。

步骤1 选择"视图"选项卡→"图形"面板→"视图样板"→"管理视图样板"。

步骤2 在"名称"列表框中选择"电气平面",单击"复制"按钮新建一个视图样板,如图6.2.3所示;在弹出的"新视图样板"对话框中的"名称"文本框中输入"管综优化",如图6.2.4所示。

图 6.2.3

步骤3 在"名称"列表框中选择"管综优化",在"视图属性"选项组中设置"规程"为"协调",如图6.2.5所示;单击"V/G替换模型"右侧的"编辑"按钮;弹出"管综

图 6.2.4

优化的可见性/图形替换"对话框,如图 6.2.6 所示。

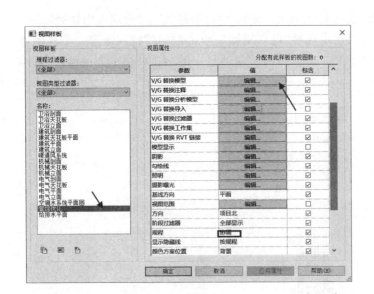

图 6.2.5   图 6.2.6

步骤 4　设置模型类别:不显示天花板和楼板,其他模型全部显示,如图 6.2.6 所示。

步骤 5　单击"导入的类别"标签切换到"导入的类别"选项卡,设置全部类别不可见,如图 6.2.7 所示。

步骤 6　单击"工作集"标签,切换到"工作集"选项卡,设置全部工作集可见,如图 6.2.8 所示。

步骤 7　单击"Revit 链接"标签,切换到"Revit 链接"选项卡,设置"门诊楼-土建"为"半色调",如图 6.2.9 所示。

步骤 8　单击"确定"按钮,完成"管综优化"样板的创建。

第 6 单元　BIM 模型综合应用

步骤 9　新建管综优化平面视图,具体操作如下:
① 选择"视图"选项卡→"绘制"面板→"平面视图"→"楼层平面",如图 6.2.10 所示;
② 在"新建楼层平面"对话框中,单击"编辑类型"按钮,如图 6.2.11 所示;
③ 在弹出的"类型属性"对话框中,设置"查看应用到新视图的样板"为"管综优化",单击"确定"按钮,如图 6.2.12 所示;
④ 在"新建楼层平面"对话框中,取消选中"不复制现有视图"复选框;

图 6.2.7

图 6.2.8

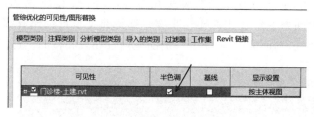

图 6.2.9

图 6.2.10

图 6.2.11

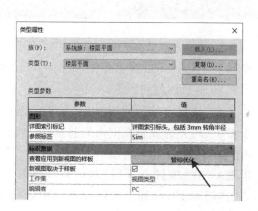

图 6.2.12

⑤ 按住 Ctrl 键,依次选择"1F"、"2F"、"3F"、"4F"、"5F"和"屋顶",单击"确定"按钮,完成各层管综优化平面视图的创建,如图 6.2.13 所示;

⑥ 修改各层平面视图名称,如图 6.2.14 所示。

图 6.2.13

图 6.2.14

(2) 新建管综协调剖面视图(以一层为例)

根据创建好的机电模型可知,本项目管线主要集中在走廊,如图 6.2.15 所示。下面以 1F 走廊处管综优化为例讲解管综优化的操作步骤。选择典型位置创建管综优化剖面,在 6 轴线处绘制剖面线,剖面命名为 1F-1,剖面应当设在梁和柱的位置。

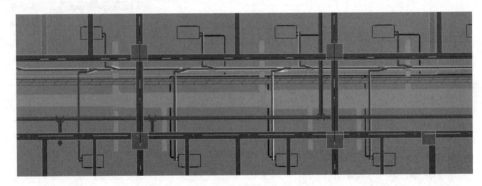

图 6.2.15

步骤 1 单击"一层管综优化"平面图,在"属性"对话框中,单击"视图范围",弹出如图 6.2.16 所示的对话框。

步骤 2 选择"视图"选项卡→"创建"面板→"剖面" ◆,如图 6.2.17 所示。

步骤 3 将光标放置在剖面的起点处,并拖拽光标穿过模型或族,到达剖面的终点时单击,如图 6.2.18 所示。

步骤 4 在"项目浏览器"对话框中选择"视图(类型/规程)"→"剖面"→"协调",右击"剖面 1",在弹出的快捷菜单中选择"重命名"将其重命名为"1F-1",如图 6.2.19 所示。

图 6.2.16

图 6.2.17

图 6.2.18

(3) 标高初步优化

步骤1 在平面视图中右击"剖面 1F-1",在弹出的快捷菜单中选择"转到视图",如图 6.2.20 所示。

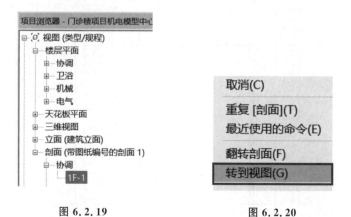

图 6.2.19　　　　　　图 6.2.20

步骤2 在"剖面 1F-1"中可知,一层建筑完成面标高为 0.000 m,结构顶板标高为 5.170 m,走廊处控制梁高为 400 mm,梁下净高为 4 770 mm,其他地方控制梁高为 670 mm,梁下净高为 4 500 mm,如图 6.2.21 所示。

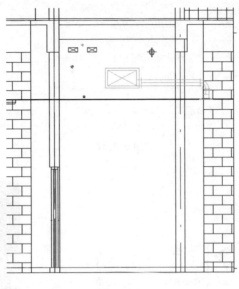

图 6.2.21

步骤 3 优化风管标高:风管顶部标高一般为梁底 100 mm,若是净高满足要求,则风管顶部标高可距离梁底 100 mm,给其他管道预留安装空间。优化后如图 6.2.22 所示,风管底部标高为 4 280 mm。

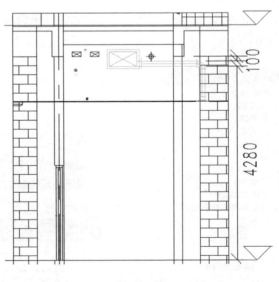

图 6.2.22

注意:风管一般不翻弯。

步骤 4 优化给水管道标高。本项目给水管道有生活给水管道、消火栓给水管道和自动喷水给水管道,可并排成组安装,主管可贴梁底安装,允许支管遇梁翻弯。在满足 6.2.1 小节中的管综优化基本原则的前提下,管综优化的方案可以有多种,需要进行多方案比较,下面选取一套方案进行简单介绍。本项目一层走廊处建筑完成面标高为 0.000,结构顶板标高为 5.170 m,控制梁高为 400 mm,梁下净高为 4 770 mm,给水管标高取 4 650 mm,如图 6.2.23 所示。

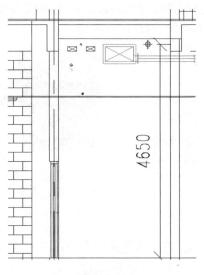

图 6.2.23

步骤 5 优化桥架标高,在空间允许的情况下,桥架底部标高和水管底部标高一致,调整后桥架底部标高为 4 600 mm,如图 6.2.24 所示。

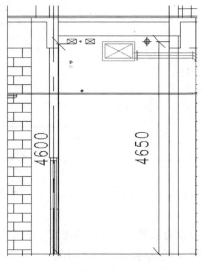

图 6.2.24

步骤6　优化空调冷媒管标高。由于空调冷媒管支管多,而且冷媒液管和冷媒支管为循环系统,水平路径相同,与空调室内机上下相连,为减少翻弯和碰撞,冷媒管整体位于管道最下方,可与冷凝管竖向成排布置。因此,冷媒液管标高设置为 3.750 m,冷媒气管标高设置为 3.650 m,如图 6.2.25 所示。

步骤7　优化空调冷凝管标高。由于空调冷凝管为重力管道,不能翻弯,为了保证所有室内机均能顺利排水,距离排水处最远的室内机为控制室内机,如图 6.2.26 所示,冷凝管已经没有抬升空间,因此标高不变。

图 6.2.25

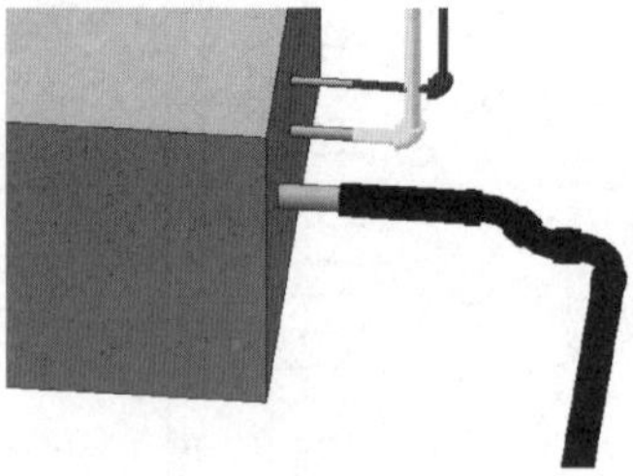

图 6.2.26

(4) 成组调整

步骤1　水管、桥架成组布置,间距要求参考 6.2.1 小节中的相关内容,优化结果如图 6.2.27 所示。

步骤2　风管位置调整。如图 6.2.28 所示,调整后的桥架和风管碰撞,为保留图中走廊左侧的维修空间,并且天花板上空间充足,因此降低风管标高,调整风管底部标高为 4.100 m,如图 6.2.29 所示。

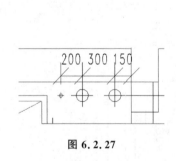

图 6.2.27

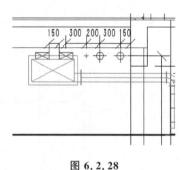

图 6.2.28

步骤3　空调冷媒管连接方式比较特殊(分歧管),可单独靠墙布置,如图 6.2.29 所示。

步骤4　空调冷凝管为重力流管,单独靠墙布置,如图 6.2.29 所示。

步骤5　查看三维视图,结果如图 6.2.30 和图 6.2.31 所示。

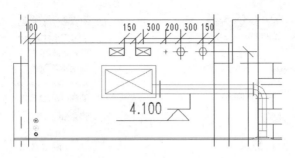

图 6.2.29

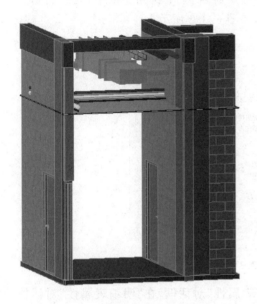

图 6.2.30

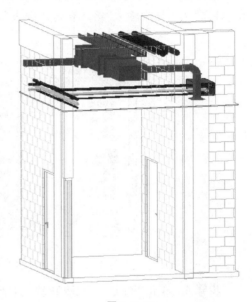

图 6.2.31

6.3 材料统计

在 Revit 中利用"明细表"功能,可对 BIM 模型进行工程量统计,本节主要以给排水专业 BIM 模型为例,讲解 Revit 明细表的使用方法。给排水专业中需要统计的材料种类主要分为管道、卫浴装置、阀门部件。下面以管道明细表为例,讲解在 Revit 中使用明细表进行材料工程量统计的方法。

步骤 1 选择"视图"选项卡→"创建"面板→"明细表"→"明细表/数量",如图 6.3.1 所示。

步骤 2 右击"明细表/数量",在弹出的快捷菜单中选择"新建明细表/数量",如图 6.3.2 所示。

图6.3.1

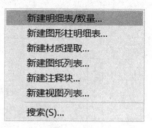
图6.3.2

步骤3 在"新建明细表"对话框中的"过滤器列表"下拉列表框中选择"管道",在"名称"文本框中输入"给水管道明细表",如图6.3.3所示。

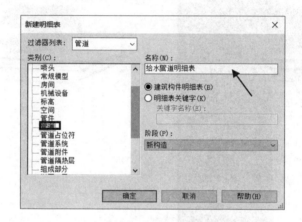
图6.3.3

步骤4 单击"确定"按钮跳转到"明细表属性"对话框,在"明细表属性"对话框中的"字段"选择卡中,分别将"可用的字段"列表框中的"尺寸"、"类型"、"长度"、"系统类型"和"系统分类"5个参数添加到"明细表字段"列表框中,可使用"明细表字段"下方的"上移"和"下移"按钮来调整"明细表字段"中的字段顺序,调整后的结果如图6.3.4所示。

步骤5 设置明细表"过滤器"。在步骤3中添加完明细表字段后,可以将专用宿舍楼机电项目中的所有管道进行材料统计,包括给排水、采暖、消防、空调等专业中的管道,通过明细表"过滤器"功能可设置筛选出只添加生活给水系统管道材料,在"明细表属性"对话框中的"过滤器"选项卡中,"过滤条件"设置为"系统分类""等于""家用冷水",如图6.3.5所示。

步骤6 设置明细表"排序/成组"。在"明细表属性"对话框中的"排序/成组"选项卡中,"排序方式"设置为"类型""升序"排序,否则按"尺寸""升序"排序,取消选中"逐项列举每个实例"复选框,如图6.3.6所示。

第 6 单元　BIM 模型综合应用

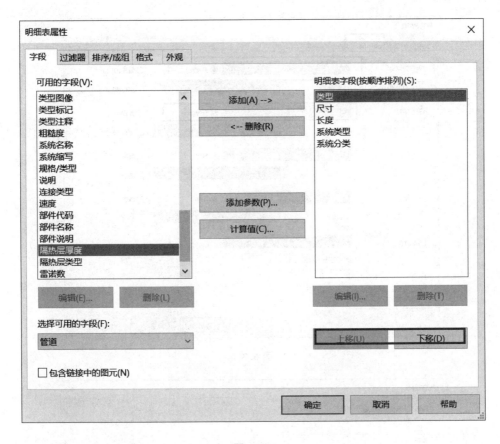

图 6.3.4

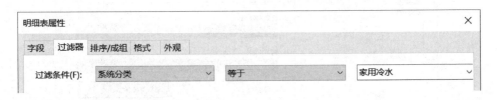

图 6.3.5

步骤 7　设置明细表"格式"。在"明细表属性"对话框中的"格式"选项卡中的"字段"列表框中,选择"长度"并在右侧选中"计算总数"复选框;单击"字段格式"按钮,如图 6.3.7 所示。

步骤 8　在"格式"对话框中取消选中"使用项目设置"复选框,"单位"设置为"米","单位符号"设置为"m",如图 6.3.8 所示。

步骤 9　单击"确定"按钮,完成"给水管道明细表"的设置,如图 6.3.9 所示。

·343·

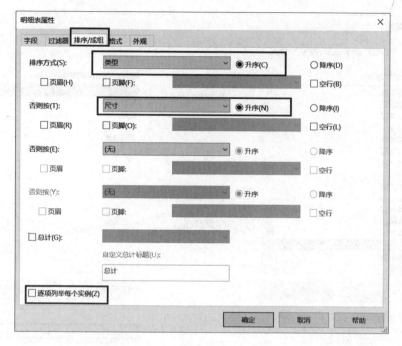

图 6.3.6

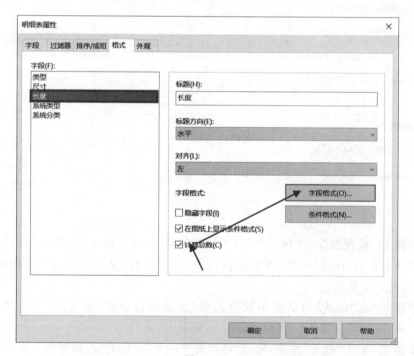

图 6.3.7

第6单元　BIM模型综合应用

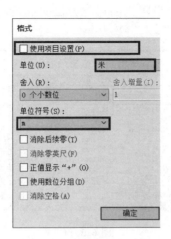

图 6.3.8

<给水管道明细表>

A	B	C	D	E
类型	尺寸	长度	系统类型	系统分类
埋地管（内外涂塑钢管）	65 mm	16 m	生活给排水系统	家用冷水
埋地管（内外涂塑钢管）	80 mm	5 m	生活给排水系统	家用冷水
室内给水支管（PP-R）	15 mm	10 m	生活给排水系统	家用冷水
室内给水支管（PP-R）	20 mm	2 m	生活给排水系统	家用冷水
室内给水支管（PP-R）	32 mm	4 m	生活给排水系统	家用冷水
室内给水支管（PP-R）	40 mm	36 m	生活给排水系统	家用冷水
生活给水干管及立管（钢塑复合管）	15 mm	3 m	生活给排水系统	家用冷水
生活给水干管及立管（钢塑复合管）	20 mm	8 m	生活给排水系统	家用冷水
生活给水干管及立管（钢塑复合管）	25 mm	2 m	生活给排水系统	家用冷水
生活给水干管及立管（钢塑复合管）	32 mm	95 m	生活给排水系统	家用冷水
生活给水干管及立管（钢塑复合管）	40 mm	48 m	生活给排水系统	家用冷水
生活给水干管及立管（钢塑复合管）	50 mm	46 m	生活给排水系统	家用冷水
生活给水干管及立管（钢塑复合管）	65 mm	37 m	生活给排水系统	家用冷水

图 6.3.9

步骤10　按照步骤 1～步骤 7 的操作方法完成排水管道明细表，如图 6.3.10 所示。

<排水管道明细表>

A	B	C	D	E
类型	尺寸	长度	系统类型	系统分类
废水管（硬聚氯乙烯（PVC-U））	40 mm	3 m	废水系统	卫生设备
废水管（硬聚氯乙烯（PVC-U））	100 mm	58 m	废水系统	卫生设备
污水管（硬聚氯乙烯（PVC-U））	40 mm	7 m	污水系统	卫生设备
污水管（硬聚氯乙烯（PVC-U））	50 mm	8 m	污水系统	卫生设备
污水管（硬聚氯乙烯（PVC-U））	60 mm	3 m	污水系统	卫生设备
污水管（硬聚氯乙烯（PVC-U））	100 mm	228 m	污水系统	卫生设备
污水管（硬聚氯乙烯（PVC-U））	150 mm	41 m	污水系统	卫生设备
空调冷凝管（硬聚氯乙烯（PVC-U））	20 mm	34 m	空调冷凝水系统	卫生设备
空调冷凝管（硬聚氯乙烯（PVC-U））	25 mm	5 m	空调冷凝水系统	卫生设备
空调冷凝管（硬聚氯乙烯（PVC-U））	32 mm	38 m	空调冷凝水系统	卫生设备
雨水管（防攀阻燃型硬聚氯乙烯（PV	100 mm	192 m	雨水系统	卫生设备

图 6.3.10

•345•

步骤 11　按照步骤 1~步骤 7 的操作方法完成消防管道明细表，如图 6.3.11 所示。

类型	尺寸	长度	系统类型	系统分类
废水管（硬聚氯乙烯（PVC-U））	40 mm	3 m	废水系统	卫生设备
废水管（硬聚氯乙烯（PVC-U））	100 mm	58 m	废水系统	卫生设备
污水管（硬聚氯乙烯（PVC-U））	40 mm	7 m	污水系统	卫生设备
污水管（硬聚氯乙烯（PVC-U））	50 mm	8 m	污水系统	卫生设备
污水管（硬聚氯乙烯（PVC-U））	60 mm	3 m	污水系统	卫生设备
污水管（硬聚氯乙烯（PVC-U））	100 mm	228 m	污水系统	卫生设备
污水管（硬聚氯乙烯（PVC-U））	150 mm	41 m	污水系统	卫生设备
空调冷凝管（硬聚氯乙烯（PVC-U））	20 mm	34 m	空调冷凝水系统	卫生设备
空调冷凝管（硬聚氯乙烯（PVC-U））	25 mm	5 m	空调冷凝水系统	卫生设备
空调冷凝管（硬聚氯乙烯（PV）	32 mm	38 m	空调冷凝水系统	卫生设备
雨水管（防攀阻燃型硬聚氯乙烯（PV）	100 mm	192 m	雨水系统	卫生设备

图 6.3.11

步骤 12　按照步骤 1~步骤 7 的操作方法完成卫浴装置明细表，如图 6.3.12 所示。

<卫浴装置明细表>

族与类型	类型	合计
台式双洗脸盆:台式洗脸	台式洗脸盆	2
坐便器 - 冲洗水箱:标准	标准	1
小便器:20 mm 冲洗阀	20 mm 冲洗阀	3
无障碍马桶:标准	标准	1
残疾人洗脸盆:LW781CFB	LW781CFB	1
污水盆:500x500x496	500x500x496	2
洗脸盆 - 壁挂式:560 mmx4	560 mmx460 mm	1
蹲便器:标准	标准	10

图 6.3.12

步骤 13　按照步骤 1~步骤 7 的操作方法完成管道附件明细表，如图 6.3.13 所示。

<管道附件明细表>

族与类型	尺寸	合计
ths 减压孔板:标准	150 mm-150 m	1
Y 型过滤器:标准	80 mm-80 mm	1
信号蝶阀:标准	150 mm-150 m	3
地漏带水封 - 圆形 - PVC-U: 50 mm	50 mm	3
室外水表:标准	80 mm-80 mm	1
截止阀 - J21 型 - 螺纹:J21-25 - 20 mm	20 mm-20 mm	2
水流指示器:标准	150 mm-150 m	1
清扫口:DN100	100 mm	2
湿式报警阀:湿式报警阀150	150 mm-150 m	1
蝶阀 - D371 型 - 蜗轮传动 - 对夹式:100mm	100 mm-100 m	5
蝶阀 - D371 型 - 蜗轮传动 - 对夹式:标准		
闸阀 - Z41 型 - 明杆模式单闸板 - 法兰式:Z41T-10 - 65 mm	65 mm-65 mm	1
闸阀 - Z41 型 - 明杆模式单闸板 - 法兰式:Z41T-10 - 80 mm	80 mm-80 mm	1

图 6.3.13

步骤 14 按照步骤 1～步骤 7 的操作方法完成机电设备明细表，如图 6.3.14 所示。

族	类型	合计
卫生间吊顶排风扇	350m³/h	3
多联机-室内机-天花板内藏直吹	FXDP32PMP	18
多联机-室内机-环绕气流-天花	FXFP56LVC	6
多联机-室内机-环绕气流-天花	FXFP80LVC	2
多联机—室外机—商用73—90KW	85.0（RHXY	4
多联机—室外机—商用95.4—118KW	118kw（RH	1
新风机组	FXMFP224A	1
空调室外机	RHXYQ8PA	1
空调室外机	RHXYQ10PA	2
轴流式风机-壁装式	1000m³/h	2

图 6.3.14

6.4 施工图标注

在 Revit 中完成"门诊楼机电模型"后，可根据机电各专业 BIM 模型输出施工图，指导现场施工。使用机电 BIM 模型输出的施工图主要分为两部分，即图纸注释标注和施工图布局打印。本项目 BIM 出图目录如表 6.4.1 所列。

 给排水专业标注与出图

 暖通专业标注与出图

 电气专业标注与出图

 管综优化出图

 剖面图标注和出图

表 6.4.1

图纸编号	成果内容	视图比例	图框大小
101～601	1F-屋顶　管综优化平面图	1∶100	A1 L
102～602	1F-屋顶　管综优化剖面图	1∶50	A3
103～603	1F-屋顶　给排水优化平面图	1∶100	A1 L
104～604	1F-屋顶　暖通风系统优化平面图	1∶100	A1 L
105～605	1F-屋顶　空调水系统平面图	1∶100	A1 L
106～606	1F-屋顶　电缆桥架优化平面图	1∶100	A1 L

6.4.1 创建出图样板和出图视图

(1) 创建出图样板

参考 2.6.1 小节的相关内容,按照表 6.4.2 所列的要求创建各施工图出图样板。

表 6.4.2

视图样板名称	独立设置要显示的模型	统一设置
管综出图样板	全部	① 出图的比例和 CAD 的一致; ② "详细程度"为"精细"; ③ "视觉样式"为"隐藏"; ④ 设置土建模型显示灰色(8 号颜色); ⑤ 工作集全部显示; ⑥ 设置链接模型"门诊楼-土建"中的轴网和标高不可见(详见 2.6.2 小节中的相关内容)
给排水专业出图样板	① 模型类别:管道、管件、管道附件、火警设备(指消火栓)、机械设备(指潜污泵); ② 通过过滤器使暖通水系统不显示; ③ 注释中不显示剖面	
暖通水系统出图样板	① 模型类别:管道、管件、管道附件、保温层、机械设备(空调设备); ② 通过过滤器使得给排水专业不显示; ③ 注释中不显示剖面	
暖通风系统出图样板	① 风管、风管管件、风管附件、风道末端、机械设备(风机); ② 注释中不显示剖面	
电气出图样板	① 电气桥架、电气桥架配件; ② 注释中不显示剖面	

(2) 创建出图视图

以"一层给排水"楼层平面为例讲解出图视图的创建方法。

步骤 1 在"项目浏览器"对话框中右击"一层给排水",在弹出的快捷菜单中选择"复制视图"→"复制",如图 6.4.1 所示。

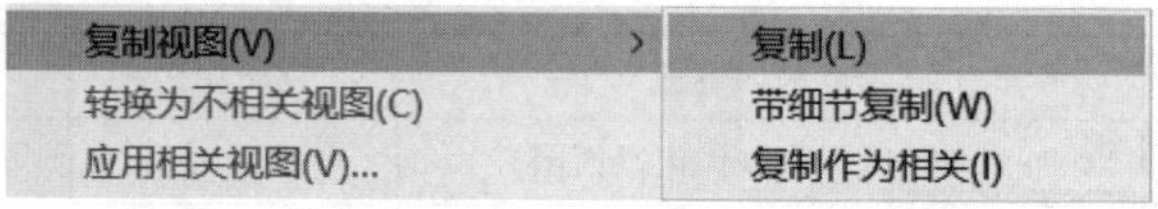

复制视图(V)	▶	复制(L)
转换为不相关视图(C)		带细节复制(W)
应用相关视图(V)...		复制作为相关(I)

图 6.4.1

步骤 2 右击"一层给排水 副本 1"(见图 6.4.2),在弹出的快捷菜单中选择"重命名",将其重命名为"一层给排水出图"。

步骤 3 双击"一层给排水出图",在"属性"对话框中修改"视图样板"为"给排水专业出图样板",如图 6.4.3 所示。

第 6 单元　BIM 模型综合应用

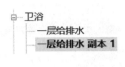

图 6.4.2　　　　　　　　　　　图 6.4.3

步骤 4　单击"属性"对话框中的"楼层平面：一层给排水出图"右侧的"编辑类型"按钮，如图 6.4.4 所示。

步骤 5　单击"类型属性"对话框中的"复制"按钮，如图 6.4.5 所示。

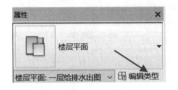

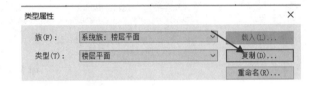

图 6.4.4　　　　　　　　　　　图 6.4.5

步骤 6　将视图的类型名称改为"楼层平面（20210429 出图）"（可加上日期），如图 6.4.6 所示。

步骤 7　查看"项目浏览器"，收起"楼层平面"视图类型，如图 6.4.7 所示。

图 6.4.6　　　　　　　　　　　图 6.4.7

参照上述步骤 1～步骤 5，完成其他层平面出图视图的创建。

6.4.2　标注族

在使用 Revit 输出施工图时，需要对 BIM 模型管道进行注释标注，在标注前需要载入。标注分为类型信息标注和定位尺寸标注。标注前先确认模型文件中是否已载入标记族。通常情况下，类型信息标注的字体设置为"仿宋"，尺寸标注的字体设置为"黑体"。当比例尺为"1∶150"时，文字字高为 3.3 mm；当比例尺为"1∶100"时，文字字高为 3.5 mm。宽度系数为 0.7。

步骤 1　选择"插入"选项卡→"从库中载入"面板→"载入族"，如图 6.4.8 所示。

步骤 2　在"载入族"对话框中打开"门诊楼项目 BIM 应用_学号＋姓名→族→图纸 1∶100 标注"文件夹，载入本书提供的标注族，如图 6.4.9 所示。

·349·

图 6.4.8

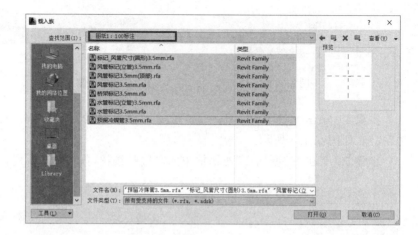

图 6.4.9

6.4.3 平面图标注

【任务分析】

单专业中,不同尺寸和偏移量的风管、管道、桥架都要有信息标注。风管、风口、管道和桥架都要有与墙或柱子的定位尺寸。

【任务实施】

下面以"一层给排水"楼层平面为例讲解施工图的标注方法。

(1) 管道信息标注

步骤1 注意检查出图比例,"详细程度"为"精细","视觉样式"为"隐藏线"。

步骤2 选择"注释"选项卡 →"标记"面板→"按类别标记",如图 6.4.10 所示。

图 6.4.10

步骤3 在选项栏上:

① 设置标记的方向,选择"垂直"或"水平";

② 放置标记后,可通过选择标记并按空格键来修改其方向;

③ 如果希望标记带有引线,则须选中"引线"复选框;

④ 指定引线带有"附着端点"还是"自由端点"。

步骤4 将光移至要标注的管线上，高亮后单击放置标记，如图 6.4.11 所示。

步骤5 标注其他管线，并调整标注位置，如图 6.4.12 所示。

图 6.4.11　　　　　　　图 6.4.12

注意： 放置标记之后，标记将处于编辑模式，而且可以重新定位，可以移动引线、文字和标记头部的箭头。

(2) 管道定位标注

步骤1 选择"注释"选项卡→"尺寸标注"面板→"对齐"，如图 6.4.13 所示。

图 6.4.13

步骤2 依次选择管道和附近的墙或柱子，如图 6.4.14 所示。

注意： 如果管线成排布置，则"尺寸标注"要注意错开，如图 6.4.15 所示。

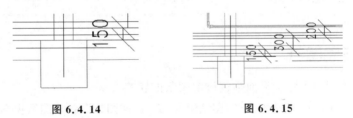

图 6.4.14　　　　　　　图 6.4.15

6.4.4　剖面图标注

【任务分析】

剖面位置的选择需遵循以下原则：①有双层及以上管线的位置；②管线较多的位置；③净高较低的位置。出图比例为 1:50。"详细程度"为"精细"，"视觉样式"为"隐藏线"。导入类别全部关闭，土建模型以半色调显示，模型类型的显示同管线综合。

剖面视图中应有定位的轴网、标高、各管线标注,标注后如图 6.4.16 所示。

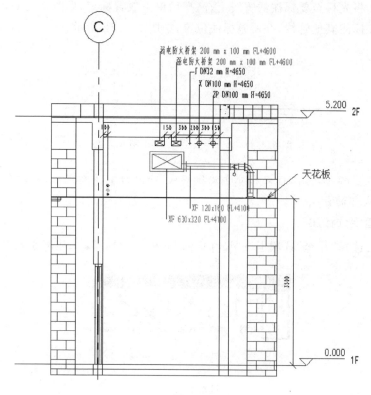

图 6.4.16

6.5 施工图出图

6.5.1 新建图纸

以"一层给排水"楼层平面为例讲解图纸的新建方法。

步骤1 选择"视图"选项卡→"图纸组合"面板→"图纸",新建图纸视图,如图 6.5.1 所示。

图 6.5.1

第 6 单元　BIM 模型综合应用

步骤 2　在"新建图纸"对话框中单击"载入"按钮,如图 6.5.2 所示。

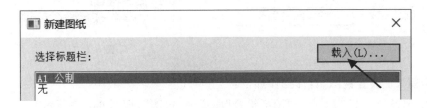

图 6.5.2

步骤 3　将"标题栏"文件夹下的"A1 L 公制"和"A3 公制"载入到项目中,如图 6.5.3 所示。

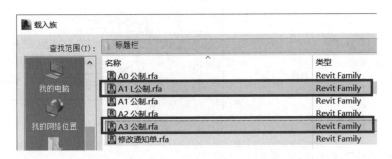

图 6.5.3

步骤 4　在"新建图纸"对话框中选择刚才载入的"A1 L 公制",选择"新建",然后单击"确定"按钮,如图 6.5.4 所示。

步骤 5　修改图纸编号和图纸名称。新建完后,在"项目浏览器"对话框中的"图纸"类别下可看到刚才新建的图纸"A103 -未命名",其中"A103"代表图纸编号,"未命名"代表图纸名称,如图 6.5.5 所示。

步骤 6　在"属性"对话框中可修改该图纸的图纸编号和图纸名称,根据 6.4.1 小节中的相关内容修改"图纸编号"为"103",图纸名称为"一层给排水平面图",如图 6.5.6 所示;最终结果如图 6.5.7 所示。

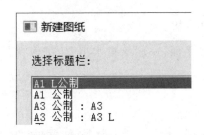

图 6.5.4

图 6.5.5

图 6.5.6   图 6.5.7

步骤 7 放置视图,具体操作如下:

① 选择"视图"选项卡→"图纸组合"面板→"视图",如图 6.5.8 所示。

② 在"视图"对话框中选择"楼层平面:一层给排水出图",单击"在图纸中添加视图"按钮,如图 6.5.9 所示。

图 6.5.8

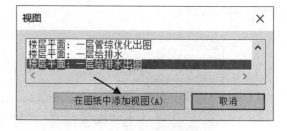

图 6.5.9

③ 把视图移至图框内,如图 6.5.10 所示。

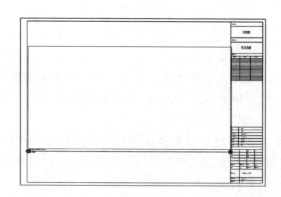

图 6.5.10

④ 在图纸图框范围内单击放置"楼层平面:一层给排水出图"平面视图,最终结果如图 6.5.11 所示。

6.5.2 导 图

导图前,请确认比例、模型显示是否正确,标注是否完整等,注意视觉样式应选用隐藏线模式,水管、风管、桥架无中心线,桥架有合适的填充图案。详细导图内容可参考表 6.4.1。下面以"一层给排水"楼层平面为例讲解施工图的导图方法。

第 6 单元　BIM 模型综合应用

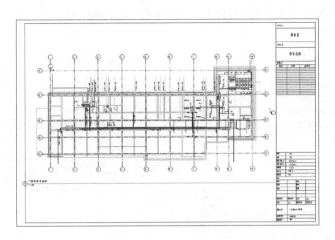

图 6.5.11

步骤 1　选择 →"导出"→CAD 格式→DWG，如图 6.5.12 所示。

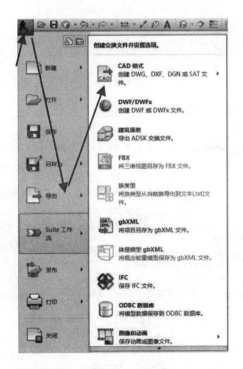

图 6.5.12

步骤 2　在弹出的"DWG 导出"对话框中单击"…"按钮，进入出图设置，如图 6.5.13 所示。

步骤 3　单击"修改 DWG/DXF 导出设置"对话框中左下角的新建导出设置按

钮,在弹出的"新的导出设置"对话框中的"名称"文本框中输入"日期+给排水出图",如图 6.5.14 所示。

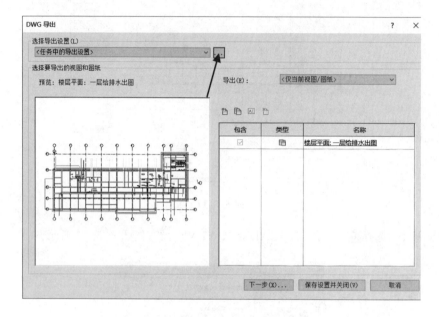

图 6.5.13

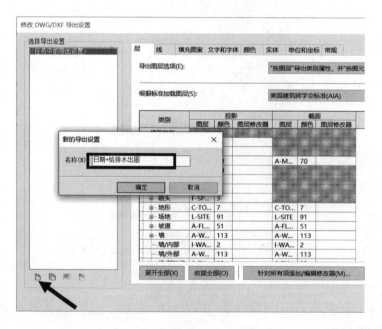

图 6.5.14

步骤 4 在"修改 DWG/DXF 导出设置"对话框中的"常规"选项卡中,按图 6.5.15 所示进行设置。一般根据实习需要选中"隐藏范围框"复选框。

步骤 5 在"颜色"选项卡中,选中"索引颜色(255 色)"单选按钮,完成后单击"确定"按钮,如图 6.5.16 所示。

步骤 6 返回到导图界面,单击"下一步"按钮,如图 6.5.17 所示。

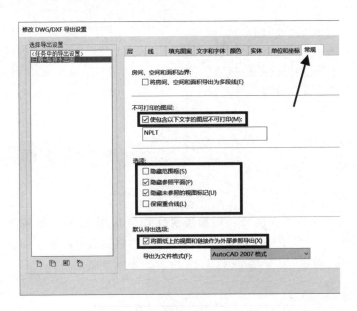

图 6.5.15

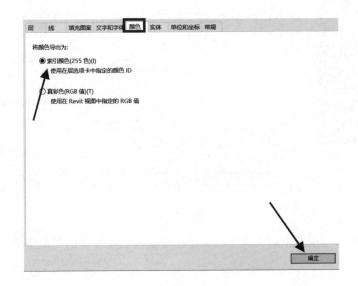

图 6.5.16

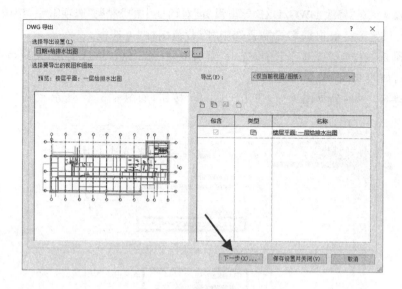

图 6.5.17

步骤 7 将该文件保存至"E:\门诊楼项目 BIM 应用_学号+姓名_成果输出"文件夹,设置"命名"为"自动-短"或默认名,取消选中"将图纸上的视图和链接作为外部参照导出",单击"确定"按钮,如图 6.5.18 所示。图纸导出成功。

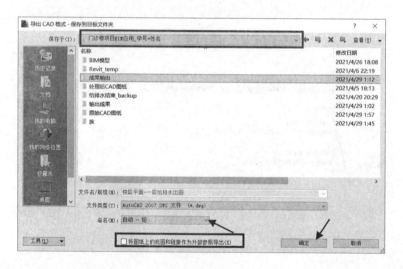

图 6.5.18

步骤 8 按照上述步骤 1~步骤 6 完成表 6.4.2 中的图纸清单。

参考文献

[1] 朱溢镕,段宝强,焦明明. Revit 机电建模基础与应用[M]. 北京:化学工业出版社,2019.

[2] 刘方亮,徐智. 建筑设备[M]. 北京:北京理工大学出版社,2016.

[3] 范文利,朱亮东,王传慧. 机电安装工程 BIM 实例分析[M]. 北京:机械工业出版社,2016.

[4] 黄亚斌,王艳敏. 建筑设备 BIM 技术应用[M]. 北京:中国建筑工业出版社,2019.

[5] 黄亚斌,王全杰,杨勇. Revit 机电应用实训教程[M]. 北京:化学工业出版社,2015.